ARTIFICIAL INTELLIGENCE

人工智能

姚期智 主编

清華大學出版社
北 京

内容简介

本书选取人工智能的9个核心方向：搜索、机器学习、线性回归、决策树、集成学习、神经网络、计算机视觉、自然语言处理、强化学习，精心选择每个方向的关键知识点，并对数学基础和编程基础进行了相关介绍。同时，书中的每一章均配备习题，让读者在练习当中加深对算法与原理的理解。本书内容的选取建立在对大学人工智能教育知识体系的完整梳理之上；章节中对原理与具体的算法均进行了详尽的介绍。

本书可作为人工智能本科生的教材，也可作为人工智能的入门参考书。

图书在版编目(CIP)数据

人工智能/姚期智主编. —北京：清华大学出版社，2022.8(2025.2重印)
ISBN 978-7-302-61279-7

Ⅰ. ①人… Ⅱ. ①姚… Ⅲ. ①人工智能 Ⅳ. ①TP18

中国版本图书馆CIP数据核字(2022)第116738号

责任编辑：黎　强　孙亚楠
封面设计：常雪影
责任校对：王淑云
责任印制：丛怀宇

出版发行：清华大学出版社
网　　址：https://www.tup.com.cn，https://www.wqxuetang.com
地　　址：北京清华大学学研大厦A座　　**邮　　编**：100084
社 总 机：010-83470000　　**邮　　购**：010-62786544
投稿与读者服务：010-62776969，c-service@tup.tsinghua.edu.cn
质量反馈：010-62772015，zhiliang@tup.tsinghua.edu.cn
印 装 者：三河市龙大印装有限公司
经　　销：全国新华书店
开　　本：185mm×260mm　　**印　　张**：14.5　　**字　　数**：353千字
版　　次：2022年8月第1版　　**印　　次**：2025年2月第7次印刷
定　　价：88.00元

产品编号：092850-01

《人工智能》编委会

前言 FOREWORD

在近代科学的发展上，人工智能是一个具有颠覆性的新领域。如何理解智能，以及如何创造智能，吸引了诸多科学先驱的深刻思考与探索。

在人工智能发展的历史上，有两个里程碑式的事件发挥了深远的影响。其一，阿兰·图灵在1950年的划时代论文《计算机器与智能》(*Computing Machinery and Intelligence*)中提出著名的“图灵测试”，从科学的角度给出了智能的定义。其二，1956年，在达特茅斯学院，约翰·麦卡锡(John McCarthy)、马文·明斯基(Marvin Minsky)、纳撒尼尔·罗切斯特(Nathaniel Rochester)以及克劳德·香农(Claude Shannon)等学者们正式提出了人工智能的概念。从1956年至今的60多年里，人工智能受到了科学家们不断地研究与创新。

VOL. LIX. No. 236.]   [October, 1950

MIND

A QUARTERLY REVIEW

OF

PSYCHOLOGY AND PHILOSOPHY

I.—COMPUTING MACHINERY AND INTELLIGENCE

BY A. M. TURING

1. *The Imitation Game.*

I PROPOSE to consider the question, 'Can machines think ?' This should begin with definitions of the meaning of the terms 'machine' and 'think'. The definitions might be framed so as to reflect so far as possible the normal use of the words, but this attitude is dangerous. If the meaning of the words 'machine' and 'think' are to be found by examining how they are commonly used it is difficult to escape the conclusion that the meaning and the answer to the question, 'Can machines think ?' is to be sought in a statistical survey such as a Gallup poll. But this is absurd. Instead of attempting such a definition I shall replace the question by another, which is closely related to it and is expressed in relatively unambiguous words.

阿兰·图灵的论文《计算机器与智能》

从方法论上来说，人工智能可以说经历了三个主要的阶段。第一个阶段的核心是逻辑主义，其主要关注采用机器的手段进行逻辑推理。当时人们基于逻辑主义开发了很多专家系统，有不少数学家也成功地证明了数学定理。然而，由于这一方法在实际应用中的效果不尽如人意，人们开始探索新的方向。到了第二阶段，人工智能的主要关注点转向了连接主义，开始探索人工神经元网络。1975 年，反向传播算法的提出使得多层神经网络的训练变成可能。但后来由于算法与算力等方面的限制，已有的算法也无法处理大数据量的问题。第三阶段可以认为是自 2006 年起至今，随着技术与算法的发展，深度神经网络开始进入人们的视野，并取得了显著的成功，比如 2012 年卷积神经网络在 ImageNet 图像识别比赛中一举夺魁，2016 年 AlphaGo 系统击败李世石等。除了技术上的突破，人工智能技术也不断在实际中得到广泛的应用：人脸识别、医疗影像的自动诊断、语音识别、金融科技、机器人、无人驾驶汽车等。这些新技术无不彰显着人工智能技术为人类生活带来的巨大影响。由于人工智能的重要性，多个国家将其提升到了国家战略地位。我国也在 2017 年的《国务院关于印发新一代人工智能发展规划的通知》中提出“到 2030 年人工智能理论、技术与应用总体达到世界领先水平，成为世界主要人工智能创新中心，智能经济、智能社会取得明显成效，为跻身创新型国家前列和经济强国奠定重要基础”。

究竟人工智能的内涵是什么？目前的人工智能技术能达到什么程度，又存在着哪些局限性？如何才能持续推进人工智能的发展？要回答这些问题，我们需要对人工智能背后的技术与原理进行系统的学习与了解。因此，本书希望为读者介绍人工智能核心领域的基础原理与重要算法，为大家进一步深入学习人工智能打下坚实的基础。

本书由清华大学交叉信息研究院的师资团队成员担任编委。每位编委均为人工智能领域的专家，对领域的基础与前沿发展均有着良好的把握，且有多年“姚班”与“智班”的课堂教学经验。本书由姚期智院士主编，黄隆波副主编。全书共分为 11 章：第 0 章为绪论，第 1 章为数学基础，第 2 章介绍搜索，第 3 章介绍机器学习，第 4 章讨论线性回归，第 5 章阐述决策树，第 6 章介绍集成学习，第 7 章介绍神经网络，第 8 章分析计算机视觉，第 9 章介绍自然语言处理，第 10 章介绍强化学习。第 0 章和第 10 章由黄隆波编写，第 1 章和附录 A 由马雄峰编写，第 2 章由张崇洁编写，第 3 章和第 4 章由袁洋编写，第 5 章和第 6 章由李建编写，第 7 章由赵行编写，第 8 章由高阳编写，第 9 章由吴翼编写。在章节的撰写上，编委们均以简单的例子为基础，详细介绍核心的原理，并以简洁的文字与数学语言具体描述原理及扩展，力求使章节内容易于理解。同时，本书的每一章均包含作业题与编程习题，为读者们提供了加深了解与实际操练的机会。本书可视为同由编委团队编著的《人工智能(高中版)》(清华大学出版社 2021 年出版)一书的进阶版本，在介绍基础概念与原理的同时，加入了对核心成果的分析与说明，并介绍更多前沿深入的知识点，使读者们更为深入地学习人工智能各方向的基础。

编委们希望通过本书，使更多读者了解人工智能的核心原理与算法，并建立起对人工智能的整体认识，从科学的角度看待人工智能技术的发展。然而，人工智能是一个基础宽广的领域，涉及计算机、数学、心理学、神经科学在内的多个学科。因此，本书并未试图完全覆盖人工智能的所有方面，而是专注于为读者进行系统的入门介绍。编委们希望读者在学习本书之后，在科学认识人工智能技术基础的同时，对人工智能的巨大潜力感到激动与期待，不断学习人工智能的前沿知识，为人工智能的发展作出自己的贡献！

目录 CONTENTS

第0章 CHAPTER 0 绪论

人工智能在过去的60多年里取得了令人瞩目的进展，也在社会的各个领域得到了广泛应用，深刻改变了众多行业的运行方式，并被许多国家列为未来重点发展的科技领域之一。为了向读者们系统地介绍人工智能的核心原理与算法，本书精选了人工智能的9个核心方向，包括搜索、机器学习、线性回归、决策树、集成学习、神经网络、计算机视觉、自然语言处理以及强化学习，并对这些方向的基础原理与具体算法进行详细讲解。

第2章介绍人工智能中基本的搜索问题以及四类基础算法，包括：盲目搜索，即不利用问题定义本身之外的知识，而是根据事先确定好的规则依次调用动作，以探求到达目标的路径；启发式搜索，利用问题定义之外的知识引导搜索，主要通过访问启发函数来估计每个节点到目标点的代价或损耗；局部搜索；多智能体对博弈中常出现的对抗搜索。

第3章介绍监督学习的框架，包括如何定义训练数据集与测试数据集，寻找合适的模型，定义合适的损失函数；保证模型能同时在训练数据集与测试数据集上表现优秀，即拥有出色的泛化能力。还介绍了创建数据集的基本思路以及无监督学习框架下的 K 平均算法以及谱聚类算法。

第4章介绍了线性回归，并介绍了使用（随机）梯度下降法对目标函数进行优化。在线性回归的基础上，介绍了使用 Sigmoid 函数或者 Softmax 函数，输出针对二分类或者多分类的概率分布。还介绍了分类问题中常用的损失函数交叉熵，并学习了正则化的方法，包括岭回归与套索回归。最后，介绍了支持向量机及其与高维核空间的配合使用。

第5章与第6章介绍了在机器学习中应用广泛的决策树模型及集成学习方法，包括决策树的定义、构建及预防过拟合的方法，以及如何通过结合多个简单的决策树模型得到比单个模型更优的继承学习算法。

第7章介绍神经网络，包括常用的激活函数，如 ReLU 函数与 Sigmoid 函数等，以及用于神经网络优化中计算导数的反向传播算法。此外，讨论了一些常见的优化神经网络的方法，包括初始化、权值衰减等。最后，探讨了神经网络权值共享的最常见结构——卷积神经网络和循环神经网络。

第8章主要介绍四个知识点。首先是图像的形成，包括小孔相机成像原理与数字图像原理。接下来，介绍了线性滤波器，包括其定义、常见的线性滤波器及其用途。然后介绍了图像边缘的含义、形成原因及检测边缘的方法。最后，介绍了卷积神经网络，包括神经网络卷积层的定义以及卷积神经网络的设计。

第9章介绍了多种语言模型的建模和计算方法。首先从最基础的 n-gram 开始，给出了语义计算，以及基于循环神经网络的语言模型。接着围绕 Seq2Seq 模型引入了注意力机制，并进一步介绍了前沿自然语言处理的基本模型 Transformer。最后，简单阐述了基于 Transformer 的预训练方法。

第 10 章介绍了马尔可夫决策过程与强化学习，包括马尔可夫决策过程的定义及几个重要的算法——值迭代、策略迭代、线性规划及强化学习算法 Q-learning。最后，简单介绍了深度强化学习的原理及几个常见的核心算法。

随着人工智能的快速发展，其包含的细分领域也越来越多。同时许多学科在研究当中也引入了人工智能的思想与方法，因此产生了许多人工智能的前沿应用（AI＋X），如人工智能与生物医药、人工智能与交通、人工智能与通信和计算等。本书并没有尝试覆盖所有子领域与应用，不过书中章节精选的人工智能技术在很多人工智能的子领域及前沿应用中得到了广泛的应用。希望读者在学习书中人工智能领域基础知识的同时，能同时学习其他子领域的关键技术，并进一步加深对其他学科方向的理解。

第1章 CHAPTER 1 数学基础

微积分、概率论和矩阵运算是学习人工智能必要的数学基础。本章旨在为读者介绍本书中涉及的数学知识，使有初等数学基础的读者无需进行额外的阅读与学习便可直接阅读学习后续的章节。为便于读者理解，本章的正文部分主要介绍必要的定义与基础，对知识点的扩展与解释将放在附录中。

1.1 导数

导数，也称微商，在自然科学、计算机科学、工程学科等诸多领域均有着广泛的应用。导数研究的是函数在某一点附近的局部性质，用以刻画曲线或曲面的弯曲程度。在本节中，将会介绍导数的基本概念、计算方法及一些简单应用，以便后续章节使用。

1.1.1 导数的定义

在日常生活及科学研究中，我们经常会遇到需要表示某种量变化快慢的问题。例如，汽车行进过程中位置随时间变化的快慢；吹气球时，气球的半径随吹入气体的量变化的快慢；登山过程中，山的高度随水平位置的变化快慢(即陡峭程度)等。那么，我们应该如何描述这些变化的快慢呢?

可以看出，上述问题均涉及两个量的变化关系：一个是我们关心的正在变化的量(汽车的位置、气球的半径、山的高度等)，称作因变量，通常记为 y；另一个是引起这个变化的原因(汽车行驶的时间、吹入气体的量、相对于山的位置)，称为自变量，记为 x。这两个量之间存在函数关系 f，写作 $y=f(x)$。

如图 1.1 所示，两个不同的自变量 x_1 和 x_2，分别对应不同的因变量 y_1 和 y_2。不难想到，要表示 $y=f(x)$在 x_1 和 x_2 之间变化的快慢，只需将因变量的变化量($\Delta y=y_2-y_1=f(x_2)-f(x_1)$)除以自变量的变化量($\Delta x=x_2-x_1$)，即

$$\frac{\Delta y}{\Delta x}=\frac{y_2-y_1}{x_2-x_1}=\frac{f(x_2)-f(x_1)}{x_2-x_1}$$

上式称为函数 $y=f(x)$从 x_1 到 x_2 的平均变化率，也可写成如下形式：

$$\frac{f(x_1+\Delta x)-f(x_1)}{\Delta x}$$

从图 1.1 中不难看出,平均变化率在函数图像中的意义为 x_1 和 x_2 对应的点 P_1 和 P_2 之间连线(函数的割线)的斜率。

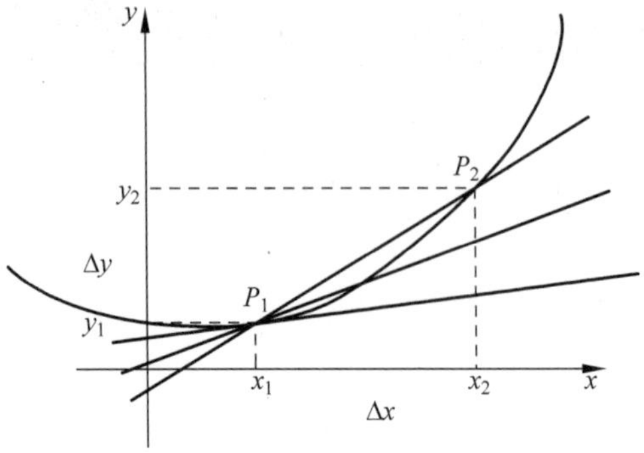

图 1.1 函数斜率的逼近

例 1.1 平均变化率计算

对于一次线性函数 $y=f(x)=ax+b$,它在 $x=x_0$ 的平均变化率为

$$\frac{\Delta y}{\Delta x}=\frac{f(x_0+\Delta x)-f(x_0)}{\Delta x}=a$$

与 x_0 无关,因为从图 1.1 可以看出,线性函数的平均变化率即它的斜率。

上文中定义的平均变化率是在 Δx 内对应函数 $y=f(x)$的变化速率。如果令 Δx 越取越小,不断逼近 0,那么 x_1 和 x_2 也会越来越近,直至几乎变为同一点。在这种情况下,原先定义的平均变化率也渐渐变为了 $y=f(x)$在(x_1,y_1)这一点处瞬间所具有的变化速度,称为瞬间变化率,记为

$$\lim_{\Delta x\to 0}\frac{f(x_1+\Delta x)-f(x_1)}{\Delta x}$$

其中,极限符号$\lim\limits_{x\to c}f(x)$表示 x 趋向于 c 时函数 $f(x)$的值。一般情况下,在 Δx 趋近于 0 时,这个式子的值趋向于一个定值,即为函数在这一点处的导数。

例如,在车辆行驶的过程中,速度仪表盘上的读数就代表了行驶距离关于时间的函数 $s(t)$在这一时刻的导数,即我们常说的(瞬时)速率。

例 1.2 瞬时变化率计算

考虑一个二次函数 $y=f(x)=x^2$ 在 $x=1$ 附近的变化率,有

$$\frac{f(1+\Delta x)-f(1)}{\Delta x}=\frac{(1+\Delta x)^2-1^2}{\Delta x}=2+\Delta x$$

而当 Δx 趋近于 0 时,不难看出,这个式子的值就趋于一个定值 2,即

$$\lim_{\Delta x\to 0}\frac{f(1+\Delta x)-f(1)}{\Delta x}=2$$

基于上述介绍,可以将导数按如下方式定义:

定义[导数]:假设函数 $y=f(x)$在某区间上的导数存在,则在此区间上某点$(x_1, f(x_1))$处的导数定义为

$$f'(x_1)=\lim_{\Delta x\to 0}\frac{f(x_1+\Delta x)-f(x_1)}{\Delta x}$$

此区间上所有点的导数构成以 x 为自变量的函数，称为导函数（有时也简称为导数），记为 $f'(x)\left(或\ y',\dfrac{\mathrm{d}y}{\mathrm{d}x},\dfrac{\mathrm{d}f}{\mathrm{d}x}\right)$。寻找已知的函数在某点的导数或其导函数的过程称为求导。

从图 1.1 中不难看出，当 Δx 趋近于 0 时，两点无限接近，原本的割线变为了函数图像的切线，因此导数的几何意义为函数 $y=f(x)$ 的图像在点 $(x_1,f(x_1))$ 处的切线斜率。下面是导数计算的一些基本性质：

两函数和差：$(u\pm v)'=u'\pm v'$

两函数积：$(uv)'=u'v+uv'$

两函数商：$\left(\dfrac{u}{v}\right)'=\dfrac{u'v-uv'}{v^2}$

复合函数：$\{f[\varphi(x)]\}'=f'[\varphi(x)]\varphi'(x)$ 或 $\dfrac{\mathrm{d}y}{\mathrm{d}x}=\dfrac{\mathrm{d}y}{\mathrm{d}u}\cdot\dfrac{\mathrm{d}u}{\mathrm{d}x}$（链式法则）

1.1.2 高阶导数与偏导数

导数 $f'(x)$ 本身也可以视作自变量 x 的函数，因此可以对函数的导函数再次求导，得到高阶导数。例如，一阶导数 $y'=f'(x)$ 的导数为 $y=f(x)$ 的二阶导数，记作 y''，或 $f''(x)$，$\dfrac{\mathrm{d}^2y}{\mathrm{d}x^2}$。

举个例子，物体的位移对时间进行求导可以得到速度，速度是位移的一阶导数。而速度可以对时间再求一次导数，得到加速度，这是一个用来衡量物体运动速度的变化的物理量，那么加速度就是速度的一阶导数。同时，加速度也可以看作对位移求导之后再进行求导得到的，所以加速度也是位移的二阶导数。同样地，可以再对加速度进行求导，得到所谓的加加速度。依此类推，可以不断地求导，从而得到一个函数的高阶导数，$y=f(x)$ 的 n 阶导数记为 $y^{(n)}$，或者 $f^{(n)}(x)$，$\dfrac{\mathrm{d}^ny}{\mathrm{d}x^n}$。

设函数 $y=f(x)$ 在 x_0 处的值为 $f(x_0)$，则当 x_0 增加一个小量 Δx 时（即 $\Delta x\ll 1$），$f(x_0+\Delta x)$ 与 $f(x_0)$ 的关系近似表达为

$$f(x_0+\Delta x)\approx f(x_0)+f'(x_0)\Delta x+\frac{f''(x_0)}{2}\Delta x^2$$

特别地，当 $x_0=0$ 时，有

$$f(\Delta x)\approx f(0)+f'(0)\Delta x+\frac{f''(0)}{2}\Delta x^2$$

更一般地，有

$$f(x_0+\Delta x)=f(x_0)+f'(x_0)\Delta x+\frac{f''(x_0)}{2}\Delta x^2+\frac{f'''(x_0)}{6}\Delta x^3+\cdots$$

这个展开式叫做函数 $y=f(x)$ 在 x_0 处的泰勒展开。下面是一些常用的泰勒展开（在 $x=0$ 处），大多数情况下只需展开到第一阶。

(1) $(1+x)^n\approx 1+nx+\dfrac{n(n-1)}{2}x^2$

(2) $e^x \approx 1+x+\frac{x^2}{2}$

(3) $\sin x \approx x-\frac{x^3}{6}$, $\cos x \approx 1-\frac{x^2}{2}$

(4) $\ln(1+x) \approx x-\frac{x^2}{2}$, $\ln(1-x) \approx -x-\frac{x^2}{2}$

上述讨论的函数 $y=f(x)$ 均为只有一个自变量 x 的一元函数。此时该函数对于自变量 x 的变化率即为它的导数。而对于自变量多于一个的多元函数 $y=f(x_1, x_2, \cdots)$，研究它的变化率同样是一个有意义的问题，例如，植物的生长与所处环境的温度、湿度、光照强度均有关系，我们该如何刻画生长速度与不同因素的关联呢？下面我们将引入偏导数。

在数学中，一个多变量函数关于某一变量的偏导数，是在保持其他变量不变的情况下函数关于该变量的导数。具体来说，函数 $z(x, y)$ 关于变量 x 的偏导数写作 z'_x 或 $\partial z/\partial x$。此时我们将变量 y 视为常数，而只对变量 x 进行求导，如函数 $z=x^2+3xy+2y^2$ 关于变量 x 和 y 的偏导数分别为

$$\frac{\partial z}{\partial x}=2x+3y$$

$$\frac{\partial z}{\partial y}=3x+4y$$

偏导数的作用与价值在向量分析和微分几何以及机器学习领域中受到广泛认可。

1.1.3 导数与函数极值

若一个函数 $y=f(x)$ 在 x_0 处的导数 $f'(x_0)=0$，则函数图像在该处的切线平行于 x 轴。不难看出，很多时候该点处的函数值是附近的一个小区间中最大或最小的函数值(存在例外情况，如图 1.2(c)所示)，此时称 $y=f(x)$ 在 x_0 处有极大值或者极小值。

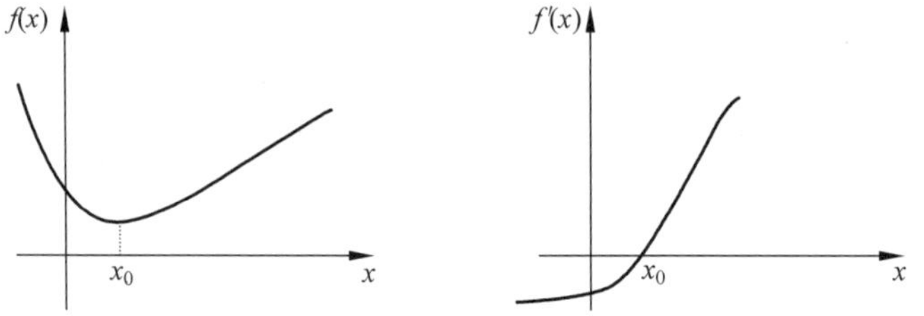

(a)

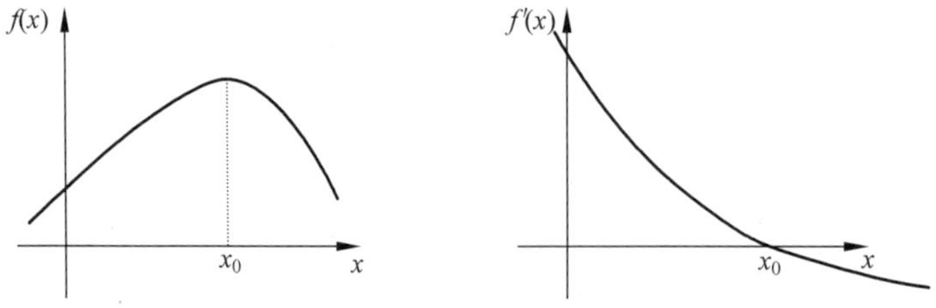

(b)

图 1.2 不同取值的导数

(a) $f''(x_0)>0$；(b) $f''(x_0)<0$；(c) $f''(x_0)=0$(例如，$y=ax^3$)

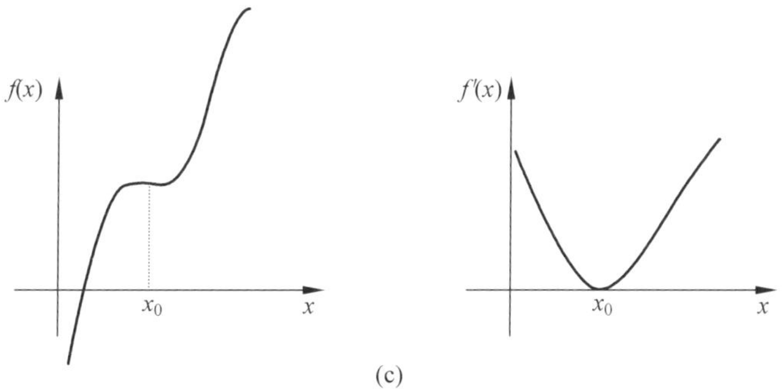

(c)

图 1.2(续)

判断函数是否取到极值可通过导数是否为零来判断,而判断是极大值还是极小值可通过二阶导数的正负来判断(如图 1.2 所示):若 $f''(x_0)>0$,则为极小值;若 $f''(x_0)<0$,则为极大值;若 $f''(x_0)=0$,则二者皆可能,也可能二者皆非,具体需要分析更高阶的导数。

1.2 概率论基础

概率论是研究随机现象的数量规律的数学分支,是统计学、统计推断和统计机器学习的基础。在本节中,将简单地介绍概率论中的一些基本概念,并提及一些数学分析中的基本知识。

1.2.1 事件与概率

概率论研究的基本对象是随机的、偶然的自然现象或社会现象,它与必然现象是相对的。然而,随机现象本身也有规律可循。如著名的 Galton 钉板实验,如图 1.3 所示。在这个实验中,每次在顶端放下一个小球。假设小球质量均匀,钉子光滑,则小球从上端落下碰到钉子后往哪边下落具有很强的随机性。进行一次实验后,小球会落到下方某一个球槽中,那么进行 n 次实验后,不同球槽中出现的小球数量占落下小球总数的比重就会形成一个分布,我们将该分布称为频率。当实验的次数 n 趋近于无穷大时,频率的值便会趋于稳定。我们称该极限为频率的稳定值。

我们相信,每次实验中小球落在每一个球槽中的可能性大小是客观存在的,因此可以对其进行量度。我们将存在客观可能性的实验过程叫做随机实验(stochastic experiment),可能性的量度指标称为概率。

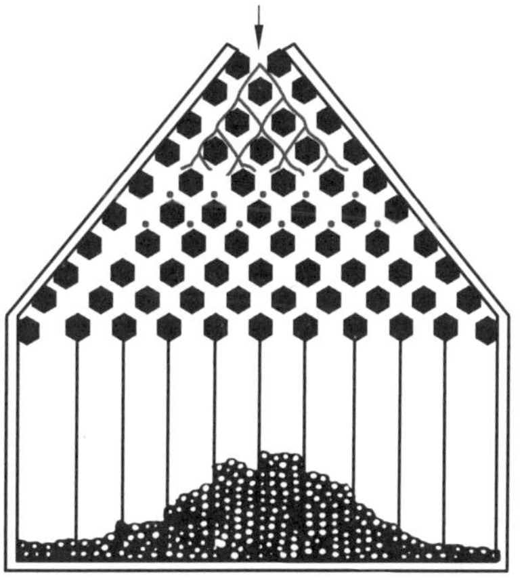

图 1.3 Galton 钉板实验

为了更准确地对随机实验和概率进行描述,我们引入(随机)事件的概念。所谓事件,可以粗略地理解为随机实验的结果。例如,抛一枚硬币结果朝上就是一个事件,在 Galton 钉板实验中,小球落在第 i 个球槽中也是一个事件。随机实验里最基本的不能再分解的结果叫做基本事件。所有基本事件构成的合集记为

Ω。一个事件就是一些基本事件的合集，即 Ω 的一个子集。根据集合的性质我们可以定义出所有可能事件构成的事件体$\mathcal{F}$和事件的运算（并、交、逆）。对于同一事件体中的事件 A 与 B，定义 $A\cup B$ 或者 $A+B$ 为 A 与 B 的和事件，而 $A\cap B$ 或者 AB 为积事件。定义 ϕ 为不可能事件，Ω 为必然事件。那么如果 $AB=\phi$，我们说 A 事件与 B 事件互斥，或不相容。严格的事件定义需要依赖于集合论（σ-代数）中的概念，但以上关于事件集合的定义已经能基本满足人工智能学习的要求，因此我们不对其进行更加详细的介绍。

概率的严格定义是事件体$\mathcal{F}$上定义的一个非负的、和为 1 的（规范的）、可列可加的实值（测度）函数，而较为容易理解的模糊定义可以参见高中教科书。记 $P(A)$ 为事件 A 的概率。可列可加性是测度的基本要求。我们将观测的对象 Ω、事件体$\mathcal{F}$和概率 P 构成的三元体$(\Omega,\mathcal{F},P)$称为概率空间。对于一般事件的概率计算，可以直接利用集合论的结论进行。

在日常生活中，以下两种基本事件等可能的概型最为常见：古典概型和几何概型。在古典概型中，基本事件是个数有限且等可能的概率模型，也是我们之后讨论的重点。我们还能碰到一些情况，基本事件是连续分布的，事件空间 Ω 是一个连续空间。此时我们可以将 Ω 与一个几何区域的面积联系起来，这样的概型称为几何概型。例如，在 Galton 钉板实验中，每一次小球碰钉子后都有向左落下和向右落下两种可能的结果，概率各为 1/2，因而是古典概型。而如果钉板有 n 层，那么总的 Galton 钉板实验不是古典概型（由于其不是等概率），而是 n 次连续古典概型实验的结果。

在古典概型中，我们记事件空间为 $\Omega=\{\omega_1,\omega_2,\cdots,\omega_N\}$，其中每个 ω_i 为一个基本事件，其概率为 $P(\omega_i)=1/N$，N 为基本事件的总数。而事件体$\mathcal{F}$由 Ω 的所有子集构成。如果 A 事件中包含 n_A 个基本事件，那么 $P(A)=n_A/N$。我们以摸红色和绿色小球为例，说明古典概型的作用。

考虑一个箱子里有 a 个红球，b 个绿球。那么对于摸到的每个球的颜色，其构成一个古典概型。具体来说，假设我们进行 n 次古典概型实验，可以引出以下两种常见的概型：

(1) 二项式概型（独立重复古典概型实验）

如果每次进行实验之后，就放回摸出的小球，那么两轮之间的结果相互独立。摸出 k 次红球的概率不难通过排列组合方法得出：

$$p_k=C_n^k\left(\frac{a}{a+b}\right)^k\left(\frac{b}{a+b}\right)^{n-k}$$

我们称 k 满足的分布为二项分布 $B\left(k;n,\dfrac{a}{a+b}\right)$。这种有放回的摸小球的概型为二项概型。这里 C_n^k 是组合数，定义为从 n 个元素中取出 k 个元素，k 个元素的组合数量，即 $C_n^k=n!/[k!(n-k)!]$。

(2) 超几何概型

如果每次进行实验之后，不放回摸出的小球，那么后一轮摸小球的结果会有所变化。此时，摸出 k 次红球的概率可以通过古典概型计算得出：

$$p_k=\frac{C_a^kC_b^{n-k}}{C_{a+b}^n}$$

称 k 满足的分布为超几何分布 $H(k;n,a,a+b)$。这种没有放回的摸小球的概型为超几何概型。

1.2.2 随机变量与概率分布

随机变量是可以随机地取不同值的变量，它可以是离散或连续的。在此为了简化讨论，仅考虑离散型随机变量（连续型变量的讨论将在附录中给出，感兴趣的读者可自行查阅）。概率分布描述随机变量在每个可能取到的值的可能性大小，离散型变量的概率分布可以用概率质量函数来描述。概率质量函数可以同时描述多个随机变量，这种多变量的概率分布称为联合概率分布。例如，$P(X=x,Y=y)$表示 $X=x,Y=y$ 同时发生的概率，可简写为 $P(x,y)$。

为了丰富对样本空间 Ω 的描述方法，可以引入实值函数对概率分布进行描述。设$(\Omega,\mathcal{F},P)$为概率空间，X 为 Ω 上的实值函数，满足对任意的 $x\in R$，

$$P(X\leqslant x):=P(\{\omega:X(\omega)\leqslant x\})$$

其中，$\{\omega:X(\omega)\leqslant x\}\in\mathcal{F}$，那么可以说 X 为空间$(\Omega,\mathcal{F})$上的随机变量，并且称

$$F_X(x):=P(X\leqslant x),\quad x\in R$$

为 X 的分布函数。由以上定义可见，如果随机变量给定，那么分布函数是存在并且唯一的。

概率和分布函数具有以下关系：

$$P(a<X\leqslant b)=F_X(b)-F_X(a),\quad P(X>x)=1-F_X(x)$$

$$P(X<x)=F_X(x-0),\quad P(X=x)=F_X(x)-F_X(x-0)$$

其中，$P(x-0):=\lim\limits_{n\to\infty}\left(x-\dfrac{1}{n}\right)$为 x 的左极限。

接下来，介绍条件概率与条件分布的概念。设 $A,B\in\mathcal{F}$，且 $P(A)>0$，记

$$P(B\mid A)=\frac{P(AB)}{P(A)}$$

为已知 A 事件发生的条件下，事件 B 发生的条件概率。而 $P(AB)=P(A)P(B|A)$称为条件概率的乘法公式，可以拓展为以下的一般形式：

$$P(A_1A_2\cdots A_n)=P(A_1)P(A_2\mid A_1)\cdots P(A_n\mid A_1A_2\cdots A_{n-1})$$

如果有一组有限多个或者可列无穷个事件$\{A_i,i=1,2,\cdots\}$，满足 $A_i\in\mathcal{F},P(A_i)\geqslant 0,i=1,2,\cdots$且$\bigcup_i A_i=\Omega$，并有$\{A_i\}$两两相斥，我们称其为 Ω 的完备事件群。由概率的可加性和条件概率的乘法公式，可以得到以下的全概率公式：

$$P(B)=\sum_i P(A_i)P(B\mid A_i)$$

该公式提供了在已知 A 事件情况下 B 事件发生概率的计算方法。

由条件概率定义、乘法公式和全概率公式，可以得到：

$$P(A_i\mid B)=\frac{P(A_iB)}{P(B)}=\frac{P(A_i)P(B\mid A_i)}{\sum\limits_k P(A_k)P(B\mid A_k)}$$

这个公式叫做逆概率公式或贝叶斯公式，它是统计学习和统计推断的基础。以下是一个贝叶斯公式应用的例子。

例 1.3 已知在所有男子与女子中分别有 5%与 0.25%的人患有色盲症。假设男女的比例为 1∶1。现在随机抽查一人发现其患有色盲症，计算其为男子的概率。

可以设变量 A 表示性别(0/1 分别对应男/女)，B 表示是否色盲(0/1 为否/是色盲)。

由条件有

$$P(B=1 \mid A=0)=0.05, \quad P(B=1 \mid A=1)=0.0025$$

因为男女比例为 1∶1,在随机抽查的条件下,应有 $P(A=0)=P(A=1)=1/2$。此时,由贝叶斯公式即可得到:

$$\begin{aligned} P(A=0 \mid B=1) &= P(B=1 \mid A=0)\frac{P(A=0)}{P(B=1)} \\ &= \frac{P(B=1 \mid A=0)P(A=0)}{\sum_i P(B=1 \mid A=i)P(A=i)} \approx 95\% \end{aligned}$$

例 1.4 (三门问题)有三扇关闭的门,其中一扇门的后面有辆跑车,而另外两扇门的后面各藏有一只山羊,跑车在哪一扇门的后面是完全随机的。参赛者需要从中选择一扇门,如果参赛者选中后面有车的那扇门就可以赢得这辆跑车。参赛者随机选定了一扇门,但未去开启它的时候,节目主持人会开启剩下两扇门的其中一扇,其门后是一只山羊。此时参赛者是否应该保持他的原来选择,还是应该转而选择剩下的那一道门?

这个问题乍一看似乎没有换门的必要。我们现在用贝叶斯公式来看看结论是否如此。不妨假设参赛者选 1 号门,而主持人打开了 2 号门。记随机变量 $A=i$ 为第 i 扇门后面有汽车,由于随机性,有 $P(A=i)=1/3, i=1,2,3$。

现在再定义随机变量 B 为主持人是否打开 2 号门:如果主持人打开 2 号门,则 $B=1$;否则,$B=0$。这里注意到如果 2 号门的背后有跑车,主持人是不能打开该门的。根据 A 和 B 的定义可得:

$$P(B=1 \mid A=1)=0.5$$

$$P(B=1 \mid A=2)=0$$

$$P(B=1 \mid A=3)=1$$

这里第一个式子是因为 $A=1$(参赛者已经选对了),因此主持人可能选 2 或者 3,且选 2 的可能性是 1/2;第二种情况不可能发生,因为主持人不能打开正确的门;而在第三种情况下,主持人只能打开 2 号门,所以 $B=1$ 一定成立。于是有全概率公式

$$P(B=1)=\sum_i P(B=1 \mid A=i)P(A=i)=0.5$$

那么,

$$P(A=1 \mid B=1)=P(B=1 \mid A=1)\frac{P(A=1)}{P(B=1)}=\frac{1}{3}$$

$$P(A=2 \mid B=1)=P(B=1 \mid A=2)\frac{P(A=2)}{P(B=1)}=0$$

$$P(A=3 \mid B=1)=P(B=1 \mid A=3)\frac{P(A=3)}{P(B=1)}=\frac{2}{3}$$

所以参赛者应该改变想法选 3 号门。

接下来,我们介绍事件的独立性与条件变量的独立性。对于事件 A 与事件 B,若 $P(AB)=P(A)P(B)$,则称它们相互独立。拓展到多个事件的情况,称事件 $A_i, i=1,2,\cdots,n$ 相互独立。如果对其中任意 k 个事件,均满足

$$P(A_{i_1}A_{i_2}\cdots A_{i_k})=P(A_{i_1})P(A_{i_2})\cdots P(A_{i_k})$$

对于随机向量$(X_1,X_2,\cdots,X_n)$，其不同变量分量相互独立，当且仅当其联合分布函数$F_X(x_1,x_2,\cdots,x_n)$对于任意的$x_1,x_2,\cdots,x_n$始终满足

$$F_X(x_1,x_2,\cdots,x_n)=\prod_{j=1}^{n}F_{X_j}(x_j)$$

1.2.3 期望、方差与协方差

我们希望通过一些简单的方法来刻画随机变量的特征。常见的随机变量的特征包括数学期望、方差和协方差。数学期望反映随机变量的平均取值。离散随机变量X的数学期望定义为

$$E(X)=\sum_k p_k x_k$$

方差反映随机变量的涨落大小，其定义为

$$D(X)=\mathrm{Var}(X)=E(X-E(X))^2=E(X^2)-(E(X))^2$$

协方差反映随机变量之间的关联强度，其定义为

$$\mathrm{Cov}(X,Y)=E[(X-E(X))(Y-E(Y))]$$

1.3 矩阵基础

矩阵理论是一门研究矩阵在数学上的应用的科目。矩阵理论原本是线性代数的一个分支，但由于其陆续在图论、代数、组合数学和统计等诸多领域中得到应用，渐渐发展成为一门独立的学科。本节将主要介绍矩阵的一些简单运算和分析手段。

具体来说，矩阵(matrix)是指将数字或其他定义了某些数学运算的数学算式(代数符号、表达式等)按行(row)和列(column)排布的数组。其中，构成矩阵的数字(或数学符号、表达式)称为矩阵的元素(entry)，横向的元素构成行(row)，纵向的元素构成列(column)[①]。矩阵的大小由行、列的数量决定，例如，下面的矩阵为一个2×3的矩阵。

$$\begin{pmatrix}2 & -1 & 5.3\\ -0.9 & 4 & 10\end{pmatrix}$$

特别地，如果一个矩阵只有一行，则称为行向量(row vector)，只有一列元素的矩阵则称为列向量(column vector)，一般所说的向量都指列向量。上面的矩阵既可以看作由三个2×1的列向量构成，也可以看作由两个1×3的行向量构成。当矩阵行列数相同时，又称该矩阵为方阵(square matrix)。一个$n\times n$的矩阵又称为n维方阵。

我们通常用大写字母表示矩阵，小写字母表示矩阵元素。对矩阵元素，进一步用下角标区分它们的位置。例如，一个$m\times n$的矩阵可以表示为

---

① 在中国香港、台湾等地区，行、列的翻译与大陆通用译法相反。

$$
\boldsymbol{A}=\begin{pmatrix} a_{11} & a_{12} & \cdots & a_{1n} \\ a_{21} & a_{22} & \cdots & a_{2n} \\ \vdots & \vdots & \ddots & \vdots \\ a_{m1} & a_{m2} & \cdots & a_{mn} \end{pmatrix}
$$

对于两个同样大小的矩阵，可以定义矩阵的加法(addition)。两个矩阵的加法定义为对应位置的元素相加。下面给出了一个矩阵相加的例子：

$$
\begin{pmatrix} 1 & 2 & 5 \\ 0 & -4 & 0 \end{pmatrix}+\begin{pmatrix} 3 & -1 & 4 \\ 8 & 2 & 1 \end{pmatrix}=\begin{pmatrix} 4 & 1 & 9 \\ 8 & -2 & 1 \end{pmatrix}
$$

矩阵与其相同数域中的数字还可以定义数乘(scalar multiplication)。矩阵与一个数字的数乘定义为矩阵中的每一个元素乘以该数字。下面给出了一个矩阵数乘的例子：

$$
3\cdot\begin{pmatrix} 1 & 2 & 5 \\ 0 & -4 & 0 \end{pmatrix}=\begin{pmatrix} 3 & 6 & 15 \\ 0 & -12 & 0 \end{pmatrix}
$$

矩阵的另一基本运算是转置(transpose)。一个 $m\times n$ 的矩阵转置后变为 $n\times m$ 的矩阵，其中，原本处于第 i 行第 j 列的元素在转置操作后会变成新矩阵的第 j 行第 i 列的元素。对于一个矩阵 $\boldsymbol{A}$，其转置矩阵通常记为 $\boldsymbol{A}^{\mathrm{T}}$。下面给出了一个矩阵转置的例子：

$$
\begin{pmatrix} 2 & 3 & 5 \\ -6 & 10 & 0 \end{pmatrix}^{\mathrm{T}}=\begin{pmatrix} 2 & -6 \\ 3 & 10 \\ 5 & 0 \end{pmatrix}
$$

不难看出，矩阵进行两次转置操作后，仍然为原矩阵，即 $(\boldsymbol{A}^{\mathrm{T}})^{\mathrm{T}}=\boldsymbol{A}$。

矩阵之间也可以定义矩阵乘法(matrix multiplication)运算。如果矩阵 $\boldsymbol{A}$ 为 $m\times n$ 大小矩阵，矩阵 $\boldsymbol{B}$ 为 $n\times p$ 大小矩阵，那么矩阵 $\boldsymbol{AB}$ 为 $m\times p$ 大小矩阵，其中元素为

$$
(\boldsymbol{AB})_{ij}=\sum_{k=1}^{n}a_{ik}b_{kj}=a_{i1}b_{1j}+a_{i2}b_{2j}+\cdots+a_{in}b_{nj}
$$

矩阵乘法满足结合律

$$
(\boldsymbol{AB})\boldsymbol{C}=\boldsymbol{A}(\boldsymbol{BC})=\boldsymbol{ABC}
$$

和左右分配律

$$
(\boldsymbol{A}+\boldsymbol{B})\boldsymbol{C}=\boldsymbol{AC}+\boldsymbol{BC}
$$

$$
\boldsymbol{C}(\boldsymbol{A}+\boldsymbol{B})=\boldsymbol{CA}+\boldsymbol{CB}
$$

这里注意，矩阵的乘法一般没有交换律，即即使乘法对 $\boldsymbol{AB}$ 和 $\boldsymbol{BA}$ 都有定义，通常

$$
\boldsymbol{AB}\neq\boldsymbol{BA}
$$

可以从以下例子中看出：

$$
\begin{pmatrix} 1 & 3 \\ 0 & 2 \end{pmatrix}\begin{pmatrix} 0 & 0 \\ 1 & 0 \end{pmatrix}=\begin{pmatrix} 3 & 0 \\ 2 & 0 \end{pmatrix}
$$

$$
\begin{pmatrix} 0 & 0 \\ 1 & 0 \end{pmatrix}\begin{pmatrix} 1 & 3 \\ 0 & 2 \end{pmatrix}=\begin{pmatrix} 0 & 0 \\ 1 & 3 \end{pmatrix}
$$

因此，矩阵乘法中需要明确相乘的顺序。我们称 $\boldsymbol{AB}$ 为 $\boldsymbol{B}$ 右乘 $\boldsymbol{A}$，或 $\boldsymbol{A}$ 左乘 $\boldsymbol{B}$。

向量的内积也可以用矩阵乘法表示。例如，两个 n 维实向量 $\boldsymbol{r},\boldsymbol{v}$ 的内积，可以看作行向量 $\boldsymbol{r}^{\mathrm{T}}$ 与列向量 $\boldsymbol{v}$ 的矩阵乘法，即

$$(\boldsymbol{r},\boldsymbol{v})=\boldsymbol{r}^{\mathrm{T}}\cdot\boldsymbol{v}=(r_1 r_2 \cdots r_n)\begin{pmatrix}v_1\\v_2\\\vdots\\v_n\end{pmatrix}=\sum_{i=1}^{n} r_i v_i$$

例 1.5 矩阵乘法的一个实际应用

假设有一个施工项目,第一个月需要采购 a_1 吨水泥,b_1 吨木材;第二个月需要采购 a_2 吨水泥,b_2 吨木材。现在有两个进货渠道,第一家的水泥单价为 m_1 元/吨,木材单价为 n_1 元/吨;第二家的水泥单价为 m_2 元/吨,木材单价为 n_2 元/吨。如果同一个月的建筑材料都从同一家采购,那么在两个月内的所有消费可能性可以用下面的矩阵表示:

$$\begin{pmatrix}m_1 & n_1\\m_2 & n_2\end{pmatrix}\begin{pmatrix}a_1 & a_2\\b_1 & b_2\end{pmatrix}=\begin{pmatrix}m_1a_1+n_1b_1 & m_1a_2+n_1b_2\\m_2a_1+n_2b_1 & m_2a_2+n_2b_2\end{pmatrix}$$

等式左侧第一个矩阵的每一行列出了一家供应商的两种建材的单价,第二个矩阵的每一列列出了一个月内对两种建材的需求量,两个矩阵乘法运算的结果则列出了所有的消费可能性,即第 i 行第 j 列元素表示在第 j 个月从第 i 家供应商进货的成本。

对于任一 $m\times n$ 矩阵 $\boldsymbol{A}$,当其右乘一个 $n\times p$ 大小的所有元素均为 0 的矩阵 $\boldsymbol{0}$ 时,结果总为一个 $m\times p$ 大小的所有元素均为 0 的矩阵。我们称元素均为 0 的矩阵为零矩阵(zero matrix)。类似地,当一个矩阵左乘零矩阵时,结果为零矩阵。

对于任一 $m\times n$ 矩阵 $\boldsymbol{A}$,当其右乘一个 $n\times n$ 大小的形如下面的矩阵 $\boldsymbol{I}$

$$\boldsymbol{I}=\begin{pmatrix}1 & 0 & \cdots & 0\\0 & 1 & \cdots & 0\\\vdots & \vdots & \ddots & \vdots\\0 & 0 & \cdots & 1\end{pmatrix}$$

结果仍为 $\boldsymbol{A}$,我们称 $\boldsymbol{I}$ 为 n 阶单位矩阵(identity matrix)。类似地,当 $\boldsymbol{A}$ 左乘一个 $m\times m$ 大小的单位矩阵时,结果同样为 $\boldsymbol{A}$。

对于 n 维方阵 $\boldsymbol{A}$,可以定义其逆矩阵(inverse matrix)为另一 n 维方阵 $\boldsymbol{B}$,使

$$\boldsymbol{AB}=\boldsymbol{BA}=\boldsymbol{I}$$

注意:逆矩阵不一定总存在(附录中给出了方阵存在逆矩阵的一个充要条件)。但如果存在,则称 $\boldsymbol{B}$ 为方阵 $\boldsymbol{A}$ 的逆矩阵,记为 $\boldsymbol{A}^{-1}$。需要说明的是,并非所有的方阵都有满足该定义的逆矩阵。

习题

1. 求下列函数的导数:

(1) $y=\sin^2 x$;

(2) $y=\arcsin(\sin x)$;

(3) $y=\ln\left(\tan\dfrac{x}{2}\right)-\cos x\cdot\ln(\tan x)$;

(4) $y=x^{1/x}$;

(5) $y=\ln(e^x+\sqrt{1+e^{2x}})$。

2. 计算下列三角函数的近似值:

(1) cos29°;

(2) tan136°。

3. 如图所示的电缆 AOB 的长为 s,跨度为 $2l$,电缆的最低点 O 与杆顶连线 AB 的距离为 f,则电缆长可按下式计算:

$$s=2l\left(1+\frac{5f^2}{6l^2}\right)$$

当 f 变化了 Δf 时,电缆长的变化约为多少?

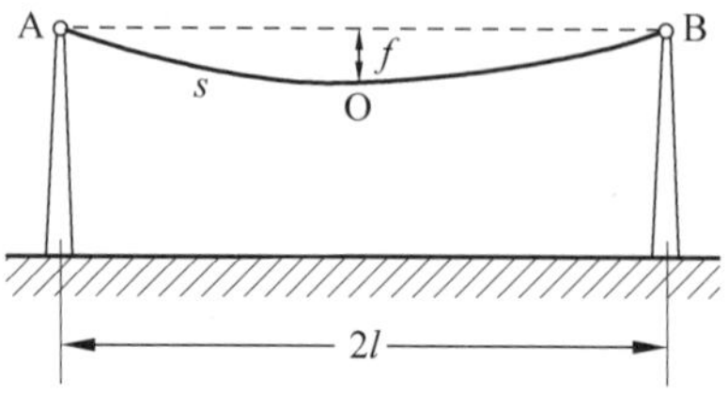

4. 设函数 $f(x)$在(a,b)内二阶可导,且 $f''(x)\geqslant 0$,试证明对于(a,b)内任意两点 x_1,x_2 及 $0\leqslant t\leqslant 1$,有

$$f[(1-t)x_1+tx_2]\leqslant(1-t)f(x_1)+tf(x_2)$$

5. 求 $z=x^2\sin(2y)$关于 x 和 y 的偏导数。

6. 设 A,B,C 是三个事件,且 $P(A)=P(B)=P(C)=1/4$,$P(AB)=P(BC)=0$,$P(AC)=1/8$,求 A,B,C 至少发生一个事件的概率。

7. 已知 $P(\bar{A})=0.3$,$P(B)=0.4$,$P(A\bar{B})=0.5$,求条件概率 $P(B|A\cup\bar{B})$。

8. 一个袋中装有 5 只球,编号为 1,2,3,4,5。在袋中同时取 3 只,以 X 表示取出的 3 只球中的最大号码,写出随机变量 X 的分布律。

9. 进行重复独立实验,设每次实验的成功概率为 p,失败概率为 $q=1-p(0<p<1)$。

(1) 将实验进行到出现一次成功为止,以 X 表示所需的实验次数,求 X 的分布律(此时称 X 服从以 p 为参数的几何分布)。

(2) 将实验进行到出现 r 次成功为止,以 Y 表示所需的实验次数,求 Y 的分布律(此时称 Y 服从以 r,p 为参数的巴斯卡分布或负二项分布)。

10. 设 $\boldsymbol{A}=\begin{pmatrix}0&3&3\\1&1&0\\-1&2&3\end{pmatrix}$,$\boldsymbol{AB}=\boldsymbol{A}+2\boldsymbol{B}$,求 $\boldsymbol{B}$。

11. 设 n 阶矩阵 $\boldsymbol{A}$ 及 s 阶矩阵 $\boldsymbol{B}$ 都可逆,求

(1) $\begin{pmatrix}\boldsymbol{0}&\boldsymbol{A}\\\boldsymbol{B}&\boldsymbol{0}\end{pmatrix}^{-1}$;

(2) $\begin{pmatrix}\boldsymbol{A}&\boldsymbol{0}\\\boldsymbol{C}&\boldsymbol{B}\end{pmatrix}^{-1}$。

12. 设 $\boldsymbol{x}$ 为 n 维列向量,$\boldsymbol{x}^{\mathrm{T}}\boldsymbol{x}=\boldsymbol{1}$,令 $\boldsymbol{H}=\boldsymbol{E}-2\boldsymbol{x}\boldsymbol{x}^{\mathrm{T}}$,证明 $\boldsymbol{H}$ 是对称的正交矩阵。

第2章 CHAPTER 2 搜索

引言

搜索是人工智能的一个关键领域。人工智能所面临的许多问题都非常复杂,往往无法一步完成,而是需要通过一组动作(action)序列来达到目标(goal)。这个寻找达到目标的动作序列的求解过程,就称为搜索。解决搜索问题的方法称为搜索策略,其主要任务是确定选取动作的方式和顺序。

现实中许多规划问题都可以描述成搜索问题,且都已得到很好的解决。如图 2.1 所示,自动驾驶或导航系统中的路径规划以及寻找使机器人完成抓取任务的运动规划,就是典型的搜索问题。许多智力游戏的求解,比如寻找魔方的复原方法,本质也是搜索问题。还有,击败前国际象棋冠军卡斯帕罗夫的深蓝程序,以及击败世界围棋冠军李世石的谷歌 DeepMind AlphaGo,它们的核心也都是搜索算法。事实上,人类的思维过程,也可以看作一个搜索过程。当我们试图解决一个问题时常常会考虑如何通过一连串的行为从而达到目标。

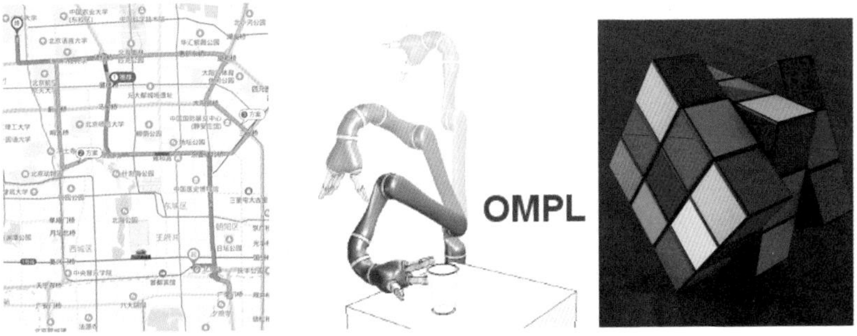

图 2.1　常见的搜索问题

在本章中我们将介绍三大类搜索算法:单智能体(single-agent)搜索、局部搜索(local search)和多智能体(multi-agent)对抗搜索(adversarial search)。

单智能体搜索针对单个智能体环境中的决策问题。即使有其他智能体存在,这类搜索也只是简单地把它们的行为视为环境的一部分。前面例子中的自动驾驶与导航路径规划、机器人抓取规划以及魔方复原均为单智能体搜索。单智能体的搜索策略有两种基本方式:一种是盲目搜索,也称为无信息搜索策略,即不考虑除问题定义本身之外的知识,根据事先确定好的某种固定排序，依次调用动作，以探求最优的动作序列；另一种是启发式搜索，或称为有信息引导的搜索策略，也就是考虑具体问题的可用知识（一般来说，智能体可以基于知识来估计它距离目标的远近），有目的地动态确定排序的规则，优先搜索最可能的动作，从而加快搜索速度。

在许多问题中，我们只关心搜索算法返回的状态是否达到目标，而不关心从初始状态开始到达目标的动作序列。局部搜索是一种考虑如何在当前的解附近找到一个更优的解，从而逐步向最优解移动的方法。这种方法能用于处理一些非常难以计算的优化问题，比如旅行商问题、点集覆盖问题等。这类问题往往很难直接求得最优解，但是我们可以利用局部搜索找到一个较优解。

多智能体对抗搜索则主要用于存在多个智能体竞争的环境中，比如前面例子中的国际象棋和围棋。此时，每一个智能体都需要考虑其他智能体的决策带来的影响，因而导致了博弈问题和对抗搜索的产生。对抗搜索算法在每一步中寻找在对手最优选择下使己方收益最大化的步骤，并不断迭代，直到最终找到双方策略的均衡点。在均衡点，双方都无法通过改变自己的策略来提高收益。在对抗搜索中，可以通过剪枝来避免搜索必然不优的策略，从而提高效率。当搜索空间非常大的时候，可以通过采样近似的方法，自适应地平衡搜索的"收益"和"风险"。

在本章中，首先介绍单智能体搜索问题的定义，然后详细介绍盲目搜索和启发式搜索这两种主要搜索的方法；随后，介绍局部搜索；最后，介绍多智能体对抗搜索。为方便读者理解，我们会穿插介绍一些必要的数据结构知识及例子。

2.1 搜索问题的定义

一个搜索问题可以用6个组成部分$<S, s_0, A, T, c, G>$来形式化描述：

- S：状态空间（state space），是所有可能的状态集合，而状态（state）表示问题中考虑系统所处的状态。
- s_0：初始状态（initial state），描述系统的起始状态。
- A：动作空间（action space），即智能体所有可执行的状态集合。对于每个状态s，用$A(s)$描述在该状态下可用的动作集合。
- $T(s,a)$：转移函数（transition function），在状态s下执行动作a后系统到达的状态。
- $c(s,a,s')$：损耗函数（cost function），在状态s下执行动作a后达到的状态s'的损耗。
- $G(s)$：目标测试函数（goal test function），判断给定的状态s是否为目标状态。值得注意的是，对于有些问题，目标状态s是一个集合，而不是单个状态。搜索在系统到达其中一个目标状态后结束。

在上述问题中，将系统从初始状态带到目标状态的一系列动作称为一个解。解的好坏将由路径上的总损耗来度量，其中取得最小总损耗的解称为最优解。在本章中，假定转移函数为确定性的，即在一个状态下，执行某个动作之后只会确定性地到达另一个状态，不存在随机性。对于带随机性的复杂问题，需要将问题建模成为一个马尔可夫决策过程（Markov decision process）。同时，在本章中，我们也假设智能体总能获取关于系统的信息，例如，路径规划时的地图。可以想象，如果智能体对系统没有任何了解，那么它也无法获得一个比随机动作序列更好的解。这时，智能体需要与环境进行交互，从而学习系统的相关信息用于决策。相关内容会在第 10 章进行详细介绍。

对于一个完全可观测的（即智能体可以完整地获取系统状态，fully observable）、确定性的、已知的系统，一个重要的性质是其对于任意搜索问题的一个解都是固定的一组动作序列。也就是说，如果智能体完全掌控系统的信息，一旦它找到一个解，那么在执行动作时就可以“闭上眼”，关闭自己的感知。因为这个解可以保证智能体安全抵达目标。在控制论中，这被称为开环（open-loop）控制，因为忽略感知相当于打开了智能体与环境交互的闭环。但是，如果智能体对系统的理解有一定偏差，或者系统是非确定性的，那么应当采用更安全的闭环（closed-loop）控制。闭环控制会在执行动作时保持对环境的感知，并随之调整后续的动作。

接下来，我们举两个具体的例子来说明搜索问题的定义。

第一个例子是图 2.2 中展示的一个常见的八数字推盘游戏。在一块 3×3 的木板上，有编号为 1～8 的图块和一个空白区域，与空白区域相邻的图块可以被推入空白区域。我们的目标是从初始布局（左），通过移动图块达到指定的目标布局（右）。对于这个游戏，我们难以利用现有的信息直接计算出问题的解，必须通过搜索，逐步找到能够达成目标的路径。在这个问题里，每个解均为一系列的数字移动动作。

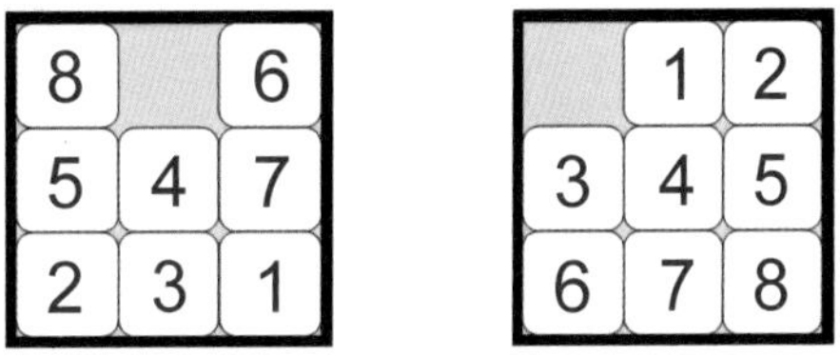

图 2.2　八数字推盘问题

左：初始布局；右：目标布局

对于这个八数字推盘问题，我们可以给出它的形式化描述：

- 状态空间：所有数字摆放的布局。
- 初始状态：图 2.2 左侧的布局。
- 动作空间：将空格上、下、左、右相邻的数字之一移动到空格处。
- 转移函数：给定上一布局和动作，转移函数返回当前数字布局。
- 损耗函数：该问题中，每移动一次数字产生一单位的损耗。
- 目标测试函数：判断当前数字布局是否与图 2.2 右侧布局一致。

第二个例子是图 2.3 中的地图路径搜索问题。在这个问题里，我们可以沿着图中标出的边从一个城市移动到另一个城市，边上的数字显示了对应两座城市之间的距离。我们的目标是找到从乌鲁木齐（A）到台北（T）的总长最短的一条路径。该问题的形式化描述为：

- 状态空间：地图中的城市。
- 初始状态：本问题中，我们假设智能体从乌鲁木齐出发，故初始状态为乌鲁木齐（A）。
- 动作空间：所有移动到相邻城市的动作集合，即图 2.3 中所有的边。
- 转移函数：给定状态（城市）和动作（边），转移函数返回下一个到达的状态（城市）。
- 损耗函数：该问题中，每个动作的成本可以定义为从当前城市到达另一城市的

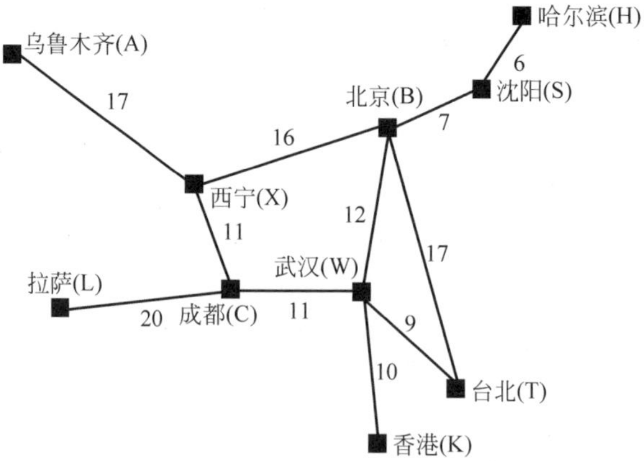

图 2.3　地图路径搜索问题

距离。

- 目标测试函数：判断当前城市是不是目标城市，在本问题中为台北（T）。

2.2　搜索算法基础

搜索算法需要通过数据结构来描述搜索过程。所以，在本节中先为大家介绍几个搜索中重要的数据结构，包括图、树以及队列。

图（graph）是一种基础的数据结构。一个图（G）由节点的集合（V）和边的集合（E）组成，记作 $G=(V,E)$。图 2.4 中展示了一个有向图和一个无向图。在无向图中，节点之间由无向边连接，即链接为双向；而在有向图中，节点之间由有向边连接，即链接为单向。对于无向图来说，一个节点的度等于与它相关联的边的数量。如图 2.4（左）中无向图的节点 E，它的度为 2。在有向图中，一个节点的度分为入度和出度，分别为到达节点的有向边数与从节点出发的有向边数。如图 2.4（右）中的有向图，节点 D 的入度为 1，出度为 2。图的边可以带有权重，如图 2.5 所示。这些权重可以表示从一个节点到另一个节点的代价或损耗。

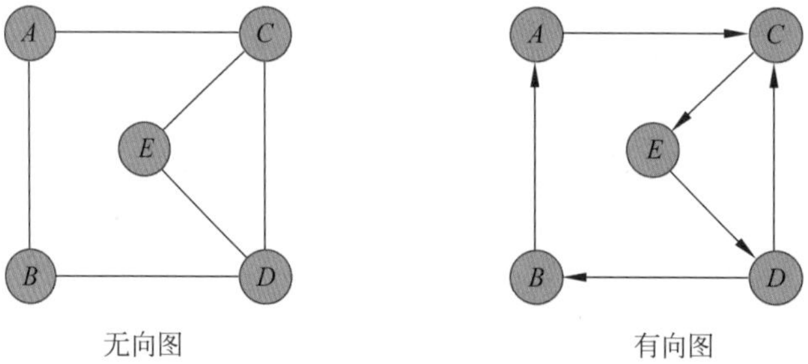

图 2.4　无向图和有向图

以下是一些图中重要的概念：

路径：一个节点通向另一节点所经过的边的序列。

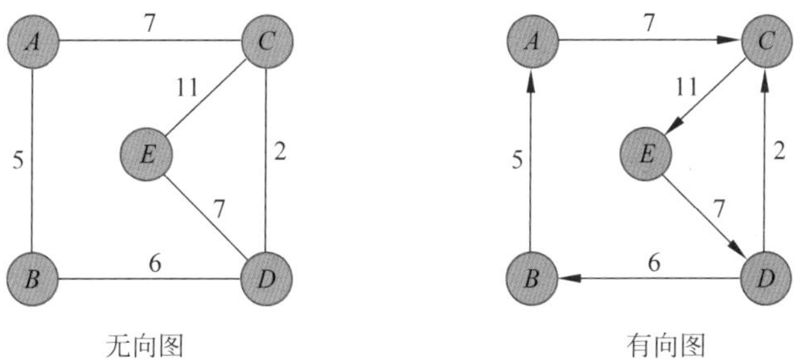

图 2.5 带权重的无向图和有向图示意图

路径长度：一个节点到另一节点所经过边的总数量或所有经过边的权重(如损耗)之和。

连通图：如果一个无向图中任意两个节点之间都存在路径，则为连通图。

强连通图：如果一个有向图中任意两个节点之间都存在路径，则为强连通图。

树(tree)也是一种基础的数据结构，由节点和边构成。树可视为一种特殊的无向图，它有以下一些重要的性质：①每个节点只有一个父节点；②只存在一个没有父节点的节点，称为根节点。在树结构中，根节点为第一层，根节点的子节点为第二层，依此类推，如图 2.6 所示。

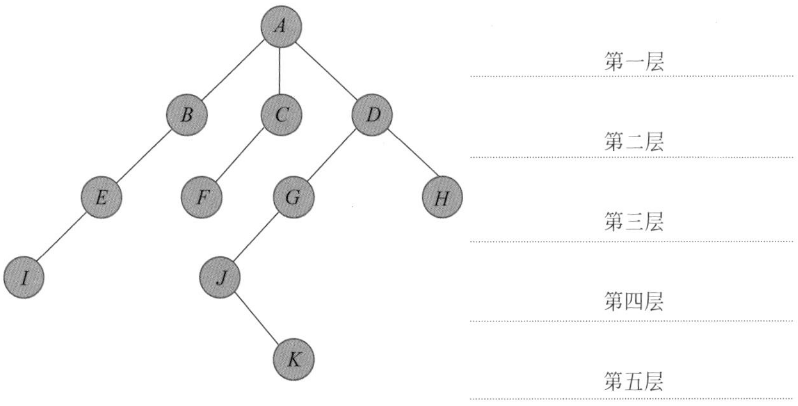

图 2.6 树示意图

树的高度或深度是由树中节点的最大层次决定的。路径表示从根节点到另一节点的一条由边构成的通路。路径的长度是其经过的所有边的数量之和，例如，从根节点 A 到子节点 K 的路径长度为 4。

在搜索过程中，有时需要存储未搜索过的节点。常用的存储数据结构之一是队列。队列是一种线性数据结构，通常有三种形式：第一种称为先进先出队列，或 first-in-first-out (FIFO)队列(queue)，即最先被放入队列的数据也最优先被取出，最后被放入的数据最后被取出，如图 2.7(左)所示；第二种是优先级队列 (priority queue)，队列中的元素按照某种函数计算的优先级排列，高优先级的元素先出队；第三种是后进先出队列或 last-in-first-out (LIFO)队列(也称堆栈(stack))，即最后被放入队列的数据最先被取出(见图 2.7(右))。

在了解了必要的数据结构知识后，下面开始介绍搜索算法。

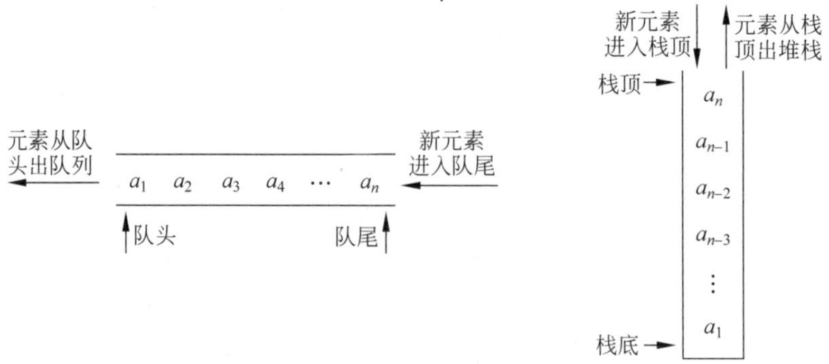

图 2.7 FIFO 队列（左）和堆栈（右）示意图

2.3 盲目搜索

本节将介绍盲目搜索(blind search)策略(也称无信息搜索)。盲目搜索是指在搜索中不使用除了问题定义以外的额外信息。我们将以地图路径搜索问题为例，介绍两种盲目搜索的方式，分别为深度优先搜索(depth-first search，DFS)和宽度优先搜索(breadth-first search，BFS)。

2.3.1 图搜索

在介绍深度优先搜索和宽度优先搜索之前，先给出一个基本的图搜索框架。我们将看到，当框架中的某些部分具体化为不同的结构时，可以得到上述两种不同的搜索算法。

图搜索框架的伪代码如下：

算法 1：图搜索框架

初始化待访问表 z，令其为空；
初始化访问表 v，令其为空；
将初始节点 S 放入待访问表 z；
while 待访问表 z 非空 **do**
　　弹出待访问表 z 的首个节点 n，并将 n 加入访问表 v；
　　if n 为目标节点 **then**
　　　返回成功；
　　扩展节点 n，L 是 n 可转移到且不在待访问表 z 和访问表 v 中的后继节点的集合；
　　for $m \in L$ **do**
　　　将 m 加入待访问表 z；
　　计算是否需要修改指针；
　　对待访问表 z 中的节点按照某种优先级排序；
返回失败；

上述图搜索框架维护一个待访问表 z 和一个访问表 v，通过不断的循环遍历图中的节点。每个节点都包含相应的状态、父节点信息以及从父节点状态到该节点状态的动作。在遍历过程中，如果搜索到更优的路径，则需要修改节点间的指针以维护当前的最优路径。注意到待访问表 z 可以视为一个优先级队列。不同的排序方式可以得到不同的搜索算法。如果在遍历过程中访问到目标节点，则返回成功，且可以通过指针回溯得到初始节点 S 到目标节点的路径；如果直到待访问表 z 为空时仍未访问到目标节点，则返回失败。事实上，指针连接的各个节点生成了一棵树，被称为搜索树。

2.3.2 深度优先搜索

设想人类是怎样解决迷宫问题的。一种策略是从起点出发，先沿着一个方向一直探索下去（比如在路口一直靠右走），在遇到死胡同时退出到上一次经过的路口尝试下一个方向。深度优先搜索的思想与之类似。从图搜索的角度来看，就是优先从待访问表 z 中选择深度最大的节点进行扩展。特别地，我们可以利用栈来实现待访问表 z。根据栈的“后进先出”特性，越靠近栈顶的元素深度越大，在弹出栈顶时可以得到深度最大的节点。

对图搜索框架稍加改动可以得到如下深度优先搜索算法的伪代码：

算法 2：深度优先搜索算法

```
初始化栈 z，令其为空；
初始化访问表 v，令其为空；
将初始节点 S 放入栈 z；
while 栈 z 非空 do
    弹出栈顶 n，并将 n 加入访问表 v；
    if n 为目标节点 then
        返回成功；
    扩展节点 n，L 是 n 可转移到且不在栈 z 和访问表 v 中的后继节点的集合；
    for m ∈ L do
        将 m 压入栈 z；
返回失败；
```

下面以图 2.3 的地图搜索问题为例，具体说明深度优先搜索算法的执行过程。在此问题中，假设初始节点为 A，目标节点为 T。图 2.8 给出了该算法执行过程中对应的搜索树的变化。

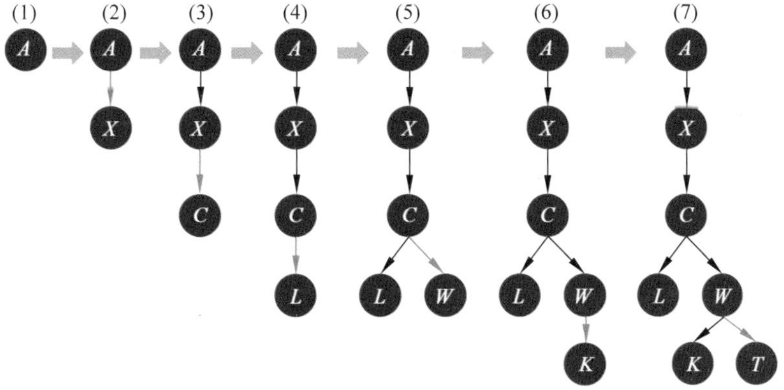

图 2.8 深度优先搜索的一个节点扩展顺序

初始化时，栈为空 $z=\{\}$，访问表为空 $v=\{\}$。算法执行过程如下：

(1) 初始节点 A 放入栈 z，$z=\{A\}$。

(2) 栈 z 不为空，继续执行。弹出栈顶节点 A，将 A 放入访问表 $v=\{A\}$。A 不是目标，扩展 A，其后继集合为 $L=\{X\}$。将 L 中的节点放入栈 $z=\{X\}$。对应图 2.8(1)。

(3) 栈 z 不为空，继续执行。弹出栈顶节点 X，将 X 放入访问表 $v=\{A,X\}$。X 不是目标，扩展 X，其后继集合为 $L=\{C,B\}$。将 L 中的节点放入栈 $z=\{B,C\}$。对应图 2.8(2)。

(4) 栈 z 不为空，继续执行。弹出栈顶节点 C，将 C 放入访问表 $v=\{A,X,C\}$。C 不是目标，扩展 C，其后继集合为 $L=\{L,W\}$。将 L 中的节点放入栈 $z=\{B,W,L\}$。对应图 2.8(3)。

(5) 栈 z 不为空，继续执行。弹出栈顶节点 L，将 L 放入访问表 $v=\{A,X,C,L\}$。L 不是目标，且无后继节点。栈 $z=\{B,W\}$。对应图 2.8(4)。

(6) 栈 z 不为空，继续执行。弹出栈顶节点 W，将 W 放入访问表 $v=\{A,X,C,L,W\}$。W 不是目标，扩展 W，其后继集合为 $L=\{K,T\}$。将 L 中的节点放入栈 $z=\{B,T,K\}$。对应图 2.8(5)。

(7) 栈 z 不为空，继续执行。弹出栈顶节点 K，将 K 放入访问表 $v=\{A,X,C,L,W,K\}$。K 不是目标，且无后继节点。栈 $z=\{B,T\}$。对应图 2.8(6)。

(8) 栈 z 不为空，继续执行。弹出栈顶节点 T，将 T 放入访问表 $v=\{A,X,C,L,W,K,T\}$。T 为目标节点，结束搜索。由 A 到 T 的路径为 $A\to X\to C\to W\to T$。对应图 2.8(7)。

深度优先搜索是一种通用的与问题无关的方法。深度优先搜索也可以不依赖于访问表，其优点在于节省内存，只需要存储从初始节点到当前节点的路径；缺点是对于无限状态空间，如果进入了一条无限又无法到达目标节点的路径(比如搜索的图中有环)，深度优先搜索会因为进入死循环而失败。对于死循环的问题，一种解决方式是记录当前搜索的深度，在搜索深度到达最大给定值 D 时停止扩展。具体伪代码如下：

算法 3：有界深度优先搜索算法

```
初始化栈 z，令其为空；
初始化访问表 v，令其为空；
给定最大搜索深度 D；
将初始节点 S 放入栈 z，S.d=0；
while 栈 z 非空 do
    弹出栈顶 n，并将 n 加入访问表 v；
    if n.d<D then
        if n 为目标节点 then
            返回成功；
        扩展节点 n，L 是 n 可转移到且不在栈 z 和访问表 v 中的后继节点的集合；
        for m∈L do
            m.d=n.d+1
            将 m 压入栈 z；
返回失败；
```

2.3.3 宽度优先搜索

宽度优先搜索与深度优先搜索相反，按照层次由浅入深的方式逐层扩展节点进行搜索，直至找到目标节点。特别地，可以利用队列来实现待访问表 z。根据队列的“先进先出”特性，节点按照扩展顺序由队首排列至队尾，因此弹出队首的节点是层次最浅的节点。

对图搜索框架稍加改动可以得到如下宽度优先搜索算法的伪代码：

算法 4：宽度优先搜索算法

```
初始化队列 q，令其为空；
初始化访问表 v，令其为空；
将初始节点 S 放入队列 q；
while 队列 q 非空 do
    弹出队首 n，并将 n 加入访问表 v；
    if n 为目标节点 then
        返回成功；
    扩展节点 n，L 是 n 可转移到且不在队列 q 和访问表 v 中的后继节点的集合；
    for m ∈ L do
        将 m 加入队尾；
返回失败；
```

我们仍以图 2.3 的地图搜索为例，说明宽度优先搜索的执行过程。假设初始节点为 A，目标节点为 S，图 2.9 给出了算法执行过程中搜索树的变化。

初始化时，队列为空 $q=\{\}$，访问表为空 $v=\{\}$。算法执行过程如下：

(1) 将初始节点 A 放入队列得到 $q=\{A\}$。

(2) 队列 q 不为空，继续执行。弹出队首节点 A，将 A 放入访问表得到 $v=\{A\}$。A 不是目标，扩展 A，其后继集合为 $L=\{X\}$。将 L 中的节点放入队列得到 $q=\{X\}$。对应图 2.9(1)。

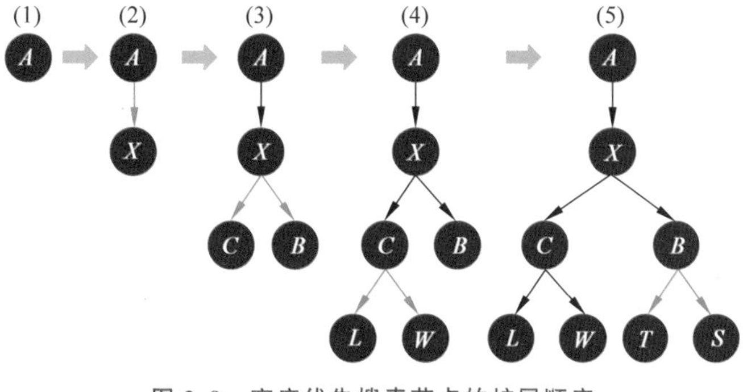

图 2.9 宽度优先搜索节点的扩展顺序

(3) 队列 q 不为空，继续执行。弹出队首节点 X，将 X 放入访问表得到 $v=\{A,X\}$。X 不是目标，扩展 X，其后继集合为 $L=\{C,B\}$。将 L 中的节点放入队列 $q=\{C,B\}$。对应图 2.9(2)。

(4) 队列 q 不为空，继续执行。弹出队首节点$\{C,B\}$(实际程序执行，每次只弹出一个，先弹出 C 再弹出 B，此处为了表达简洁将同一父节点的节点同时弹出)，将$\{C,B\}$放入访问表得到 $v=\{A,X,C,B\}$。$\{C,B\}$不是目标，依次扩展$\{C,B\}$，其后继集合为 $L=\{L,W,T,S\}$。将 L 中的节点放入队列得到 $q=\{L,W,T,S\}$。对应图 2.9(3)。

(5) 队列 q 不为空，继续执行。弹出队首节点$\{L,W\}$(L，W 来自同一父节点 C)，将

$\{L, W\}$放入访问表得到 $v=\{A, X, C, B, L, W\}$。$\{L, W\}$不是目标，依次扩展$\{L, W\}$，其后继集合为 $L=\{K\}$。将 L 中的节点放入队列得到 $q=\{T, S, K\}$。对应图 2.9(4)。

(6) 队列 q 不为空，继续执行。弹出队首节点$\{T, S\}$(T, S 来自同一父节点 B)，将$\{T, S\}$放入访问表得到 $v=\{A, X, C, B, L, W, T, S\}$。$S$ 为目标节点，结束搜索。由 A 到 S 的路径为 $A \to X \to B \to S$。对应图 2.9(5)。

可以看到，当扩展到深度为 4 的节点时，便找到了从起点到终点的路径。与深度优先搜索类似，宽度优先搜索方法与问题无关，具有通用性。其优点是不存在死循环的问题，当问题有解的时候，一定能找到解。并且由于宽度优先搜索由浅入深地遍历节点，在损耗函数为单位函数时(每条路径损耗值均为 1)，宽度优先搜索找到的解为最优解。因此，在各个动作产生的损耗相同时，宽度优先搜索是一种比较通用的寻找最优解的策略。然而，在搜索过程中，宽度优先搜索需要将下一层的节点放到队列中待展开，而每层的节点个数随着层数呈指数增长，所以它的缺点在于算法所需的存储量比较大。另外，深度优先搜索和宽度优先搜索均会构建搜索树，其不同之处在于扩展节点的顺序不同。

2.3.4 复杂度分析及算法改进

上面介绍的深度优先搜索算法和宽度优先搜索算法的时间复杂度均为 $O(|V|+|E|)$。其中，$|V|$和$|E|$分别表示图中节点和边的数目。具体的证明过程留给读者思考(提示：可以考虑在搜索过程中各节点和边至多被访问的次数)。特别地，当图为一棵宽度为 b、深度为 d 的树时，两种算法的时间复杂度均为 $O(b^d)$。

在空间复杂度上，两种算法有些许区别。为了更加清楚地展现这一区别，考虑在一棵树上进行搜索。如果维护访问表的话，那么两种算法的空间复杂度均为 $O(b^d)$。但是，对于不维护访问表的深度优先搜索算法，其只需存储当前维护路径上的节点(以及它们的兄弟节点)，因此空间复杂度为 $O(bd)$。这也是深度优先搜索得以在实际问题中广泛应用的原因。

由此可见，与宽度优先搜索相比，深度优先搜索占用的空间更小。而在之前我们已经提到过，在损耗函数为单位函数时，宽度优先搜索可以找到最优解。那么，是否能够设计一种算法，使其在小空间下仍能找到最优解呢?

迭代加深搜索算法就是一种这样的算法，它将有界深度优先搜索和宽度优先搜索结合起来，逐步增大搜索的最大深度，在最大深度等于目标节点深度时即可返回。因此，迭代加深搜索算法只需要目标节点深度量级的存储空间。算法的伪代码如下：

算法 5：迭代加深搜索算法

```
D=1;
while 返回失败或 D>树的深度 do
    调用有界深度优先搜索，最大搜索深度为 D;
    D=D+1
返回有界深度优先搜索的结果;
```

迭代加深搜索并不会增加宽度优先搜索的复杂度，具体的证明过程我们留给读者思考(提示：可以考虑搜索树的过程中两种算法访问节点数目的关系)。

2.4 启发式搜索

启发式搜索算法是在搜索时利用问题定义本身之外的知识来引导搜索的算法。启发式搜索算法依赖于启发式代价函数 h，其定义为每个节点到达目标节点代价的估计值。启发式搜索算法通过代价函数 h 的估计获得一种启发式搜索策略。当代价函数的估计值比较精准的时候，该算法往往能较快地找到目标节点。相比于盲目搜索，启发式搜索能够减小搜索范围，提高搜索效率。

启发函数需要根据具体问题设计。例如，在图 2.3 的搜索例子中，一个启发函数可以是当前城市到台北的直线距离。设计启发函数是启发式搜索的核心。如果启发函数带来的信息过弱，搜索算法在找到一条路径之前将扩展过多的节点，则无法有效地降低算法的复杂度；反之，如果启发函数引入的启发信息过强，虽然能大大降低搜索工作量，但可能导致无法找到最佳路径。因此，在实际应用中，往往希望能引入适量启发信息以降低搜索工作量，同时不牺牲找到最佳路径的保证。

下面，我们将在 2.4.1 节和 2.4.2 节介绍两种基本的启发式搜索方法：贪婪搜索(greedy search)和 A* 搜索算法(A* graph-search，简称 A* 算法)。我们沿用图 2.3 所示的例子，搜索从乌鲁木齐(A)到台北(T)的最短路径。在 2.4.3 节，我们将给出保证 A* 算法最优性的条件。在 2.4.4 节，我们将介绍如何设计启发函数。在 2.4.5 节，我们将介绍一种更高级的搜索算法——双向搜索。

2.4.1 贪婪搜索

在贪婪搜索中，总是优先扩展可达节点中启发函数最小的节点，以期能尽快到达目标。在图 2.3 的例子中，最理想的 h 函数为当前节点至目标节点的真实旅行距离。但在实践中，如此理想的启发函数很难得到，往往只能通过经验估计一个启发函数。当启发函数不准确时，我们可能无法得到问题的最优解。例如，若取 h 为图 2.10 中给出的评估函数，则贪婪搜索扩展节点的顺序为 $A \to X \to B \to T$。

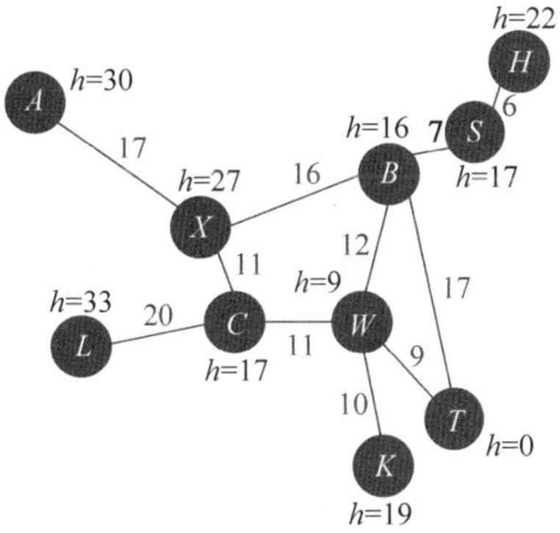

图 2.10 带有启发函数的地图路径搜索问题

在这种情况下，贪婪搜索无需任何回溯就到达了目标节点，因此算法的时间复杂度很低。然而，算法找到的并不是最优路径，$A\to X\to C\to W\to T$ 是一条更优的路径。这是由评估函数不精确导致的。从这个例子也可以看出算法的“贪婪”性，即算法每一步都仅考虑启发函数估计离目标最近的节点，而没有考虑从起始节点到该节点的已知真实损耗。

基于图搜索框架，贪婪搜索将待访问表维护为一个依据启发函数由小到大的优先级队列，伪代码如下：

算法 6：贪婪搜索

```
初始化以启发函数 h 为键值的优先级队列 q，令其为空；
初始化访问表 v，令其为空；
将初始节点 S 放入优先级队列 q；
while 优先级队列 q 非空 do
    弹出队首 n，并将 n 加入访问表 v；
    if n 为目标节点 then
        返回成功；
    扩展节点 n，L 是 n 可转移到且不在优先级队列 q 和访问表 v 中的后继节点的集合；
    for m ∈ L do
        将 m 加入队列；
返回失败；
```

下面我们以图 2.10 中的例子来具体说明贪婪搜索算法的执行过程。假设初始节点为 A，目标节点为 T。

初始化时，优先队列为空 $q=\{\}$，访问表为空 $v=\{\}$。算法执行过程如下：

(1) 初始节点 A 放入优先队列 q，$q=\{A\}$。

(2) 优先队列 q 不为空，继续执行。弹出优先队列中 h 值最小的节点 A，将 A 放入访问表得到 $v=\{A\}$。A 不是目标，扩展 A，其后继集合为 $L=\{X\}$。将 L 中的节点放入优先队列得到 $q=\{X\}$。对应图 2.11(1)。

(3) 优先队列 q 不为空，继续执行。弹出优先队列中 h 值最小的节点 X，将 X 放入访问表得到 $v=\{A,X\}$。X 不是目标，扩展 X，其后继集合为 $L=\{B,C\}$。将 L 中的节点放入优先队列得到 $q=\{B,C\}$。对应图 2.11(2)。

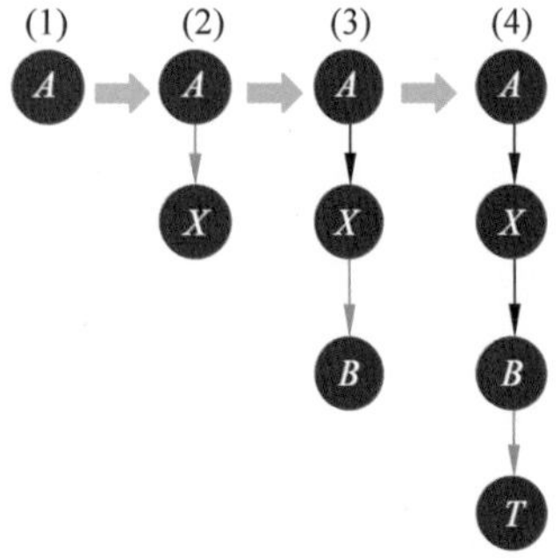

图 2.11 贪婪搜索节点的扩展顺序

(4) 优先队列 q 不为空，继续执行。弹出优先队列中 h 值最小的节点 B，将 B 放入访问表得到 $v=\{A,X,B\}$。B 不是目标，扩展 B，其后继集合为 $L=\{T,W,S\}$。将 L 中的节点放入优先队列得到 $q=\{T,W,S,C\}$。对应图 2.11(3)。

(5) 优先队列 q 不为空，继续执行。弹出优先队列中 h 值最小的节点 T，将 T 放入访问表得到 $v=\{A,X,B,T\}$。T 为目标节点，结束搜索。由 A 到 T 的路径为 $A\to X\to B\to T$。对应图 2.11(4)。

对该问题的搜索树的生成过程，如图 2.11 所示。

2.4.2 A^* 搜索算法

A^* 算法是启发式搜索算法中最广为人知的算法，在解决路径搜索相关问题中应用十分广泛，包括网络路由算法、机器人探路、游戏设计以及地理信息系统的交通路线导航和路径分析领域。

相比贪婪搜索，A^* 算法采用更为精确的评价函数对扩展节点进行评估，因为其评价函数不仅利用启发函数，而且还包含从起始节点到目前节点的已知真实损耗。令 $g(n)$ 表示算法所找到的从起始节点 S 到节点 n 的实际代价；令 $h(n)$ 表示启发函数，它定义从当前节点到目标节点的最佳路径的代价估计；然后令 $f(n)=g(n)+h(n)$ 表示评价函数。相对地，贪婪搜索采用 $f(n)=h(n)$。在 A^* 算法中，启发函数 h 需要满足 $h(n)\leqslant h^*(n)$，其中 $h^*(n)$ 表示 n 到终点的真实距离。如不满足这个条件，则无法保证 A^* 找到最优解。实际代价 $g(n)$ 可以在搜索中计算得到，即 $g(n)=g(p)+c(p,a,n)$，其中 $g(p)$ 为起始节点到父节点 p 的实际代价，而 $c(p,a,n)$ 是父节点 p 通过动作 a 转移到节点 n 的代价。

基于图搜索框架，贪婪搜索将待访问表维护为一个依据 $f(n)=g(n)+h(n)$ 值由小到大的优先级队列，伪代码如下：

算法 7：A^* 搜索

```
初始化以 f 为键值的优先级队列 q，令其为空；
初始化访问表 v，令其为空；
将初始节点 S 放入优先级队列 q，g(S)=0，f(S)=h(S)；
while 优先级队列 q 非空 do
    弹出队首 n，并将 n 加入访问表 v；
    if n 为目标节点 then
        返回成功；
    扩展节点 n，L 是 n 可转移到且不在优先级队列 q 和访问表 v 中的后继节点的集合，M 是 n 可转
    移到且在优先级队列 q 中的后继节点的集合；
    for m∈L do
        g(m)=g(n)+c(n,m)；
        f(m)=g(m)+h(m)；
        将 m 加入队列；
    for m∈M do
        g(m)=g(n)+c(n,m)；
        f(m)=g(m)+h(m)；
        if 新的 f(m)<q 中的 f(m) then
            更改 m 的父节点为 n；
            更新 q 中的 f(m)；
返回失败；
```

细心的读者会发现，当 A^* 搜索算法中所有节点的启发函数值 $h(n)=0$ 时，算法即为 Dijkstra 算法。

下面我们以图 2.3 中的问题为例，说明 A^* 搜索算法的执行过程。同样取图 2.10 中的

启发代价函数 h，并假设初始节点为 A，目标节点为 T。与之前介绍的算法一样，A* 算法在搜索过程中也能产生一棵搜索树。我们在图 2.12 中展示了 A* 算法在执行中产生的搜索树。

初始化时，优先队列为空 $q=\{\}$，访问表为空 $v=\{\}$。算法执行过程如下：

(1) 将初始节点 A 放入优先队列得到 $q=\{A\}$。

(2) 优先队列 q 不为空，继续执行。弹出优先队列中 f 值最小的节点 A，将 A 放入访问表得到 $v=\{A\}$。A 不是目标，扩展 A，其后继集合为 $\{X\}$。将后继集合中的节点放入优先队列得到 $v=\{X\}$。对应图 2.12(1)。

(3) 优先队列 q 不为空，继续执行。弹出优先队列中 f 值最小的节点 X，将 X 放入访问表得到 $v=\{A,X\}$。X 不是目标，扩展 X，其后继集合为 $\{B,C\}$。将后继集合中的节点放入优先队列得到 $q=\{B,C\}$。对应图 2.12(2)。

(4) 优先队列 q 不为空，继续执行。弹出优先队列中 f 值最小的节点 C，将 C 放入访问表得到 $v=\{A,X,C\}$。C 不是目标，扩展 C，其后继集合为 $\{L,W\}$。将后继集合中的节点放入优先队列得到 $q=\{W,B,L\}$。对应图 2.12(3)。

(5) 优先队列 q 不为空，继续执行。弹出优先队列中 f 值最小的节点 W，将 W 放入访问表 $v=\{A,X,C,W\}$。W 不是目标，扩展 W，其后继集合为 $\{T,K\}$。将后继集合中的节点放入优先队列得到 $q=\{T,B,K,L\}$。对应图 2.12(4)。

(6) 优先队列 q 不为空，继续执行。弹出优先队列中 f 值最小的节点 T，将 T 放入访问表得到 $v=\{A,X,C,W,T\}$。T 为目标节点，结束搜索。由 A 到 T 的路径为 $A \to X \to C \to W \to T$。对应图 2.12(5)。

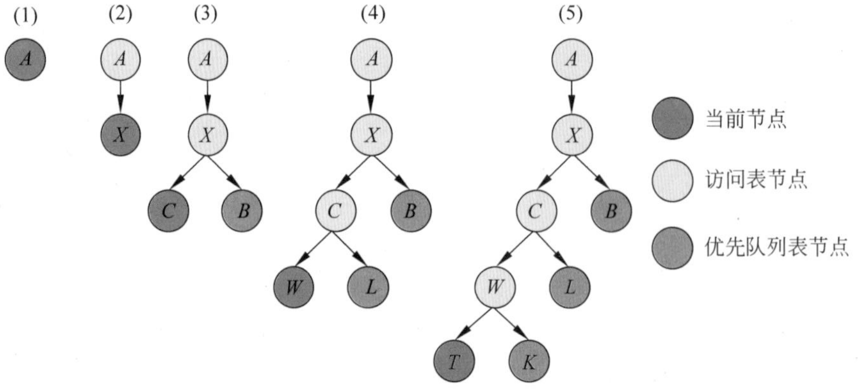

图 2.12　A* 算法在地图搜索问题上产生的搜索树

2.4.3　A* 搜索算法的最优性

我们之前已经提到，在 A* 算法中，启发函数 h 需要满足 $h(n) \leqslant h^*(n)$，其中 $h^*(n)$ 表示 n 到终点的真实距离。如不满足这个条件，则无法保证 A* 找到最优解。这个性质被称为可容许性(admissiblility)。也就是说，一个可容许的启发函数用于不会过高地估计到达目标节点的代价。因此，可以认为可容许的启发函数是乐观的。

下面给出具体的证明：

定理：如果 $h(n)$ 是可容许的，那么 A* 搜索算法找到的解是最优的。

证明：我们通过反证法进行证明。假设最优路径的耗散值为 C^*，而算法返回路径的耗散值为 $C>C^*$。那么在最优路径上必然存在未被扩展的节点 n(因为如果最优路径上的所有节点均被扩展，那么算法应当返回最优解)。我们用 $g^*(n)$ 表示从起点通过最优路径到 n 的耗散值，那么有：

$f(n)>C^*$(否则 n 将被扩展)

$f(n)=g(n)+h(n)$(定义)

$f(n)=g^*(n)+h(n)$(由于 n 在最优路径上)

$f(n)\leqslant g^*(n)+h^*(n)$(可容许性)

$f(n)\leqslant C^*$(定义)

第一行与最后一行矛盾，假设不成立。因此 A* 搜索算法找到的解是最优的。

保证 A* 算法最优性的一个更强的条件是 $h(n)$ 是一个一致性启发函数(也称单调性启发函数)。其具体定义如下：如果对所有节点 n_i 和 n_j，其中 n_j 是 n_i 的后继节点，函数 $h(n)$ 均满足

$$\begin{cases} h(n_i)-h(n_j)\leqslant c(n_i,a,n_j) \\ h(G)=0 \end{cases}$$

其中 $c(n_i,a,n_j)$ 表示的是执行动作 a 从 n_i 到 n_j 的单步代价，G 为最近的目标节点，则称 $h(n)$ 为一致性启发函数。启发函数的一致性可以用图 2.13 中的三角不等式形象地表示出来。

如前所述，A* 搜索算法有如下性质：

定理：如果 $h(n)$ 是一致的，那么 A* 搜索算法找到的解是最优的。

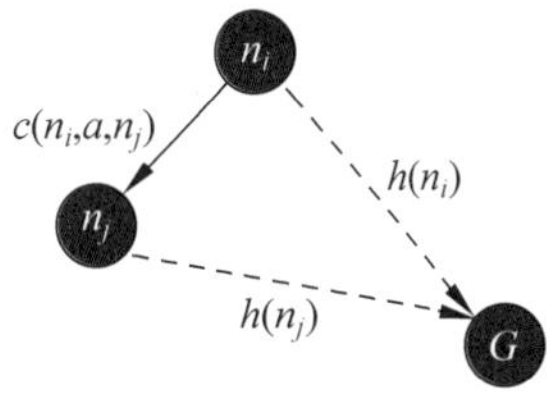

图 2.13 启发函数一致性的形象表示

证明：我们可以分两步证明。第一步证明，如果 $h(n)$ 是一致的，那么沿着任何路径上的节点 $f(n)$ 值是非递减的。这步证明可以用一致性的定义得到。具体来说，假设 n_j 是 n_i 的后继节点，那么 $g(n_j)=g(n_i)+c(n_i,a,n_j)$，其中 a 是 n_i 到 n_j 的动作。然后可以得到：

$$f(n_j)=g(n_j)+h(n_j)=g(n_i)+c(n_i,a,n_j)+h(n_j)\geqslant g(n_i)+h(n_i)$$

第二步需要证明，当 A* 选择扩展节点 n_i 时，到达节点 n_i 的最优路径已经找到。这一步可以用反证法。假设到达节点 n_i 的最优路径还没找到，那么在这个最优路径上必然有一个没有扩展开的节点 n_i' 在优先队列表里。因为沿着任何路径上的节点 $f(n)$ 值是非递减的，那么 $f(n_i)>f(n_i')$，n_i' 必然会先于 n_i 扩展，这个与假设矛盾。

从以上两步证明可以得出，A* 搜索以 $f(n)$ 值的非递减顺序扩展节点。因为目标节点的 $h=0$，f 在目标节点的值就是实际总损耗。因此第一个被选择扩展的目标节点的路径一定是最优解。

一种更加简单的证明方式是发现任何一致的启发函数都是可容许的。具体的证明过程留给读者思考。

2.4.4 启发函数的设计

启发函数的准确性对启发式搜索算法的效率至关重要。当状态空间过大时，我们需要好的启发函数来减小搜索空间。那么，如何设计一个好的启发函数呢？下面介绍几种主流的方法。

(1) 构造松弛问题(relaxed problem)

松弛问题是指在动作上减少限制后的问题。从图搜索的角度来看，减少动作的限制意味着一些原来不可以转移的状态间现在可以发生转移，即在原有的图结构上增加了一些边。由此可以看出，原有问题的最优解为松弛问题的一个解，但是这个解可能不是最优的。因此，可以使用松弛问题上最优解的损耗值作为原问题的一个启发函数值，且这个启发函数值是一致的。

例如，对于八数码问题，我们可以允许将木块移动到棋盘上的任意位置，由此可以得到一个启发函数：错位木块的数目。事实上，这是一个相当好的启发函数，可以有效地提高搜索效率。

(2) 求解子问题(subproblem)

我们可以通过求解一些子问题的最优解的损耗值，以此作为启发函数。例如，在八数码问题中，我们可以关心只将数字 1～4 复位的最少操作数。一些实验结果表明在某些情况下这比(1)中提出的启发函数更加有效。

由于子问题的状态空间较小，我们可以预先计算好结果并将其存储到数据库中，在搜索时直接调取数据库的结果作为启发函数值即可。

(3) 设置地标(landmark)

设想我们有足够大的空间，以及在搜索前有足够长的时间。那么，我们可以预计算图中每对节点间的最少损耗值，并以此作为启发函数值。由此得到的启发函数值其实就是真实的到目标节点的最优路径的损耗值。但是，这需要 $O(|V|^2)$ 的空间和 $O(|V|^3)$ 的时间，在大规模问题下是不切实际的。

一种折中的办法是选取少量的节点 L 作为地标。我们预先计算地标与各个节点间的最少损耗值，并存在表中。在搜索时，可以采取如下的启发函数：

$$h(n)=\min_{l\in L} C^*(n,l)+C^*(l,G)$$

其中，G 为目标节点。这样，如果最优路径恰好经过地标，那么只要搜索到最优路径上的一个节点，接下来扩展的节点将都在最优路径上。选择地标的方式有许多种，比如随机选择节点或者贪婪地选择离已有路标最远的节点、历史访问较多的节点等。在导航问题上，地标提供的启发函数具有非常好的效果。

2.4.5 双向搜索

上面介绍的搜索算法都是从初始节点开始，逐步向目标节点进行探索，大致需要 b^d 的时间。那么，是否能从初始节点和目标节点同时开始探索呢？如果正好能在搜索过程中相遇，那么大致只需要 $2b^{d/2}$ 的时间。在 b 和 d 较大时，后者将节省大量的时间。双向搜索正是希望通过从初始节点出发的前向搜索和从目标节点出发的后向搜索来节省搜索时间,并被广泛用于实际问题。

一种通用的双向搜索框架如下：

算法 8：双向搜索

1：初始化以 f_F 为键值的优先级队列 q_F,令其为空；

2：初始化访问表 v_F,令其为空；

3：初始化以 f_B 为键值的优先级队列 q_B,令其为空；

4：初始化访问表 v_B,令其为空；

5：将初始节点 S 放入优先级队列 q_F；

6：将目标节点 T 放入优先级队列 q_B；

7：**while** 当前解不是最终解 **do**

8：　　**if** q_F 队首 f_F 值＜q_B 队首 f_B 值 **then**

9：　　　弹出 q_F 队首 n,并将 n 加入访问表 v_F；

10：　　　**if** $n \in v_B$ **then**

11：　　　　生成一个解,并进入下一次 **while** 循环判断该解是否为最终解；

12：　　　扩展节点 n,L 是 n 可转移到且不在 q_F 和 v_F 中的后继节点的集合,M 是 n 可转移到且在 q_F 中的后继节点的集合；

13：　　　**for** $m \in L$ **do**

14：　　　　更新 $f_F(m)$；

15：　　　　标记 n 到 m 的指针,同时将 m 加入 q_F；

16：　　　**for** $m \in M$ **do**

17：　　　　更新 $f_F(m)$；

18：　　　　**if** 新的 $f_F(m)$＜q_F 中的 $f_F(m)$ **then**

19：　　　　　更改 m 的父节点为 n；

20：　　　　　更新 q_F 中的 $f_F(m)$；

21：　　**else**

22：　　　弹出 q_B 队首 n,并将 n 加入访问表 v_B；

23：　　　**if** $n \in v_F$ **then**

24：　　　　生成一个解,并进入下一次 **while** 循环判断该解是否为最终解；

25：　　　扩展节点 n,L 是 n 可转移到且不在 q_B 和 v_B 中的后继节点的集合,M 是 n 可转移到且在 q_B 中的后继节点的集合；

26：　　　**for** $m \in L$ **do**

27：　　　　更新 $f_B(m)$；

28：　　　　将 m 加入 q_B；

29：　　　**for** $m \in M$ **do**

30：　　　　更新 $f_B(m)$；

31：　　　　**if** 新的 $f_B(m)$＜q_B 中的 $f_B(m)$ **then**

32：　　　　　更改 m 的父节点为 n；

33：　　　　　更新 q_B 中的 $f_B(m)$；

34：返回失败；

该算法为前向搜索和后向搜索分别维护了对应的优先队列和访问表，优先选择两个队列中 f 值最小的节点进行扩展。当两个访问表出现重合节点 n 时，就可以生成一个解：首先由初始节点 S 到 n，再由 n 到目标节点 T。可以证明，当 f 值取为路径损耗时(这使算法为双向的 Dijkstra 算法)，算法找到的第一个解即为最优解。然而，当 f 值为其他值时，算法则不一定最先找到最优解。这时需要在 while 循环处增加一些必要的判定准则。

如前所说，当启发函数值不为 0 时，即使它是一致的，也不能保证双向 A^* 算法能首先找到最优解。下面做一些简要的分析。假设启发函数具有一致性。记前向搜索和反向搜索的评价函数分别为 $f_F(n)=g_F(n)+h_F(n)$ 和 $f_B(n)=g_B(n)+h_B(n)$。注意到两个函数是不相同的，因为对于起始邻域和目标节点分别有不同的启发函数。假设前向搜索得到一条从起始节点到 p 的路径，后向搜索得到一条从目标节点到 q 的路径。我们可以基于此估算一个由起始节点到目标节点且经由 p,q 的路径的损耗值下界：

$$\text{LB}(p,q)=\max(g_F(p)+g_B(q),f_F(p),f_B(q))$$

这是由于从起始节点到 p 的路径和从目标节点到 q 的路径均为最优，而由 p 到 q 还有一定损耗，且 $f_F(p)$ 与 $f_B(q)$ 均为对最优路径损耗值 C^* 的乐观估计。由此我们知道，如果 $\text{LB}(p,q)$ 小于真实最优路径的损耗值，那么我们需要选择 (p,q) 中的一个进行扩展。那么如何做出选择呢？一种方法是选择类似 LB 的函数作为估值函数：

$$f_2(n)=\max(2g(n),g(n)+h(n))$$

我们可以选择最小化 f_2 的节点进行扩展，这样能够保证扩展节点处有 $g(n)\leqslant\frac{C^*}{2}$。在这种情况下，我们可以保证双向 A^* 搜索能够首先找到最优解。但是需要注意的是，双向 A^* 搜索并不一定能比单向 A^* 搜索更快地找到最优解。

2.5 局部搜索

局部搜索(local search)是解决最优化问题的一种算法。在许多问题中，我们只关心搜索算法返回的状态是否达到目标，而不关心从初始状态开始到达目标的路径。例如，在最小点覆盖(minimum vertex cover)问题中，我们关心算法是否返回了原图的一个点覆盖集，以及该集合的势。对于这类问题，我们无需系统性地搜索从初始状态开始的各条路径，故可以考虑用局部搜索算法。局部搜索算法从一个初始状态开始，每次对当前状态邻域(neighborhood)内的近邻解进行评价，并移动到其中一个近邻解，以获得越来越好的解。例如，爬山法(hill climbing)每次选择移动至邻域内的最优解并继续执行搜索。若当前状态的邻域内没有其他更优解，则当前状态为一个局部最优解。通过上面的描述可以发现，局部搜索算法的关键点在于如何根据具体的问题，选择初始状态，定义一个状态的邻域，选择邻域内移动的策略，以及定义对解的评估函数。局部搜索算法的优点是简单灵活且易于实现，缺点是容易陷入局部最优(local optimal)而无法达到全局最优(global optimal)，且解的质量与最初解的选择和邻域的结构密切相关。在这一节中，我们将介绍三个常见的局部搜索算法：爬山法、模拟退火(simulated annealing)和遗传算法(genetical gorithm)。

2.5.1 爬山法

爬山法是一种经典的局部搜索算法。爬山法从初始解出发，对邻域内的局部空间进行有限的探索，并移动至邻域内的最优解。该算法循环进行此过程，不断向评估值增高的方向移动，并在达到局部最优解时终止。爬山法如下所示：

算法 9：爬山法

```
当前解←初始解
repeat
  L←当前解的邻域
  新解←L 中评估值最高的解
  if 新解的评估值 >当前解的评估值：
    当前解←新解
  else
    结束循环
```

爬山法避免了遍历全部节点，在一定程度上提高了效率，但往往只能找到一个局部最优解，而不能保证得到全局最优解（见图 2.14）。因此，可以在多个随机生成的初始状态下分别使用爬山法求解，并最终返回评估值最优的解，从而达成效率与解的最优性之间的一种平衡。

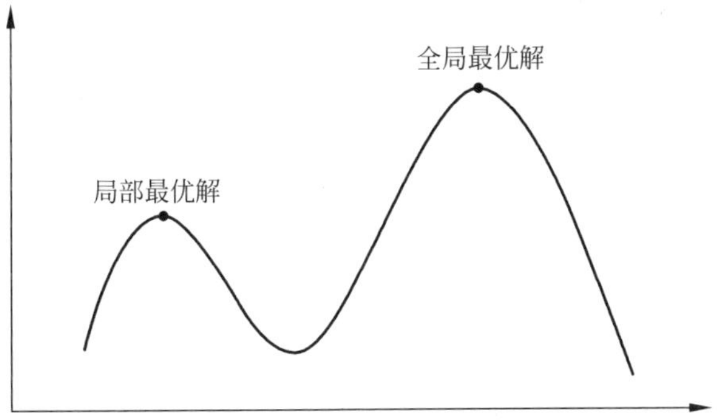

图 2.14 局部最优解与全局最优解

我们以最小点覆盖问题为例，具体说明爬山法的算法流程。给定一张图 $G=(V,E)$，其中 V 是点集，E 是边集，一个点集 X 是点覆盖集当且仅当对图中的任意一条边，至少有一个端点在 X 中。最小点覆盖问题要求找到势最小的点覆盖集，是一个 NP-hard 问题。我们定义评估函数如下：

$$h=-2\times|\{\text{没有被 } X \text{ 覆盖的边}\}|-|X|$$

在该评估函数下，若有一条边没有被覆盖，则总可以把这条边的任一顶点加入集合 X 中并使得 h 至少增加 1，故任意的局部最优解都必然是一个点覆盖集。该评估函数能够用来刻画点覆盖集的势。我们定义 X 的邻域为向 X 中添加一个顶点或去除一个顶点得到的点集的集合。

如图 2.15 所示，我们从 step 0 的初始状态 $X=\varnothing$ 开始，每次选择移动至邻域内评估值最高的解（以下标小绿点表示）。在每一行中，我们画出了该 step 中邻域内的元素。注意，我们总是省略了等价的情形及回退到上一步中已考察过的情形。绿色方框内的数值表示该解的评估值。红色点表示该点在 X 中，红色边表示该边被 X 覆盖。在 step 1 中，除去等价的情形，邻域内共有 3 个元素。其中第一个解的评估值为 -7，优于邻域内其他元素和当前解。故我们移动至该解继续进行。接着类似地进行 step 2 中的操作。在 step 3 中，去除等价和回退到已考察过的情形，邻域内只有 1 个元素。不难发现，该解为一个局部最优解，故爬山法结束。

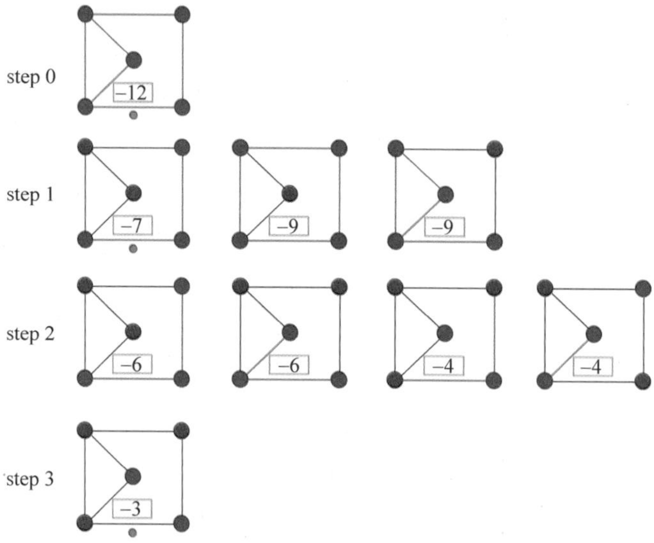

图 2.15 爬山法在最小点覆盖问题上的示例

2.5.2 模拟退火

爬山法总是移动到邻域内评估值最好的解，但这种策略可能会过于短视，易被困在局部最优解。模拟退火算法的思想借鉴了物理中的固体退火原理，将爬山法与随机游走结合起来。在随机游走阶段，可随机地选择邻域内的一个状态作为下一状态。故随机游走有一定概率能够脱离局部最优。

模拟退火算法由 Metropolis 在 1953 年提出，是局部搜索算法的一种扩展。Kirkpatrick 等人在 1983 年成功地将模拟退火算法应用于求解组合优化问题。模拟退火算法被广泛地应用于运筹研究领域的优化问题求解，如排程问题、旅行商问题、特征提取、多目标问题等。对于许多非凸优化问题、NP-hard 问题，模拟退火算法都能够提供较好的近似解。模拟退火算法借鉴了固体退火原理，其基本思想是使用温度函数作为参数，控制搜索的随机程度。在模拟退火算法中，每个状态表示一个解。模拟退火算法为每一个状态赋予了一个能量，当温度较高时，能量较大，“粒子”的行为比较“活跃”，选择下一状态的策略更接近随机游走，虽然有较大概率到达估计值较差的状态，但跳出局部最优解的可能性也较大。而当温度逐渐降低时，能量下降，“粒子”的热运动逐渐减弱，“粒子”的行为逐渐变得“保守”，故选择下一状态的策略更倾向于选择更优的解，从而更倾向于停留在局部最优解之中。在初始阶段，模拟退火算法往往设定较高的温度，使得状态的探索接近随机游走，从而避免困于某个局部最优解，尽量多地探索状态空间。接着，模拟退火算法通过控制温度函数不断下降，调整随机搜索的概率，使算法逐渐稳定地收敛到某个局部最优解。模拟退火算法能够在一定程度上避免困在局部最优解，同时也提高了搜索的效率。

模拟退火算法的伪代码如下所示：

算法 10 模拟退火

当前解←初始解
for $t=1$ to ∞ **do**
  T←第 t 次迭代的温度
  L←当前解的邻域
  新解←L 中随机选择一个解
  if $E(j)\leqslant E(i)$：
    接受新解：当前解←新解
  else
    转移接受概率 $P\leftarrow\exp\left(-\frac{E(i)-E(j)}{KT}\right)$
    以 P 的概率接受新解

在模拟退火算法中，每一个状态被赋予一个能量函数 $E(i)$，并要求目标状态处于最低能量状态。能量函数类似于 2.5.1 节爬山法中的评估函数。温度 T 时平衡态系统处于某个状态 i 的概率 $P_i(T)$ 由热力学中的玻尔兹曼分布给出，即 $P_i(T)=\frac{\exp\left(-\frac{E(i)}{KT}\right)}{Z_T}$，其中 T 是温度，$K>0$ 是玻尔兹曼常数，S 是所有可能状态的集合，而 $Z_T=\sum_{j\in S}\exp\left(-\frac{E(j)}{KT}\right)$ 是使概率求和为 1 的归一化常数。算法中，从状态 i 到状态 j 的状态转移准则被称为 Metropolis 准则，其规则是：如果 $E(j)\leqslant E(i)$，则状态转移被接受；如果 $E(j)>E(i)$，则状态转移被接受的概率为 $\exp\left(-\frac{E(i)-E(j)}{KT}\right)$，若不接受则保持原状态。Metropolis 证明，在这样的规则下，当进行足够多次的状态转移后，系统将达到热平衡。此时系统状态的分布即为玻尔兹曼分布。

不难看出，在玻尔兹曼分布中，$P_i(T)$ 关于 $E(i)$ 是单调递减的。因此，在任何温度 T 下，系统处于低能量状态的概率大于处于高能量状态的概率。

当 T 趋向于无穷大时，有 $\exp\left(-\frac{E(i)}{KT}\right)\rightarrow 1$，因此我们可以得到：

$$\lim_{T\rightarrow\infty}P_i(T)=\lim_{T\rightarrow\infty}\left(\frac{\mathrm{e}^{-\frac{E(i)}{KT}}}{\sum_{j\in S}\mathrm{e}^{-\frac{E(i)}{KT}}}\right)=\frac{1}{|S|}$$

其中，$|S|$ 表示系统所有可能的状态数。上式说明，当温度很高时，系统处于各个状态的概率基本相等，接近于平均值，与所处状态的能量几乎无关。

当温度趋于 0 时，对于任何非 0 的能量都有 $\exp\left(-\frac{E(i)}{KT}\right)\rightarrow 0$。设 S_{m} 表示系统最小能量状态的集合，E_{m} 是系统的最小能量。将原式分子、分母同乘以 $\mathrm{e}^{\frac{E_{\mathrm{m}}}{KT}}$，有

$$\lim_{T\to 0} P_i(T) = \lim_{T\to 0}\left(\frac{e^{-\frac{E(i)-E_m}{KT}}}{|S_m|}\right) = \begin{cases} \frac{1}{|S_m|}, & i \in S_m \\ 0, & i \notin S_m \end{cases}$$

即当温度趋于 0 时，系统以等概率趋于几个能量最小的状态之一，而系统处于其他状态的概率为 0。

综上，我们可以看出，在温度足够高的情况下，每一个状态都有可能被访问；而当温度逐渐降低，能够被访问到的状态将逐渐收敛到几个能量最小的状态中，从而找到局部最优解。在模拟退火算法中，依概率收敛到能量最小状态需要三个条件：一是初始温度必须足够高；二是每个温度下，状态的交换必须足够充分；三是温度的下降必须足够缓慢。

组合优化问题和退火过程可以做如下类比，从中我们可以理解模拟退火算法与物理退火过程的关系，见表 2.1。

表 2.1 模拟退火算法与物理退火过程的关系

	物理退火过程	模拟退火算法
对象	物理系统的某一状态	组合优化问题的某一个解
评估	状态的能量	解的评估函数值
目标	能量最低的状态	优化问题的最优解
控制变量	温度	搜索控制参数 T

2.5.3 遗传算法

遗传算法的思想来源于自然界的生物演化，通过模拟生物种群基因的变异、交叉融合、自然选择等算子，实现对最优化问题解的参数空间进行高效的搜索的过程。遗传算法在求解较为复杂的组合优化问题时，通常能够在有限时间内获得较好的优化结果。

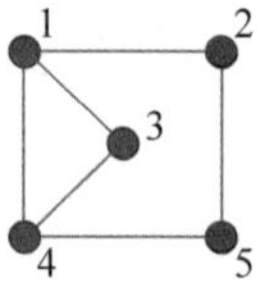

图 2.16 最小点覆盖问题示例

遗传算法首先会构造一个随机初始化的种群，种群中的每一个个体都是问题的一个解（不一定是可行解），通常我们会用字符串的形式来对个体进行编码，称为基因型（genotype）。以最小点覆盖问题为例，如图 2.16 所示，它的解空间即所有可能的顶点的子集。不妨用 1 表示某个顶点在子集中，0 表示不在子集中，为便于描述，我们对图中的每一个点进行了编号。

我们可以用一个长度为 5 的字符串来表示图 2.16 的解，它的编码为 01001。

遗传算法通过不断地对种群进行选择（selection）、交叉（crossover）和变异（mutation）算子，使整体种群趋向于最优解。通常我们用适应度函数（fitness function）来衡量种群中每个个体的优劣程度，可以根据所求解问题的目标函数来定义。在最小点覆盖问题中，我们定义如下的适应度函数：

$$f(x) = -2 \times |\{\text{没有被 } X \text{ 覆盖的边}\}| - |X|$$

为了对种群进行遗传演化，首先我们会选择种群中的一部分个体来培育下一代的种群，每一个个体被选中的概率通常与其适应度函数相关，即适应度越高，该个体越有可能被选中。

被选中的个体培育下一代的过程被称为交叉算子。如图 2.17 所示，两个父母个体的基因在随机的某个位置被切开，然后互相拼合，形成全新的两个子代个体，每个子代个体都保留了父母基因的一部分片段。交叉算子可以保留适应度较高个体的基因片段，从而提高下一代种群整体的适应度函数，从而让种群趋向最优解。

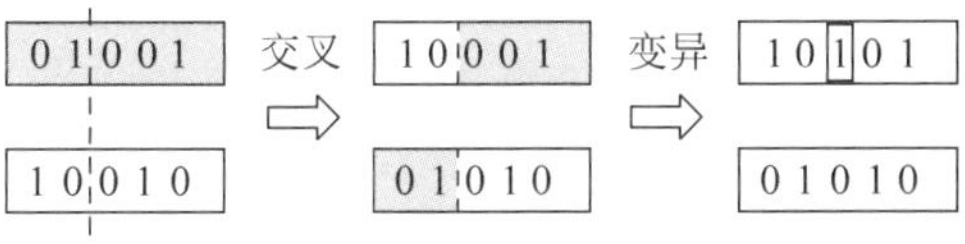

图 2.17 遗传算法示例

遗传算法的最后一步称为变异算子，每一个产生的子代个体的基因会有一个微小的概率产生随机变化，如图 2.17 所示，第一个个体的第三个基因产生了变异，它的值从 0 变成了 1。变异的目的是让种群演化过程引入一定的多样性，防止大量个体收敛到局部最优解。

遗传算法的整体过程如下所示：

算法 11 遗传算法

1：初始化：随机生成 N 个个体的种群
2：计算种群中每个个体的适应度函数
3：生成一个新的种群：
4：选择：根据适应度函数有放回地选择 N 对父母个体
5：交叉：每一对父母个体用交叉算子生成下一代个体
5：变异：每一个生成的个体执行变异算子
6：判断是否找到最优解个体，如果否，则跳到第 3 步继续生成下一代种群

2.6 对抗搜索

在一些问题中，涉及多个智能体(agents)之间的博弈，即存在多个目标相互冲突的智能体。此时对于一个智能体 A 来说，在优化自己策略的时候，需要考虑竞争对手 A^- 可能采取的策略。这是因为不同的对手策略相当于对应着不同的游戏环境，当 A^- 采取不同策略的时候，A 的最优策略也会变得不同。如果此时每个智能体都采用搜索的方法来寻找自己的策略，那么由于智能体之间目标的不一致性，整个搜索过程就体现出某种“对抗”的特点。因此从广义上来说，此类搜索问题都被称为对抗搜索(adversarial search)问题。对抗搜索被广泛应用在棋类游戏中，击败国际象棋冠军卡斯巴罗夫的深蓝所使用的 Alpha-Beta 剪枝算法和击败世界围棋冠军的 AlphaGo 所使用的蒙特卡罗树搜索，都属于对抗搜索。

在本节中，我们主要考虑两个智能体的零和(zero-sum)、完美信息(perfect information)、回合制(turn-based)博弈问题下的搜索。在此种情形下，双方可以看到完整的博弈局面，并且轮流做决策，最终博弈结束时双方收益的和为零(即双方的目标完全相反)。大多数棋类游戏，如围棋、国际象棋都是典型的此类问题。

形式化来说，设有一个有限的状态空间 S，起始状态 $s_0 \in S$。两个智能体在状态 s 下可用的动作集合为 $A_1(s)$ 和 $A_2(s)$，双方轮流做决策。设某一智能体 i 在状态 s 下采取了动作 a，新的状态就由转移函数 $T(s,i,a)$ 决定。另有一个终止状态集合 $G \subset S$，当局面 $s \in G$ 时

博弈结束，两个智能体分别获得收益 $U_1(s)$ 和 $U_2(s)$，满足 $U_1(s)+U_2(s)=0$。此外我们还假设博弈不会持续无限长的时间。在此种假设下，不失一般性地，我们可以假设状态空间与其上的转移构成了一棵树的结构(称为博弈树)，并且树的深度是有限的。

因为双方的目标都是最大化自己的收益，而且有 $U_1(s)=-U_2(s)$，我们有时也直接把 U_1 记为 U，并称先手为 MAX 智能体，其目标为最大化 U，后手为 MIN 智能体，其目标为最小化 U。

为了形象地展现这一概念，下面将介绍井字棋游戏。井字棋是一种在 3×3 格子上进行的连珠游戏，由分别代表○和×的两个游戏者轮流在格子里留下标记(一般来说先手者为×)，任意三个标记形成一条直线，则为获胜。如果令胜者的收益为 1，败者的收益为 −1，平手时两者收益均为 0，那么其(部分)博弈树如图 2.18 所示。

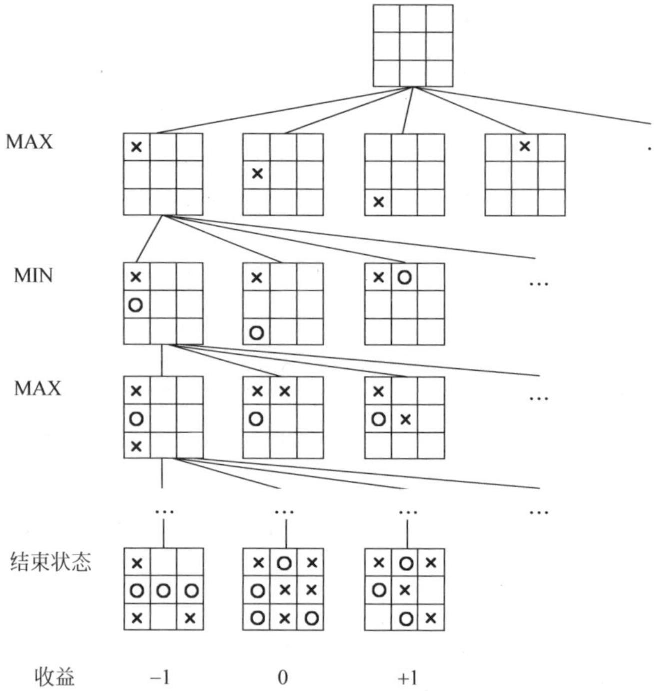

图 2.18 井字游戏的(部分)博弈树

下面，我们将简要介绍三种常见的对抗搜索方法：极小极大搜索(minimax search)、Alpha-Beta 剪枝搜索和蒙特卡罗树搜索(monte-carlo treesearch)。

2.6.1 极小极大搜索

极小极大搜索(mini max search)是博弈树搜索的一种基本方法。其基本思想是使用一个收益评估函数 $v(p)$ 对给定的中间节点 p 进行评估，并通过搜索找到使收益评估函数最大(或最小)的动作。给定一棵博弈树，最优策略可以通过检查每个节点的极小值或极大值来确定。这是因为在任意状态，MAX 玩家会倾向于移动到所有选择中收益极大的状态，而 MIN 玩家倾向于移动到所有选择中收益极小的状态。因此我们可以通过如下公式递归确定每个节点玩家的最优策略及收益：

$$v(p)\begin{cases}\text{Utility}(p), & s\ \text{为终止节点}\\ \max\limits_{a\in \text{Actions}(s)} v(p'), & s\ \text{为 MAX 玩家的节点}\\ \min\limits_{a\in \text{Actions}(s)} v(p'), & s\ \text{为 MIN 玩家的节点}\end{cases}$$

其中，p'是在 p 节点执行动作 a 后到达的下一个节点。因此，我们可以使用递归的算法来计算最优的策略。具体来说，给定当前的格局，算法首先给出 MAX 玩家的所有可能走法，再进一步给出 MIN 玩家的所有可能走法，由此进行若干步，得到一棵子博弈树，并在叶节点计算收益评估函数的值；最后由底返回至上计算，在 MIN 玩家处取下一步收益估值的最小值，在 MAX 玩家处取下一步收益估值的最大值，最终计算出使 MAX 玩家在最坏情况下能最大化收益的动作。

下面我们考虑两步棋的情况来说明，此时博弈树如图 2.19 所示。图中叶子节点的数字或由收益评估函数 $v(p)$计算得到，或由结束状态的收益函数给出，其他节点则使用倒推的方法估值。例如，Y 是 MAX 玩家决策的节点，其估值应取 A，B，C 中最大者。A，B，C 是 MIN 玩家决策的节点，其估值应分别取其子节点收益评估函数值最小者。由此，我们可以计算出 MIN 玩家在 A，B，C 三个节点的最优动作；而 MAX 玩家在 Y 节点最优的动作是 A；最终的平衡策略是 MAX 玩家采取 A 动作，而 MIN 玩家采取 D 动作。在使用极小极大搜索算法在博弈树中递归求解的时候，两位玩家分别交替使用使收益极小和极大的动作，故称为极小极大搜索。

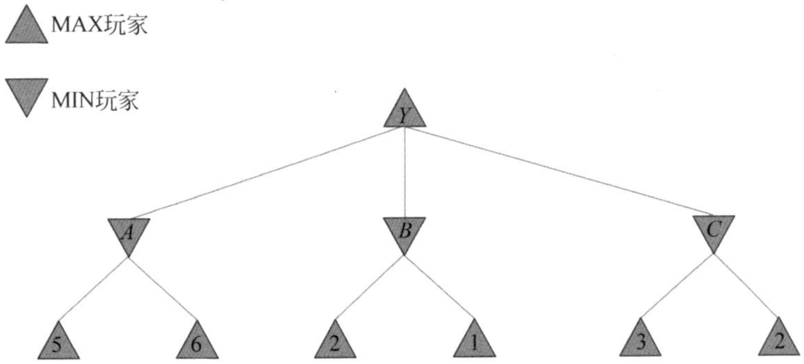

图 2.19　两步棋游戏的博弈树

极小极大搜索的算法伪代码如下，算法中的极小极大搜索函数即为前述公式中的递归函数。

算法 12：极小极大搜索(节点 p，是否为极大方)

```
if(节点 n 是终止节点)//收益函数中的第一种情况
    返回节点的收益函数 U(p)
if(节点 p 是极大方)//收益函数中的第二种情况
    v=-∞
    for x in 子节点集合
        v=max(v,极小极大搜索(x,否))//递归计算极小方节点的收益函数
    返回 v
else                //收益函数中的第三种情况
```

```
        v=+∞;
        for x in 子节点集合
            v=min(v,极小极大搜索(x,是))//递归计算极大方节点的收益函数;
        返回 v
```

图 2.19 的博弈树中极小极大搜索的具体步骤如下。假设初始节点 $p=Y$，该节点为 MAX 玩家。

(1) 首先搜索左边的 A 节点，为 MIN 玩家，再进一步搜索两个终止节点；MIN 玩家从返回的收益中选择最小的一个，得到节点的最优策略收益为 $v=5$。

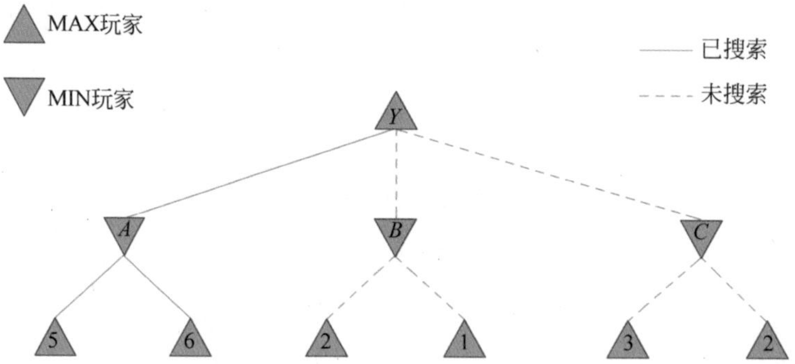

(2) 进而搜索 Y 节点可能到达的第二种情况，即 B 节点，为 MIN 玩家，其同样从两种终止节点中选择最小的一个，得到节点的最优策略收益为 $v=1$。

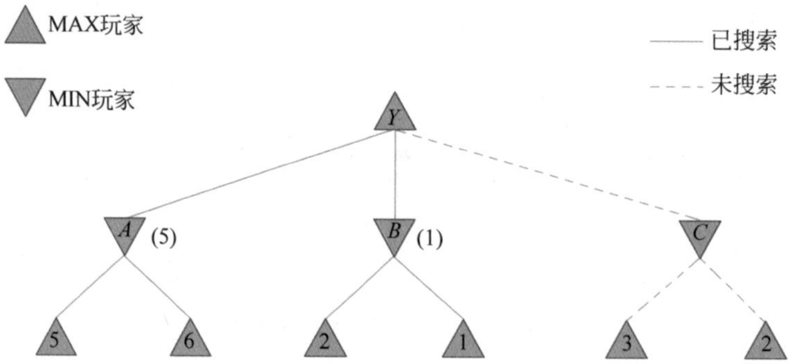

(3) 然后搜索 Y 节点可能到达的第三种情况，即 C 节点，为 MIN 玩家，同样得到节点的最优策略收益为 $v=2$。

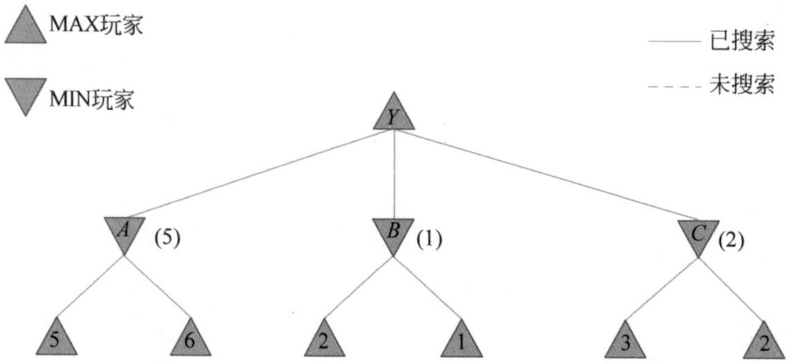

(4) 最后回到 Y 节点，为 MAX 玩家，在所有可能的收益中取最大值，得到 Y 节点最优策略的收益为 $v=5$。

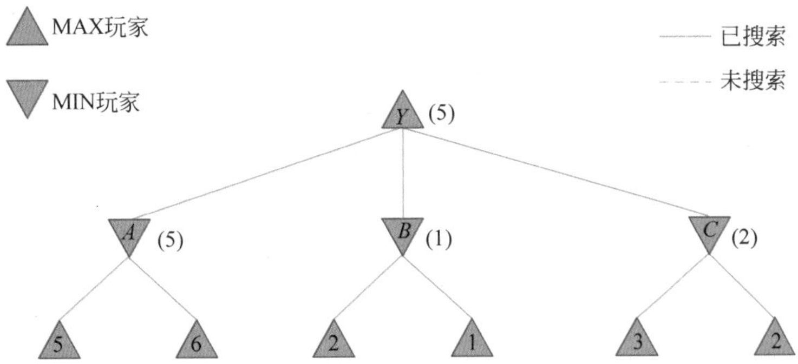

2.6.2 Alpha-Beta 剪枝搜索

Alpha-Beta 剪枝算法通过避免不必要的节点搜索来提高算法的运行效率，是对极小极大搜索算法的优化。Alpha-Beta 剪枝算法的基本思想是：即便当前子树的返回值还没有完全确定，但根据已有的信息来看，当前子树的返回值已经不会对根节点的答案造成任何影响，那么我们便无需再对这个子树进行搜索，这一步骤称为“剪枝”。Alpha-Beta 剪枝算法在搜索每一个节点 p 时，额外引入了 Alpha 与 Beta 两个变量，其含义是，节点 p 的子树的返回值最终会被“修剪”到闭区间[Alpha，Beta]内。也即，如果 p 的返回值是 v，那么将 v 修改为 $\min(\max(v,\alpha),\beta)$ 作为 p 的返回值，并不影响最后的答案。那么在这种情况下，如果发现有 $\alpha=\beta$，就无需再进行进一步的搜索。因为此时无论 v 取何值，最终的返回值都是 α。

对于一个节点 p，如果现在要搜索它的子节点 p'，那么显然我们可以把 p 的 Alpha 和 Beta 值直接传给 p'。特别地，如果 p 是一个 MAX 节点，根据 MAX 节点的更新逻辑，在搜索完它的子树 p' 之后，如果 p' 返回了一个值 v，我们就可以更新 $\alpha=\max(\alpha,v)$。类似地，如果 p 是一个 MIN 节点，其子节点 p' 返回了值 v，我们就可以更新 $\beta=\min(\beta,v)$。而对于整个博弈树的根节点，我们只需要简单地设置 $\alpha=-\infty$，$\beta=\infty$ 即可。

Alpha-Beta 剪枝算法的伪代码如下：

算法 13：Alpha-Beta 剪枝搜索（节点 p，Alpha，Beta，是否为极大方）

```
if(节点 p 是终止节点)//收益函数中的第一种情况
    返回节点 p 的收益函数 U(p)
if(节点 p 是极大方)//收益函数中的第二种情况
    v=-∞;
    for x in 子节点集合
      v=max(v,Alpha-Beta 剪枝(x,Alpha,Beta,否))//递归计算极小方节点的收益函数
      Alpha=max(Alpha,v)
      if(Alpha>=Beta)then//剪枝,降低搜索量
```

```
                break
        返回 v
else                    //收益函数中的第三种情况
    v=+∞;
    for x in 子节点集合
        v=min(v,Alpha-Beta 剪枝(x,Alpha,Beta,是))//递归计算极大方节点的收益函数
        Beta=min(Beta,v)
        if(Alpha>=Beta)then//剪枝,降低搜索量
          break
    返回 v
```

我们仍然用图 2.19 中的两步棋游戏具体说明 Alpha-Beta 剪枝算法的执行过程。初始化时,设 Alpha=-inf(负无穷),Beta=inf(正无穷)。

Alpha-Beta 剪枝算法的具体步骤如下:

(1) 从根节点 Y 开始递归搜索,同样首先搜索左侧节点 A,此时 Alpha=-inf,Beta=inf,所以 Alpha<Beta,故继续搜索,最终到达最左侧子节点。因为该子节点是终止节点,返回收益 5。

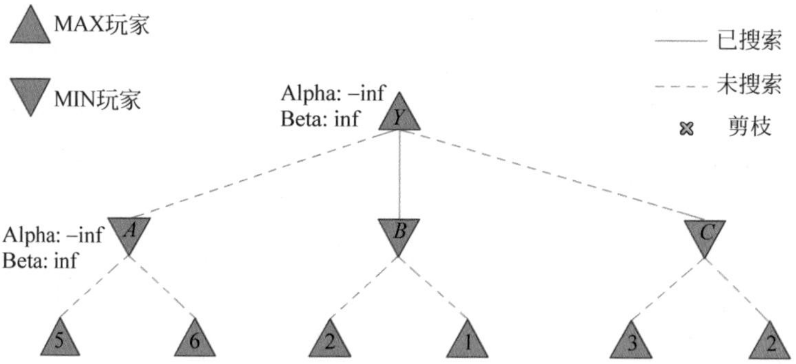

(2) 返回到 A 节点,并更新其 Beta=min(inf,5)值为 5。此时 Alpha=-inf,Beta=5,所以 Alpha<Beta,继续搜索节点 A 的子节点。因为其下个子节点也是终止节点,所以返回收益 $v=6$。

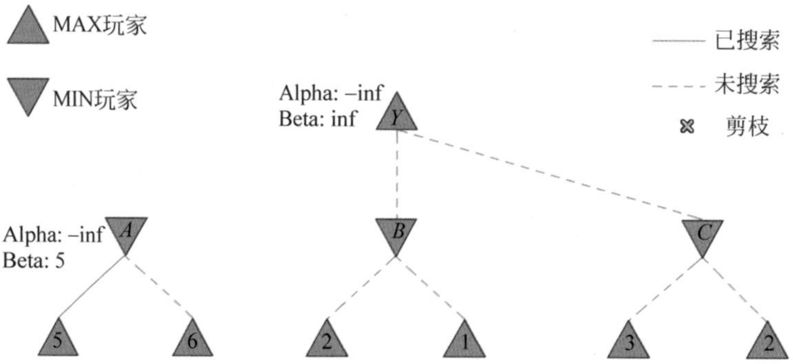

(3) 返回到 A 节点,因为 $6>\text{Beta}=5$,故 A 节点的 Beta 值无改动;继续返回 Y 节点更新其 Alpha=max(−inf,5)值为 5。此时 Alpha=5,Beta=inf,所以 Alpha<Beta,继续搜索 Y 节点的 B 子节点的子节点。因为其第一个子节点是终止节点,所以返回收益 $v=2$。

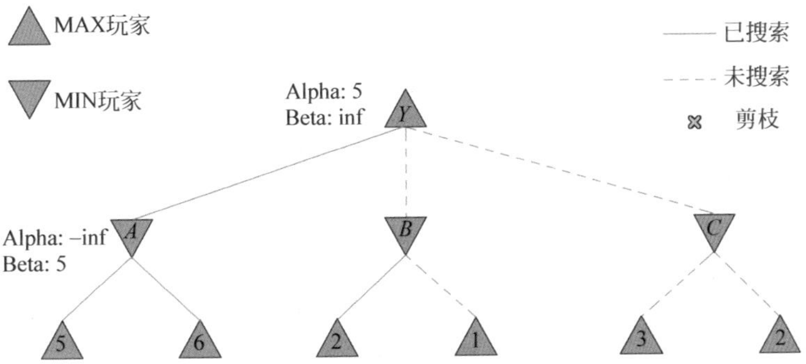

(4) 返回更新 B 节点的 Beta=min(inf,2)值为 2,此时 Alpha=5,Beta=2,所以 Alpha>Beta,说明 MAX 玩家选择 B 节点的最优策略值不大于 Beta=2,而同时 MAX 玩家可以通过选择其他节点(此时为 A)来获得至少 Alpha=5 的收益,因此 MAX 玩家必不选择 B 节点,故无需继续搜索 B 节点的其他子节点,可剪枝。

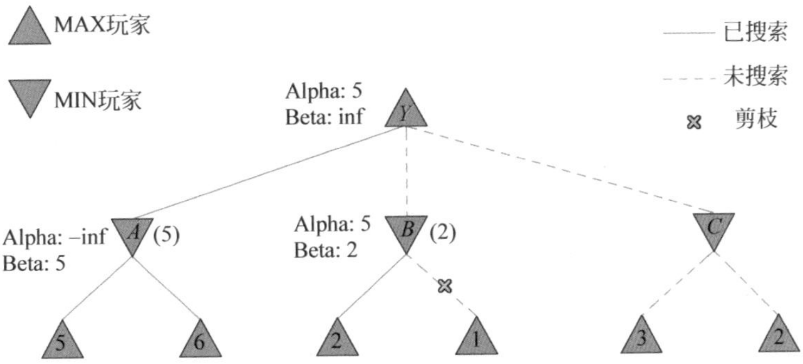

(5) 返回更新 Y 节点的 Alpha=max(5,2),此时由于 $5>2$,故无需更新;此时 Alpha=5,Beta=inf,Alpha<Beta,继续搜索 C 节点及其子节点。因为其第一个子节点是终止节点,所以返回收益 $v=3$。

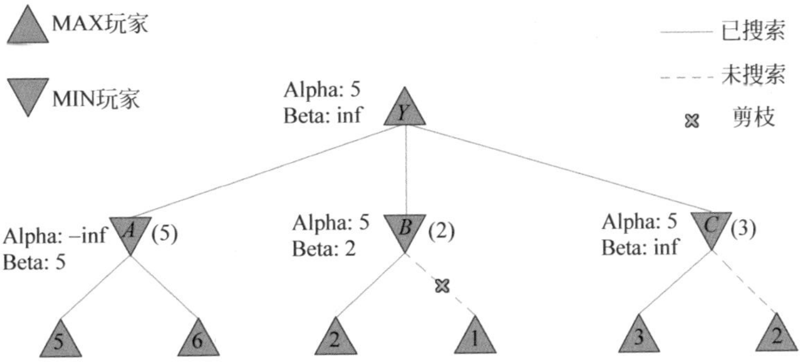

(6) 返回更新 C 节点的 Beta=min(inf,3)值为 3,此时 Alpha=5,Beta=3,因而 Alpha>Beta,故同样无需继续搜索 C 节点的其他子节点,可剪枝,并返回到 Y,完成全部搜索。

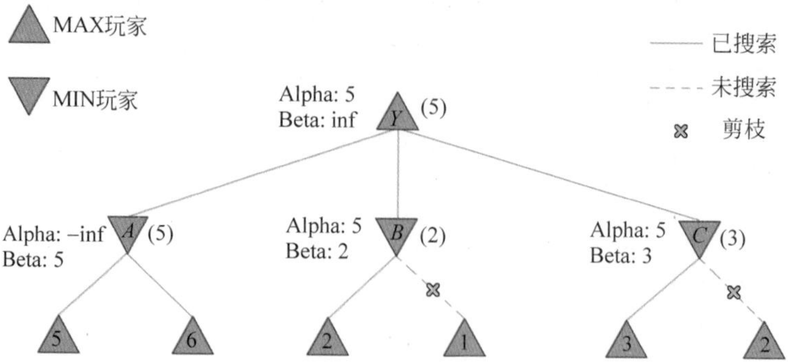

通过上面的例子可以看出,基于零和博弈中最优策略的性质,Alpha-Beta 剪枝算法通过避免不必要的节点搜索,提高了算法的效率。

Alpha-Beta 剪枝算法在时间效率上带来的优势不仅仅是常数上的。事实上,如果每次随机选择一个动作进行探索,可以证明 Alpha-Beta 剪枝算法的期望时间复杂度是次线性的。

举一个简单的例子,考虑一个二叉树,叶子节点的取值只有 0 或 1。此时 MAX 节点可以看作布尔运算 OR,MIN 节点可以看作布尔运算 AND。注意到这两个运算符都是短路运算符,即对于 AND 节点来说,如果第一个子节点的返回值是 0,就不用搜索第二个子树了(对于 OR 节点也类似)。当然,如果 AND 节点的两个子节点返回值都是 1,那么我们还是不得不对这两个子树都进行搜索。不过此时的两个子节点都是 OR 节点,对于返回值是 1 的 OR 节点来说,只要先搜索那个返回值是 1 的子节点,就又可以剪枝掉一半的子树。此时如果我们通过随机的方法来决定先搜索哪棵子树,可以证明此时的期望时间复杂度是 $O(n^c)$,其中 n 表示决策树的大小,$c\approx 0.753$。这就达到了一个次线性的时间复杂度。

2.6.3 蒙特卡罗树搜索

虽然前面说明了 Alpha-Beta 剪枝算法在某些实现下,算法复杂度能有量级上的提升,但这个提升并不是无限的。不难发现,即便是按照最优的顺序来搜索子树,Alpha-Beta 剪枝至少也需要 $\Omega(n^{0.5})$的时间复杂度来给出一个返回值。这也就是说,如果搜索树比较大,那么单纯用 Alpha-Beta 剪枝来进行搜索可能连一个子树都搜不完,从而甚至没有办法给出一个次优的策略。此时有一些方法会给残局进行估价,如果搜索到残局节点就拿估价的结果作为这个节点的返回值,而不再进行进一步搜索。这种方法可以缩小树的深度,但对于围棋等动作空间巨大的游戏,我们不得不把深度缩小到一个非常小的值,从而使得估价非常不准确。为了应对 Alpha-Beta 剪枝算法在这方面的缺点,使得算法能够先给出一些次优的策略再逐步收敛到最优的策略,蒙特卡罗树搜索算法被广泛地应用在博弈中。

蒙特卡罗树搜索(Monte-Carlo tree search,MCTS)本质上就是一个通过采样来设计估价函数的启发式搜索算法。其过程和一般的启发式搜索算法一样,就是每次从优先队列里按照某种优先顺序选择一个点 u 进行扩张,将 u 的子节点加入队列,之后调整估价函数,改变优先队列的优先顺序。MCTS 相较于一般的启发式搜索算法的特点主要在于,MCTS 的估价函数一般由两部分组成：一部分是对该节点收益的估计，另一部分是这个估计的风险（即，对这个估计有多不确定）。前一部分通常是通过按照某种策略多次采样来计算得到的（因此叫做蒙特卡罗方法），后一部分通常用模拟或采样的次数来衡量，模拟或采样的次数越多，风险就越小。当我们选择动作的时候，自然想要选择收益高的，但对于高收益高风险的动作，我们也要避免。我们扩张一个节点的目的当然是为了降低对估计的不确定程度。但是对于同样不确定估计准确程度的低收益节点和高收益节点，我们通常也偏好于先降低高收益高风险节点的不确定性。因此，MCTS 不同的变种主要都是在设计估价函数，即设法权衡“收益”和“风险”这两者的关系。

下面介绍 MCTS 的一种实现方法，称为 UCT（upper confidence bounds applied for trees）。它为每个节点 x 记录两个变量 $U(x)$ 和 $N(x)$，其中 $N(x)$ 表示访问该节点的次数，$U(x)$ 表示这 $N(x)$ 次访问中所记录的收益的总和。UCT 包含 4 个主要阶段：

选择：从根节点开始，不断选择某个子节点。选择的逻辑是，每次挑选 UCB1(x) 最大的一个子节点 x，直到选择到一个未经访问的节点 u。令 C 是某个常数，UCB1(x) 定义如下：

$$\mathrm{UCB1}(x)=\frac{U(x)}{N(x)}+C\times\sqrt{\frac{\log N(\mathrm{Parent}(x))}{N(x)}}$$

扩展：将选择阶段得到的节点 u 新建出来，变为已访问节点。

模拟：从状态 u 开始，双方均使用随机策略直到游戏结束，获得收益 A。

更新：将 u 到根路径上的所有节点的 U 和 N 进行更新。即对于 u 到根路径上的所有点 x，令 $U(x)+=A$，$N(x)+=1$。

UCT 不断重复上述 4 个过程，最后输出根节点访问次数最多的子节点对应的动作作为智能体在当前状态下的动作。

这个算法的分析比较复杂，下面简单介绍一下算法各个部分的含义，以及这么设计的理由。

首先是 UCB1 的式子，这个式子借鉴自 UCB(upper confidence bound)算法。它由两部分相加组成，第一部分即多次访问该节点的平均收益，代表对当前节点收益的估计。第二部分则对应了该估计的风险，可以当作对“探索行为”的奖励：x 被访问得越多，则这一部分的值越小。其中 C 只是一个常数，而分子中 log 的那一项保证了每个节点都会被访问无数次。因为如果一直不访问某个节点 x，那么第二部分将趋于无穷。

如果一个动作目前的平均收益越高、不确定性越高，UCT 就越倾向于选择这个动作来探索。因此可以认为，UCT 每次会贪心地选取一个“上限最高”的动作。不严谨地说，随着选择一个动作的次数变多，它的平均收益的估计会越来越准，而不确定性会迅速变小。如果在这种情况下，一个动作依然以一个相当高的频率被选择，那么在某种程度上说明这个动作的平均收益很高（因为此时不确定性对估价的贡献很小）。这样一来，最后选择根节点被访问次数最多的子节点可以理解为选择了收益高且风险小的一个动作。事实上也有一些 MCTS 的变种是直接挑选平均收益最高的子节点作为所选的策略的，这两者在分析上有细微的差别，这里不做展开。

可以看到，MCTS 算法迭代一轮的时间复杂度仅仅是 $O(h|A|)$ 的级别，其中 h 是搜索树的深度。如果每一轮的运行时间有限而动作的空间较大，例如围棋，每一步有大约 361 个

动作可以选择。假如限制每一轮只能进行 10^9 量级的运算，那么 Alpha-Beta 剪枝将最多只能搜索 7 层左右。即算法只能考虑 7 步，7 步之后的局面都要通过人为设计的估价函数来评判优劣，这显然不现实。而 MCTS 可以迭代 8000 轮左右，即有所取舍地考虑了 8000 种不同的走到终局的可能性。这给出了一个似乎更加令人信服的次优策略。此外，在模拟阶段对节点收益的估价中，我们也可以挑选别的估价方法来做文章。例如，可以由神经网络等方法来代替随机的策略选择（如 AlphaGo），这许多优点使得 MCTS 成为解决此类问题的一大利器。

本章总结

本章介绍了人工智能中基本的搜索问题以及四类基础算法，包括：①盲目搜索，即没有利用问题定义本身之外的知识，而是根据事先确定好的某种固定排序，依次调用动作，以探求到达目标的路径。本章介绍了两种盲目搜索算法：深度优先搜索（DFS）算法与宽度优先搜索（BFS）算法，以及相关的改进算法。②启发式搜索，利用问题定义本身之外的知识来引导搜索，主要通过访问启发函数来估计每个节点到目标点的代价或损耗。本章介绍了两种启发式搜索算法：贪婪搜索与 A* 算法。③局部搜索，用于在解的邻域内寻找更优解，本章介绍了爬山法、模拟退火和遗传算法 3 种局部搜索策略。④对抗搜索，出现在多个智能体的对抗性博弈当中，在其他智能体通过搜索寻找它们的最优解的情况下寻找最优策略。本章介绍了极小极大搜索、Alpha-Beta 剪枝搜索以及蒙特卡罗树搜索 3 种对抗搜索算法。

历史回顾

搜索算法在人工智能研究的早期就出现并展现其威力。Newell 和 Simon 分别在 1957 年和 1961 年将搜索算法应用于军事领域，包括早期的 GPS 等重要项目和研究。

盲目搜索算法是 20 世纪 60—70 年代经典计算机科学和运筹学的中心问题之一。宽度优先搜索最早由 Moore 于 1959 年正式提出，用于解决迷宫问题。1957 年由 Bellman 提出的动态规划算法也可以看作宽度优先搜索的一个变种。

启发式搜索最早可以追溯到 1958 年 Newell 和 Simon 有关启发式信息的论文。启发式算法中经典的 A* 算法由 Hart，Nilsson 和 Raphael 三人于 1968 年提出，并由 Nilsson 在 1972 年做出修正。1985 年由 Korf 提出的 IDA* 算法是对 A* 算法的进一步改进之一，能够在给定内存限制的情况下执行，因此被广泛采用。同样基于 A* 算法的 D* 算法由 Stentz 于 1994 年提出，可以处理环境动态变化的情况。D* 算法被成功应用于火星探测器的寻路，并且帮助卡耐基梅隆大学于 2007 年取得 DARPA 自动驾驶挑战赛的冠军。

最早的局部搜索算法可以追溯到牛顿时代。由牛顿和 Raphson 分别独立提出的牛顿法可以看作最早的基于梯度的局部搜索算法。局部搜索算法在 20 世纪 90 年代早期重新得到重视，并出现了一系列的基于爬山法的改进算法，如 1994 年提出的 Tabu 搜索算法和 1997 年提出的 STAGE 算法等。

对抗搜索则与博弈论的发展密切相关。极小极大算法可追溯到 Ernst Zermelo 于 1912 年发表的论文，博弈论中大名鼎鼎的 Zermelo 定理也在该论文中被提出。1956 年 John MacCarthy 最早构思了 Alpha-Beta 搜索算法，并由 Hart 和 Edwards 于 1961 年正式提出。1979 年提出的 SSS^* 算法对 Alpha-Beta 剪枝进行了改进，可被看作 A^* 算法对应的多智能体版本。对抗搜索被广泛应用于博弈问题的求解，包括国际象棋、围棋、桥牌、德州扑克等。1958 年 Newell 等最早在国际象棋程序 NSS 中使用了简化版本的 Alpha-Beta 搜索。1996 年，DeepBlue 使用并行化的 Alpha-Beta 剪枝算法，击败了国际象棋冠军 Kasparov。2016 年，AlphaGo 将蒙特卡罗树搜索与深度神经网络结合，成功击败了世界围棋冠军李世石。

搜索问题是人工智能研究的核心问题之一，目前已有许多成熟的结果，并在诸多实际问题中得到了广泛的应用。但同时，领域内依然有若干深入的问题有待发展。结合实际问题，探索有效实用的搜索策略，仍是研究和开发的一个活跃领域。

习题

1. 试证明深度优先搜索算法与宽度优先搜索算法的时间复杂度与空间复杂度。

2. 考虑在一棵满 b 叉树上进行搜索。试证明：在最坏情况下，迭代加深搜索算法访问的节点数为宽度优先搜索算法访问的节点数的常数倍。

3. 考虑传教士野人过河问题：有 N 个传教士和 N 个野人来到河边渡河，河岸有一条船，每次至多可供 k 人乘渡。为了安全起见，任何时刻，河两岸以及船上的野人数目不得超过传教士的数目（否则传教士有可能被野人吃掉）。试求解可行的摆渡方案。

(a) 写出该问题的状态空间、动作空间、初始状态、转移函数、代价函数和目标测试函数。

(b) 当 $N=3,k=2$ 时，试用深度优先搜索求解可行的摆渡方案。

(c) 试设计一个启发函数，使其满足 A^* 算法。

(d) 当 $N=3,k=2$ 时，试用设计的启发函数进行 A^* 搜索求解可行的摆渡方案，并与深度优先搜索进行比较。

4. 八数码问题。对于八数码难题按下式定义估价函数：

$$f(x)=d(x)+h(x)$$

其中，$d(x)$为节点 x 的深度；$h(x)$是所有棋子偏离目标位置的曼哈顿距离（棋子偏离目标位置的水平距离和垂直距离和），例如，下图所示的初始状态 S0：8 的曼哈顿距离为 2，2 的曼哈顿距离为 1，1 的曼哈顿距离为 1，6 的曼哈顿距离为 1，$h(S)=5$。

初始状态 S0

2	8	3
1	6	4
7		5

目标状态

1	2	3
8		4
7	6	5

(1) 用 A^* 搜索法搜索目标，列出前三步搜索中的 OPEN-CLOSED 表的内容和当前扩展节点的 f 值。

(2) 画出搜索树和当前扩展节点的 f 值。

5. 如下图所示，分别用代价树的广度优先搜索策略和深度优先搜索策略求 A 到 E 的最少费用路径。

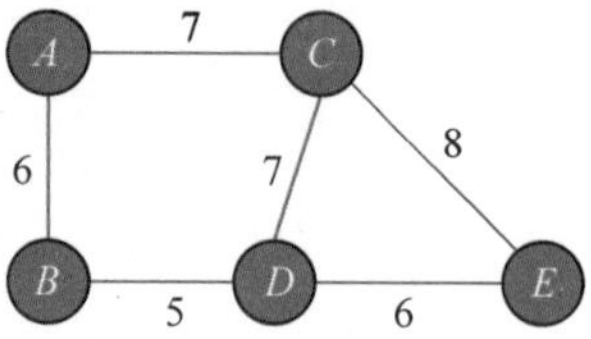

6. 下图是五个城市间的交通费用图，从 A 出发，要求把每个城市都访问一遍，最后到 E，请找一条最优路线，边上数字为两城市间的交通费用。

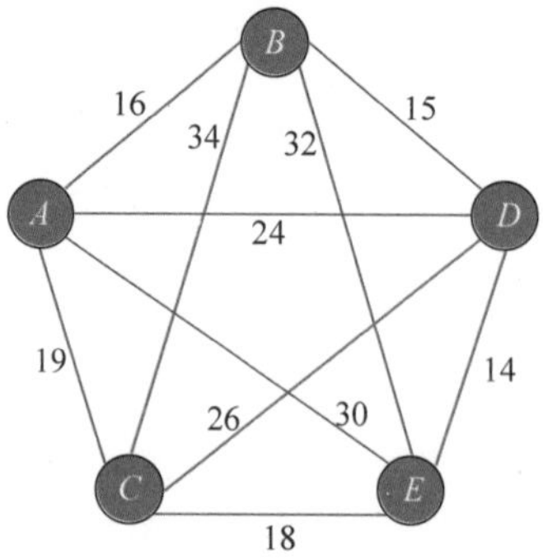

7. 对抗搜索能够帮助我们解决很多有趣的问题。围棋人工智能 AlphaGo 就利用了一种名为蒙特卡罗树搜索的对抗搜索方法来求解。黑白棋是另一项有趣的益智游戏，其规则如下：开始时双方各有两枚棋子交叉放于棋盘中心，如图 2.20(a)所示，棋子的着子点是有限制的：黑方下棋时，必须以某个黑子 A 做端点，跟旁边的白子做水平、竖直、斜 45°的端点放黑子 B，同时要求 A 和 B 必须连成水平、竖直或 45°的线段。此时，AB 连成的线段中间的白子将被翻转为黑子。白方也遵循相同规则。例如，在图 2.20(a)中，四个黄点为黑方可能的着子点，黑方下在右侧着子点后，两黑子中间的白子被翻转为黑子，此时白方可能的着子点即为图 2.20(b)中的三个黄点。在最终棋盘填满棋子后，棋盘上棋子较多的那一方获胜。

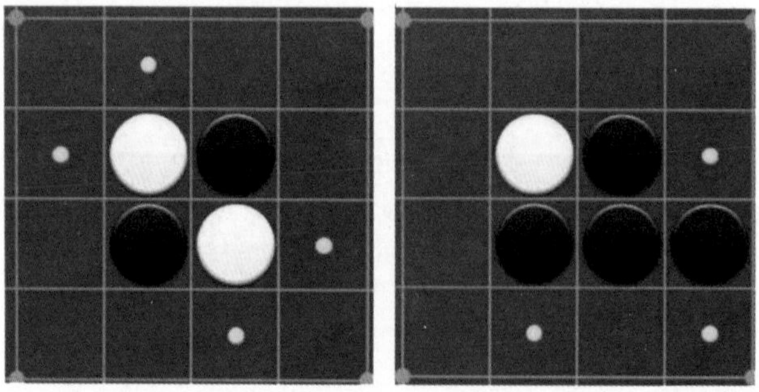

(a) (b)

图 2.20 黑白棋下法示意

请分别使用极小极大搜索算法与 Alpha-Beta 剪枝算法训练一个在 4×4 棋盘下黑白棋的 AI,请你试着和你的两种 AI 对战一下。你能战胜它们吗?

8. 在如图 2.21 所示的 9×9“格子世界”(grid world)中,两个玩家在玩“抓老鼠”游戏,游戏规则如下:

(1) 老鼠的初始位置处于中心方格,初始世界中无任何障碍物;

(2) 玩家 1 扮演捕鼠人,每回合他可以在任意一个非老鼠当前位置的方格放置一个障碍物,老鼠无法移动到障碍物所处方格;

(3) 玩家 2 扮演老鼠,每回合他可以朝上、下、左、右四个方向移动一个格子,但无法移动到有障碍物的方格;

(4) 玩家 1 和玩家 2 交替行动,每回合玩家 1 先行动;

(5) 胜利规则:如果某一回合中,老鼠被障碍物四面环绕无处可走则玩家 1 胜利,如果老鼠移动出了格子世界的边界则玩家 2 胜利。

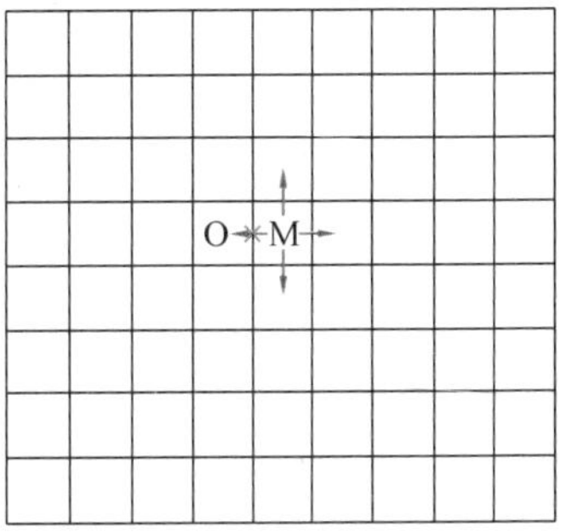

图 2.21 “抓老鼠”游戏示意

老鼠(M)初始位置位于中心方格,第一回合,如捕鼠人在老鼠左侧方格放置了障碍物(O),那么老鼠无法向左走,只能从其他三个方向中选一个前进

请分别使用极小极大搜索算法与 Alpha-Beta 剪枝算法来玩这个游戏。请你分别试着与你训练出的“捕鼠人”和“老鼠”进行对战,你能战胜它们吗?

提示:为了缩减搜索空间,可以将玩家 1 的动作空间限制在老鼠当前位置周围 5×5 的格子中。

9. 将第 8 题中的“格子世界”换成如图 2.22 所示的“蜂巢世界”,再分别使用极小极大搜索算法与 Alpha-Beta 剪枝算法来玩这个游戏。训练出的策略与“格子世界”中训练出的策略有哪些相同点和不同点?

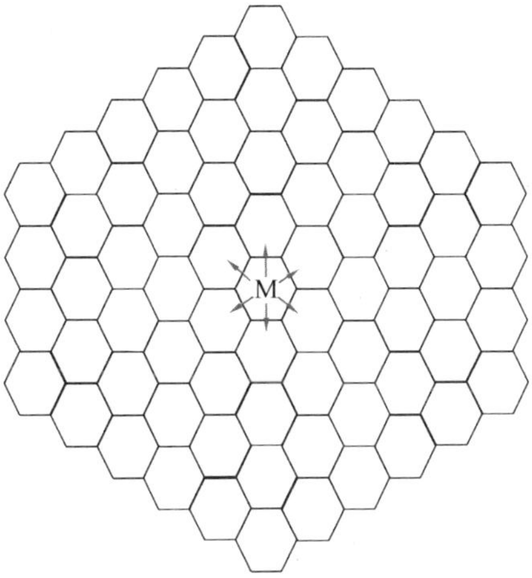

图 2.22 “蜂巢世界”中的“抓老鼠”游戏

现在老鼠(M)可以朝六个方向前进

10. 尝试用模拟退火算法编程求解如下函数在 $0 \leqslant x \leqslant 50$ 时的最小值。选取多个初始解,并调整温度下降的模式,比较你的实验结果。

$$F(x)=3x^5+7x^4-40\sin x$$

11. 在用餐高峰时期,外卖骑手同时收到了 n 个外卖。由于外卖箱能容纳的食物是有限的,故骑手不能同时接下所有的订单。每个订单的价值为 v_i,重量为 m_i,外卖箱最多能放入重量为 M 的食物。此外,由于送餐位置相隔过远,有一些订单 i 和 j 无法同时接取。骑手要找到一种接单的方式,来使得订单的价值之和最大。尝试用模拟退火法解决该问题。

(a) 给出状态、邻域、评估函数的定义,并解释你的定义。

(b) 写出相应的模拟退火算法。

12. 八皇后(eight queens)问题是一个经典的算法问题。在一张大小为 8×8 的国际象棋棋盘上,需要放置 8 个皇后棋子,使其处于无法相互攻击的位置(即任一行、任一列、任一斜线上都只能有 1 个皇后)。尝试用爬山法和模拟退火算法找到一种可行的棋子放置方案。

(a) 在八皇后问题中,如何定义一个状态?

(b) 为了用爬山法求解该问题,请给出邻域、评估函数的合理定义。当八皇后无法互相攻击时,所定义的评估函数是否是局部最优值?

(c) 随机生成棋子在棋盘上的初始位置,用爬山法编程求解。算法输出的结果是否满足八皇后的要求?

(d) 多次随机生成棋子的初始位置,后用爬山法求解。比较你的实验结果。

(e) 多次随机生成棋子的初始位置,用爬山法和模拟退火算法求解,记录到达局部最优的搜索次数,以及能够满足八皇后要求的比率。比较你的实验结果。

13. 通过了解 UCB 算法能帮助你更好地理解 UCT 算法。查询有关资料,了解 UCB 算法名称的由来及设计此种估价函数的动机。

14. MCTS 算法的设计可以是多种多样的 。除了上文所说的"改变根节点选择最后动作的标准""改变估计收益的方法""改变权衡收益和风险的方法"之外,还有许多地方可以修改。例如,有一些研究指出,对于 MCTS 而言,UCB1 中的 log 函数可能不是一个好的选择,将它替换成一个多项式将有更好的收敛性保证,因此你也完全可以设计不同的估计风险的方法。尝试提出一个 MCTS 的变种,并通过实验来比较它和 UCT 算法的差异。

15. 试证明 2.6.2 节结尾有关 Alpha-Beta 剪枝算法在特定情形下时间复杂度的结论。

16. 关于 2.6.2 节结尾有关 Alpha-Beta 剪枝算法在特定情形下的讨论,如果去掉"叶子取值只有 0 或 1"的限制,你能否在期望 $O(n^c \log n)$的时间复杂度内解决这一问题?描述你的做法并给出证明。

17. 如果图的边权为 1,单源最短路算法可以用 BFS 算法替代。现在考虑图的边权可能为 0 或 1,你可以通过将 BFS 中的队列改成双端队列来求得这个图上的单源最短路,复杂度依旧是线性吗?描述你的做法并给出证明。

18. 考虑背包问题:给定一个整数 M 和 n 个整数 $a_1,a_2,\cdots,a_n$,问是否存在后者的一个子集,总和恰好为 M。这是一个 NP-complete 问题。如果数值都非常大,朴素的做法是直接进行搜索,复杂度为 $O^*(2^n)$。你能通过折半搜索(双向搜索)的思想给出一个复杂度是 $O^*(2^{\frac{n}{2}})$的做法吗?描述你的做法并给出证明。体会折半搜索是如何利用空间换取时间的。

第3章 CHAPTER 3 机器学习

引言

机器学习是人工智能领域的一个重要组成部分。其基本想法是利用数据进行学习，而不是人工定义一些概念或结构。在这一章里，我们将先学习机器学习中的核心框架，即监督学习(supervised learning)。监督学习的应用非常广泛，目前也有很好的解决方案。从监督学习出发，我们会介绍各种不同类别的数据集，包括训练数据集、测试数据集等。正确地区分不同类别的数据集，是理解监督学习的关键。

在理解各类数据集的基础上，我们进一步介绍机器学习的相关概念，包括损失函数、优化、泛化等。其中，泛化是机器学习领域独有的概念，也是判断一个机器学习算法好坏的核心标准之一。接下来，将介绍如何创建数据集。好的数据集是应用各种机器学习算法的重要基础。在学术界，有很多公开的数据集可以下载使用。但是在现实生活中，针对不同的应用，人们往往需要从头开始创建数据集。因此，了解创建数据集的核心想法非常重要。

除监督学习以外，机器学习中还包含其他的框架，例如，无监督学习(unsupervsied learning)和半监督学习(semi-supervised learning)。这些都是非常有趣和重要的内容。在本章中，我们会重点介绍 K 平均(K means)算法和 spectral graph clustering 算法。

3.1 监督学习的概念

监督学习本质是一种模仿学习，其框架可以用图 3.1 表示。

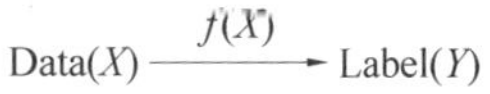

图 3.1 监督学习

在这个框架里，输入为 X，输出为 Y。我们的目标是学习一个目标函数 f，使

$$f(X) \approx Y$$

注意到我们用了约等号，因为有时候精确的等式是很难获得的；而且有的时候输出 Y 也不一定总是对的，所以能够在绝大部分情况下做到两者近似相等便十分不错。X，Y，f 这三个元素构成了监督学习的核心框架。

在此框架中，输入 X 和输出 Y 可以是任何内容，比如图片、数字、声音、文字等。但对于具体问题而言，X 和 Y 的格式通常是固定的。例如，我们可以考虑最经典的基于 MNIST

标准数据集[1]的手写数字识别问题，如图 3.2 所示。

在这个问题中，每个 X 是一个 28×28 像素的图片，例如，2。Y 是$\{0,1,\cdots,9\}$中的某个数字，表示这个图片里面包含的数字是什么。而 f 是一个将读入图片中数字进行识别的函数。在理想情况下，f 应当有如下的表现：

$$f(2)=2$$

$$f(5)=5$$

注意到，f 的输入是由像素组成的图片，属于 $R^{28\times 28}$，而输出的是一个数字，属于$\{0,1,\cdots,9\}$。

另一个例子是经典的基于 Imagenet 数据集[2]的图片分类问题，如图 3.3 所示。

图 3.2　MNIST 数字图片示例

图 3.3　Imagenet 图片示例

在这个问题中，每个输入为一张大小为 224×224×3 的 RGB 的彩色图片，表示有红、黄、蓝三个颜色通道，每个通道分别是 224×224 个像素点。输出则是一个类别编号（1～1000），分别表示猫、狗等，比如猫的类别编号是 3，狗的类别编号是 589。而 f 是一个能对读入图片中物体进行识别的函数。与前面的例子一样，一个理想的 f 应当有如下的表现：

f()=3

f()=589

上述框架不仅可以用于图片的识别，也可以应用在其他场景。一个例子是电影的评价。这时，输入 x 可以是影评，输出 y 可以是判断影评是正面还是负面，而一个理想的 f 应该有如下的表现：

f(“这部电影太有意思了”)＝正面

f(“不要去看这个电影，纯粹浪费时间”)＝负面

上述例子均为分类问题（classification），即将输入 x 判别为某种类别，如 A 类、B 类、C 类等。对于这样的问题，类别的总个数是有限的，也是事先固定的。但机器学习还有另一类问题，叫做回归问题（regression），指的是把输入 x 映射到某一个连续的空间（如实数轴）中。例如，如果 x 表示某一个人，我们可以将他/她根据性别分成两类，这就是一个分类问题。但我们也可以根据他们的年收入做成一个回归问题，因为年收入是一个连续的数（当然，如果我们把年收入粗糙地分为 1 万元以下、1 万～5 万元、5 万～10 万元、10 万元以上，那么这

个问题就是一个分类问题了）。分类问题与回归问题是监督学习框架中最重要的两类问题。我们在第 4 章会介绍如何使用线性方法处理这两类问题。

3.2 数据集与损失函数

一般来说，在面对机器学习问题的时候，我们会假设有一组标注好的数据，叫做训练数据集（training set）。一个训练数据集通常包含大量的数据点，有时候是几十万、上百万甚至上亿。我们将数据点的个数记为 N，并将数据点记为 $x_1, y_1, \cdots, x_N, y_N$。其中 $X=(x_1, x_2, \cdots, x_N)$ 称为输入数据（input data），$Y=(y_1, y_2, \cdots, y_N)$ 称为输出数据（output data），它们一起构成了训练数据集 (X, Y)。在图片识别里 y 也被叫做标签（label）。

从 3.1 节的介绍，我们知道监督学习的任务是通过数据集学出目标函数 f。不过，如何判断所学的目标函数好还是不好呢？要回答这个问题，我们首先需要制定一个评价机制。简单来说，根据数据给出的 x_i, y_i 的组合，我们希望所学的函数 f 尽可能满足 $f(x_i)=y_i$，或者至少 $f(x_i)\approx y_i$。根据这一原则，我们可以定义一个距离函数，用以表示 $f(X)$ 和 Y 的距离有多远。在机器学习领域，这样的距离函数叫做损失函数（loss function）。

根据问题的不同，距离函数可以有多种定义。对于分类问题，即 y_i 表示某种类别，如"猫、狗、猪、鸡"，或者"正面、负面"，或者"0，1，2，…，9"等，一个比较直观的距离函数可以这么定义：

$$\text{假如 } f(x_i)\neq y_i, \quad \text{则 } l(f, x_i, y_i)=1$$

$$\text{假如 } f(x_i)=y_i, \quad \text{则 } l(f, x_i, y_i)=0$$

这里的 1 和 0 都是相对的数值，具体大小并不重要。重要的是我们对判断目标函数的正确与否给出了明确的判定准则。尽管这样的距离函数非常直观，但由于它不可导，很难在现代机器学习中被当作损失函数来用，因为我们难以对其使用优化算法。具体的细节我们会在后面章节详述。对于一般的回归问题，y_i 是一个实数，因此距离函数的选择就更为简单。最常用的选择就是平方距离（square loss），即 $l(f, x_i, y_i)=(f(x_i)-y_i)^2$。

定义了距离函数之后，我们对整个训练集定义一个损失函数为所有的损失函数的平均值，即 $L(f, X, Y)=\frac{1}{N}\sum_i l(f, x_i, y_i)$。举个简单的例子，比如，我们考虑有 5 个点，对应 5 个不同的 y：$x_1=(1,0)$，$x_2=(0,0)$，$x_3=(0,1)$，$x_4=(-1,0)$，$x_5=(0,-1)$，$y_1=3$，$y_2=3$，$y_3=5$，$y_4=-2$，$y_5=5$。如果我们考虑一个简单的线性函数 $f(x)=ax_1+bx_2$，并且使用平方距离作为损失函数，则最后的总的损失函数的定义为

$$\frac{1}{5}[(a-3)^2+3^2+(b-5)^2+(-a+2)^2+(-b-5)^2]$$

接下来，对目标函数 f 的学习可以具体表示为求 $f=\min\limits_f L(f, X, Y)$。如何找到这样的 f 函数的过程叫做优化（optimization），我们会在第 4 章简单提及。这里我们要强调的是，仅仅进行优化其实是远远不够的，我们还需要保证所学函数的泛化能力。这一点我们在 3.3 节进行详细介绍。

3.3 泛化

在上面的损失函数的介绍中，假如我们定义一个极为复杂的函数 f，使得当输入为 x_i 时，f 输出 y_i，否则输出 0，那么很容易可以发现，在训练数据集上我们一定会有损失函数 $L(f,X,Y)=0$！可是，这个函数除了将训练数据记忆下来之外，并没有做任何其他事情。也就是说，这个函数 f 包含的信息和训练数据集包含的信息是一样的，它没有学习训练数据的任何特征，也没有任何智能可言。

这个例子提醒我们，一个好的函数 f 不仅需要在训练数据上表现很好，得到一个很小的损失函数（我们称为拟合能力），同时它需要有很强的举一反三、归纳推广的能力。换句话说，对于在训练的时候没有见过的数据，它也需要有比较好的表现。这样的能力我们叫做泛化（generalization）。一个具有泛化能力保证的 f，才是一个真正有意义的目标函数。

事实上，如何才能够确保泛化性能是机器学习领域一个非常核心的问题，科研领域也有大量的理论成果，但目前并没有放之四海而皆准的方法。在实际应用中，一个比较有效的方法叫做调优（validation）。具体来说，调优是把训练数据集分成两块，一块（通常占 90%～95%）叫做训练数据集，而另一块（一般占 5%～10%）叫做调优集（validation set，又称验证集）。接下来，在训练的时候只使用训练数据集进行训练；然后在使用测试数据集之前，先在调优集上面看看算法的泛化效果。由于训练时算法并没有见过调优集，训练结束之后它在调优集上的表现可以视为一个比较好的泛化能力的估测。至少，单纯对训练数据集进行死记硬背，是难以在调优集上得到比较好的表现的。

在调优方法的基础上，人们还进一步提出了交叉调优（cross validation，又称交叉验证）的思路。其具体做法如图 3.4 所示。

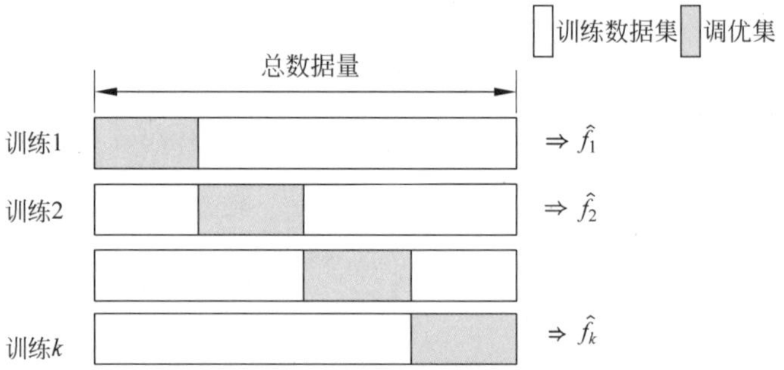

图 3.4　交叉调优示意图

白色表示训练使用的数据，灰色表示剔除的数据。每次训练我们剔除不同的数据，并根据得到的函数在剔除数据上的表现得到泛化能力的估计

如图 3.4 所示，交叉调优将训练数据集分成 k 份，然后相应地训练出 k 个不同的函数 $f_1,f_2,\cdots,f_k$。这里，在训练函数 f_i 时，我们剔除了第 i 份数据（将其当作调优集），只用其他的 $k-1$ 份数据。由于每个函数都会剔除不同的数据进行训练，最后也使用不同的数据进行验证，我们得到了一个目标函数训练方法的稳健泛化能力分析。最后，我们可以求出

$f_1, f_2, \cdots, f_k$ 在对应验证集合上的平均正确率，作为对当前参数方案表现的一个估计。通过这个方法，我们可以尝试不同的参数方案，选择表现最好的一个。使用该参数方案对整个训练数据集进行训练之后，就可以得到最后的 f 函数。

举个例子，假设我们将数据分成了 4 份，如图 3.4 所示（$k=4$），分别叫做 (X_1, Y_1)，(X_2, Y_2)，(X_3, Y_3)，(X_4, Y_4)。

第一轮：在 (X_2, Y_2)，(X_3, Y_3)，(X_4, Y_4) 进行训练，得到函数 $\hat{f}_1$ 及 $\hat{f}_1$ 在 (X_1, Y_1) 上的损失函数值 $L(\hat{f}_1, X_1, Y_1)=0.1$。

第二轮：在 (X_1, Y_1)，(X_3, Y_3)，(X_4, Y_4) 进行训练，得到函数 $\hat{f}_2$ 及 $\hat{f}_2$ 在 (X_2, Y_2) 上的损失函数值 $L(\hat{f}_2, X_2, Y_2)=0.2$。

第三轮：在 (X_1, Y_1)，(X_2, Y_2)，(X_4, Y_4) 进行训练，得到函数 $\hat{f}_3$ 及 $\hat{f}_3$ 在 (X_3, Y_3) 上的损失函数值 $L(\hat{f}_3, X_3, Y_3)=0.05$。

第四轮：在 (X_1, Y_1)，(X_2, Y_2)，(X_3, Y_3) 进行训练，得到函数 $\hat{f}_4$ 及 $\hat{f}_4$ 在 (X_4, Y_4) 上的损失函数值 $L(\hat{f}_4, X_4, Y_4)=0.15$。

则最后得到的交叉调优的结果为 $\frac{0.1+0.2+0.05+0.15}{4}=0.125$。这是对我们的训练方法比较综合的估计。

为什么我们要构造调优集呢？这是因为在实际生产生活过程中，人们通常无法接触到测试数据，也不能等到测试的时候再修改训练算法和参数。于是人们从训练数据中挑选一部分当作模拟测试数据，并根据它们来决定训练算法和参数（调优）。这是实际中常用的技巧。

现在，我们总结一下监督学习的几个步骤：

(1) 确认目标问题；

(2) 创建数据集，包含成千上万的数据点 x_i, y_i，其中 x_i 为输入，y_i 为输出；

(3) 针对问题选择一个好的机器学习模型 f；

(4) 定义一个合适的损失函数 L 度量 $f(X)$ 和 Y 的距离；

(5) 以损失函数为指标，使用优化算法寻找 f 的参数组合；

(6) 确定 f 具有非常强的泛化能力。

下面我们用一个简单的例子来具体描述一下这个流程。假设我们希望学习判断图片中的物体是猫还是狗。我们首先需要找到一个训练数据集，它里面的图片不是猫就是狗，并且已经标注好，如图 3.5 所示。

图 3.5 狗和猫的图片

接下来，我们指定一个具体的机器学习模型，用函数 f 表示。这个模型可以是线性模型、决策树模型或神经网络等（在后续的章节中会详细介绍）。根据输入图片 x，模型 f 可以得到一个预测 $f(x)\in\{猫,狗\}$。然后，我们设计一个损失函数 L 来表示这个预测与真实答案的距离（后面会看到，对于这样的分类问题，交叉熵是一个比较好的损失函数）。

确定损失函数之后，选择优化算法（如常用的梯度下降法，会在第 3 章中详细介绍）对模型进行优化。为了确保模型的泛化性能，一般会在训练之前从训练数据集中随机选出一部分图片组成调优集，在训练完成之后测试一下模型 f 在调优集上的表现，作为模型泛化能力的一个估计。

最后，再次强调，在训练过程中，算法不应以任何方式触碰测试数据集，无论是只看测试数据集的输入 x，还是用部分的 (x,y) 进行训练。这样会对测试数据造成污染，导致无法测试出算法的真实表现。这是初学者常犯的错误，请大家一定牢记在心。

3.4 过拟合与欠拟合

在理解了监督学习的总体框架之后，下面介绍一些其他的相关概念。

训练损失（training loss）：$L_{\text{train}}=L(f,X_{\text{train}},Y_{\text{train}})$ 是对训练数据集的损失函数，其中 $X_{\text{train}},Y_{\text{train}}$ 称为训练数据集。

测试损失（test loss）：$L_{\text{test}}=L(f,X_{\text{test}},Y_{\text{test}})$ 是测试损失，其中 $X_{\text{test}},Y_{\text{test}}$ 为测试数据集（test set）。

调优损失：$L_{\text{valid}}=L(f,x_{\text{valid}},Y_{\text{valid}})$ 是从测试数据集中拆分出来的调优数据集的损失。

通常来说，我们认为训练数据集、测试数据集和调优数据集都是从同一个总体分布（population distribution）中采样得到的。记这个总体分布为 $D_{X,Y}$，并定义总体分布损失（population loss）：

$$L_{总}=E_{(X,Y)\sim D_{X,Y}}L(F,X,Y)$$

这里 $(X,Y)\sim D_{X,Y}$ 表示 X,Y 是服从 $D_{X,Y}$ 分布的。

从上面的介绍和定义不难看出，我们真正的目标是 f 取得一个比较小的 $L_{总}$，即 f 在总体分布上有很好的表现。但在绝大部分情况下，由于没有 D_X,D_Y 的信息，人们会使用 L_{test} 对 $L_{总}$ 进行估计，并根据 L_{test} 进行训练。在后续的学习中，我们默认以 L_{test} 为目标进行训练（实际中也是如此），但请读者们记住 $L_{总}$ 才是最核心的目标。

由于在训练中只看得见 L_{train} 而不知道 L_{test}，如何能确保自己训练出的模型能够有比较好的表现呢？在实际中，这一步通过调优来解决。除此之外，关于 L_{train} 和 L_{test} 的关系，有一个经典的过拟合（overfitting）和欠拟合（underfitting）的说法。下面用图 3.6 中的分类例子进行介绍。

从图 3.6 可以直观看到，左图是过拟合，中间的图比较好，右图为欠拟合。下面进行具体说明。左图为了让函数在训练集中表现得很好，使用了一个非常复杂的曲线，完美地把两种类型的点分割开来。但是，这并不意味着这个曲线真的最好。导致这种情况发生的可能是训练数据中存在噪声，也可能是这些点并不能够代表真正的总体分布。因此，虽然复杂的

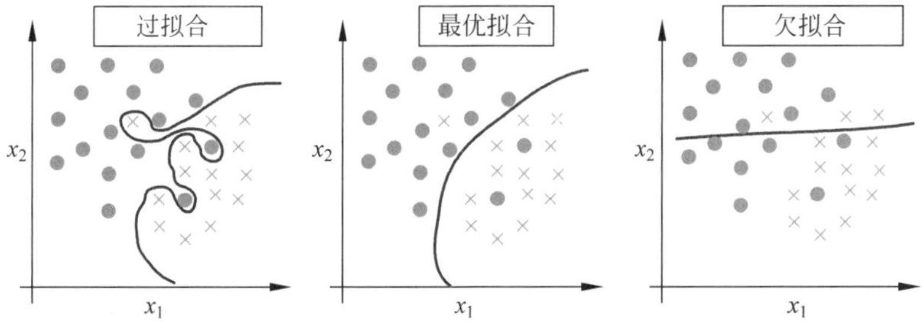

图 3.6 过拟合、最优拟合、欠拟合示意图

曲线能够给我们最好的 L_{train}，它不一定能最小化 $L_{\text{总}}$。反之，右图用了简单的直线对数据进行拟合。但由于直线过于简单，很难将两类点分得非常好，因此在 L_{train} 和 L_{test} 上均无法得到优异表现，导致欠拟合。

中间的函数可以说是恰到好处。它既没有为了迎合所有的训练数据而变得过于复杂，又不像直线那样过于简单。而且除了为数不多的几个点，它几乎能够将所有的点正确分类。直观地说，这种分类器 f 就是最理想的，因为它在总体分布上应当会表现得非常好。

总的来说，过拟合和欠拟合是一个函数复杂程度与在训练数据集上表现的一个权衡取舍。通常我们不希望使用表达能力过强的复杂函数，因为担心它们无法在测试集上取得非常好的表现。但近年来随着深度学习的不断发展，人们也开始反思这个想法是否真的正确。因为神经网络虽然表达能力很强，但在实际中过拟合的问题其实没有想象的那么大。的确，过拟合可能导致目标函数泛化性能不好。但函数表达能力强只是过拟合的一个必要条件，却不是充分条件：如果过拟合的情况发生，说明我们使用了表达能力非常强的函数；但使用表达能力非常强的函数，却不一定导致训练结果是过拟合的。

不过，在某些情况下，如果确实因为函数的表达能力过强导致过拟合发生，我们需要采取一些措施来降低过拟合的影响。这个过程被称为正则化(regularization)。正则化针对问题的具体特点，采用不同的方法，降低函数的表达能力。这一点我们会在第 4 章进行具体介绍。

3.5 创建数据集

下面我们介绍如何创建一个好的数据集。现代的机器学习算法，如深度学习等，往往需要大量的数据，比如超过百万个数据点。如何确保能够构建这么大的一个高质量数据集呢？

首先是输入的采集。如果仅仅需要收集图片、文字的话，可以考虑从互联网上获取。但如果要获取含有隐私信息的数据，如病历、生活习惯、日常决策等数据，就会非常困难。不过这一步通常面临的不是技术上的困难，因此我们不做进一步讨论。

接下来，假设我们已经收集了 N 条数据，记为 $X=(x_1,x_2,\cdots,x_N)$。那么，如何找到对应的 $Y=(y_1,y_2,\cdots,y_N)$呢？当数据量 N 很大时，单靠几个人的力量是远不足够的。这时候，一个可行方法是使用众包(crowd sourcing)。众包是通过互联网的力量，让成千上万的人共同参与对数据的标注工作。一般来说，我们会搭建一个网络平台，将数据的标注工作分成成千上万的小任务进行发布。

任何用户只要通过网络平台完成任务,便可得到对应的报酬。尽管众包的想法听起来非常简单,但要高质量地完成任务,还需要克服许多困难。例如,如何检测胡乱标注的情况,如何奖励认真准确但效率较低的用户,这些都需要良好的机制设计。

下面,我们通过 COCO 数据集[3](见图 3.7)的标注流程简单地介绍一下众包的实现。

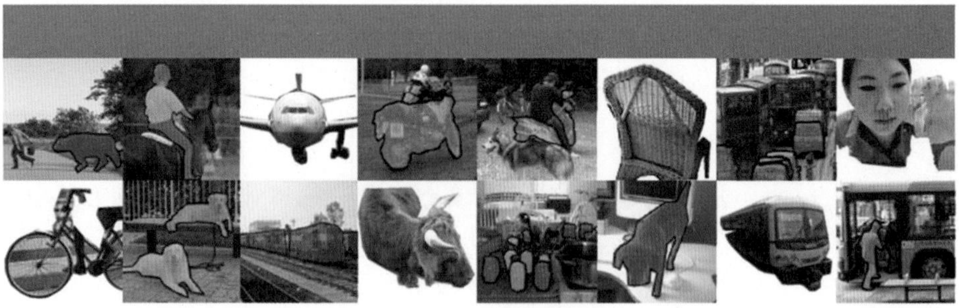

图 3.7 COCO 数据集示意图

在这个数据集中,我们需要同时标注图片中物体的类别与轮廓。如上所述,众包的做法是流水线化生产,将整个标注任务分成许多小步骤,让每个用户在同一时刻只做一个步骤。图 3.8 给出了 COCO 数据集的拆分方式。

图 3.8 标注任务示意图

具体来说,在 COCO 数据集中,任务被分成了 3 步:第一步,标注图片中有什么物体,并将每个物体大概拖动到具体的位置;第二步,标注每种物体有多少个,并标注物体的中心;第三步就是根据这些中心对轮廓进行详细的描画。根据 COCO 官方的统计,采用这样的方法标注数据集,比 imagenet 标注的代价小了许多倍。由此可见,设计科学的方法来标注数据其实是非常重要的。

除了众包外,另一个常见的方法是填验证码。填验证码是很多网络在用户注册或者登录等行为时所要求的操作,目的是判断当前的操作是否为机器自动进行。reCAPTCHA 这个公司从这个小地方看到了商机,成功地把这个任务转换成了数据集生成的工具。图 3.9 显示了一个具体的例子。

如图 3.9 所示,想要通过验证,用户需要正确填写图中的两个词。但其实这两个词中有一个系统是知道正确答案的,而另一个是从英文书中摘选的片段。系统希望通过这样的方式,让用户帮其正确标注另一个部分未知的内容。如果用户将系统已知的词填对了,系统会认为这是个人类用户,且该用户对另一个词的标注也是相对准确的。接下来,系统将所有人

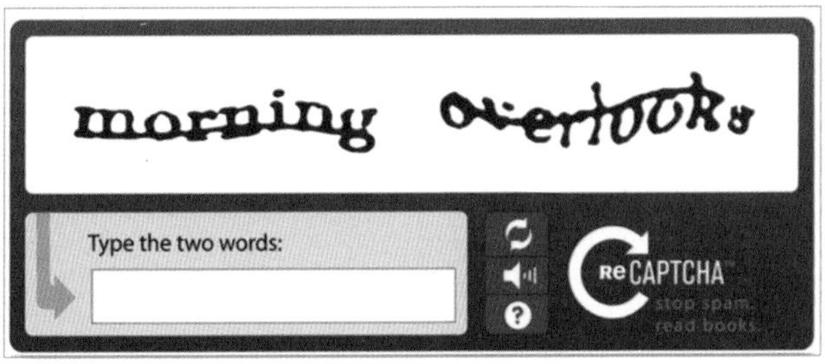

图 3.9 ReCAPTCHA 举例

类用户对该词的答案进行统计和处理，并选出最后的正确答案。这个机制只占用单个用户的一点点时间，但是通过把全世界几百万甚至上亿的用户聚集到一起进行数据标注，它能高效地完成标注任务。

当然，这个模式也不一定适合所有的任务。例如，医疗、法律、教育等领域的任务需要很强的专业知识，因此无法简单地通过互联网的众包进行标注。如何对这些专业知识进行标注，是人工智能现代化进程面临的重要问题之一。

3.6 无监督学习与半监督学习

除了监督学习以外，机器学习还包含另外两个重要的模块：无监督学习（unsupervised learning）和半监督学习（semi-supervised learning）。它们与监督学习的主要区别在于数据是否有标注。如果对于所有的输入数据 x，正确地输出数据 y，我们称为监督学习；如果对于所有的输入数据 x，都没有输出数据 y，我们称为无监督学习；如果有些输入数据有对应的输出，有些没有，我们称为半监督学习。

因为数据标注工作往往非常繁琐费力，无监督学习和半监督学习在实际中都比较常见。不过人们发现，虽然在没有数据标注 y 的情况下，任何关于标注的预测学习都难以实现，但我们仍然可以完成一些重要的计算。下面用图 3.10 中的简单例子，介绍最常见的一个无监督学习的任务，叫做聚类（clustering）。

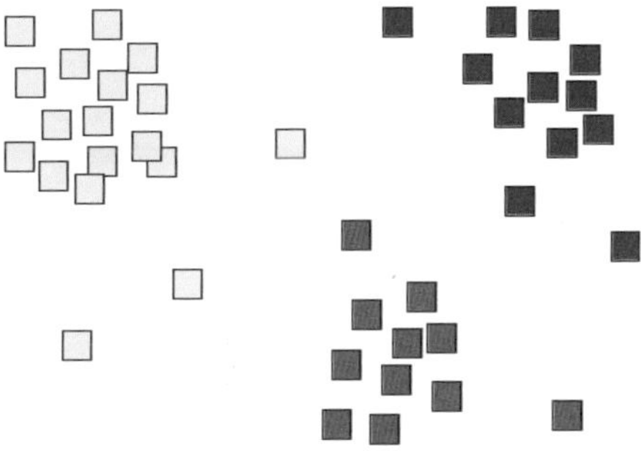

图 3.10 聚类举例

所谓聚类，就是对给定的数据按照某个标准分类。这种问题是非常常见的，例如，我们会对用户人群进行分类、考试出现的题型进行分类、动植物进行分类等。虽然这种分类问题不一定有统一或者确定的答案，例如，我们可以把用户人群按照收入分成 3 类，也可以按照年龄分成 5 类，或者用别的标准分类等。但是适当的分类可以让我们对数据有更加清晰的认识，提高算法的运行效率，或者快速找到相似的数据等。

以图 3.10 为例。首先，我们注意到图中包含了很多个没有标签只有位置信息的点。这时，我们可以根据点与点之间的距离，把它们分成 3 类，分别标成黄色、蓝色和红色。这个聚类结果并不唯一。这是因为虽然大部分点确实形成了一个聚类，但在边缘上的点的归属并不非常明确。在图 3.10 的例子中，注意到最边缘的黄色点其实也可以被染成别的颜色。

3.6.1 *K* 平均算法

下面介绍一个常见的聚类方法——K 平均算法（K means），用以将给定点集分成 K 个聚类（K 为事先设定）。K 平均算法的目标是找到一个聚类方案，使得它包含 k 个聚类，且各个聚类的点到其中心的平均距离尽可能小。具体来说，假设第 i 个聚类 S_i 的中心点是 c_i，则 K 平均算法的目标是找到一个聚类分割方案，使 $\sum_{i=1}^{k}\sum_{x\in S_i}\|x-c_i\|^2$ 最小。

这个问题是 NP-难的，也就是很可能不存在对应的多项式算法。不过，因为聚类问题本身也没有标准答案，我们定义的这个损失函数本质也只是一种启发函数，所以找到一种分割方案使这个损失函数取到最小值并不是我们真正关心的问题。我们其实只需要找到一个分割方案使这个损失函数尽可能小，最后得到的聚类比较合理就可以了。K 平均算法就是满足这一要求的一种启发式算法。

K 平均算法的具体步骤如下：

(1) 随机选取 K 个中心点作为初始值；

(2) 对于数据集中的每个点，分别找离它最近的中心点，将其归为相应的聚类；

(3) 根据已有聚类的分配方案，对每个聚类（包括中心点和数据点），重新计算最优的中心点的位置。具体来说，最优的中心点的位置应该是该聚类所有数据点的平均位置。

(4) 重复第 2 步和第 3 步，直到算法收敛，即中心点的位置与聚类的分配方案不再改变。

步骤(1)中随机选初始值非常重要。这是因为采用固定的方法选择中心点很容易遇到一些特殊情况，导致 K 平均算法给出较差的结果。通过采用随机选择的方法，可以有效降低出现这种情况的概率。另外，随机选择也保证可以通过重复 K 平均算法选取最好的结果。

图 3.11 所示是一个 K 平均算法运行的例子。

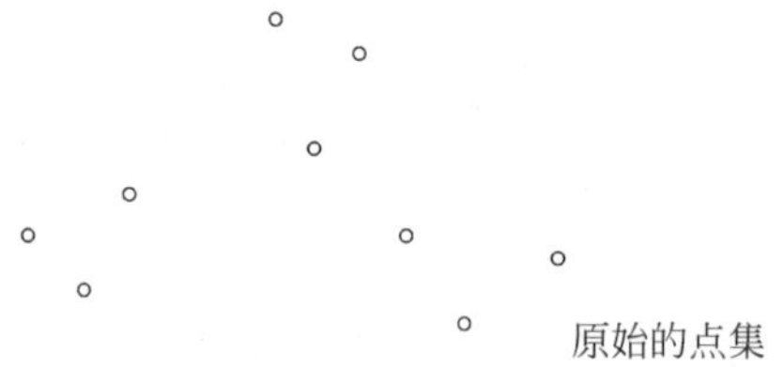

图 3.11 *K* 平均算法的例子

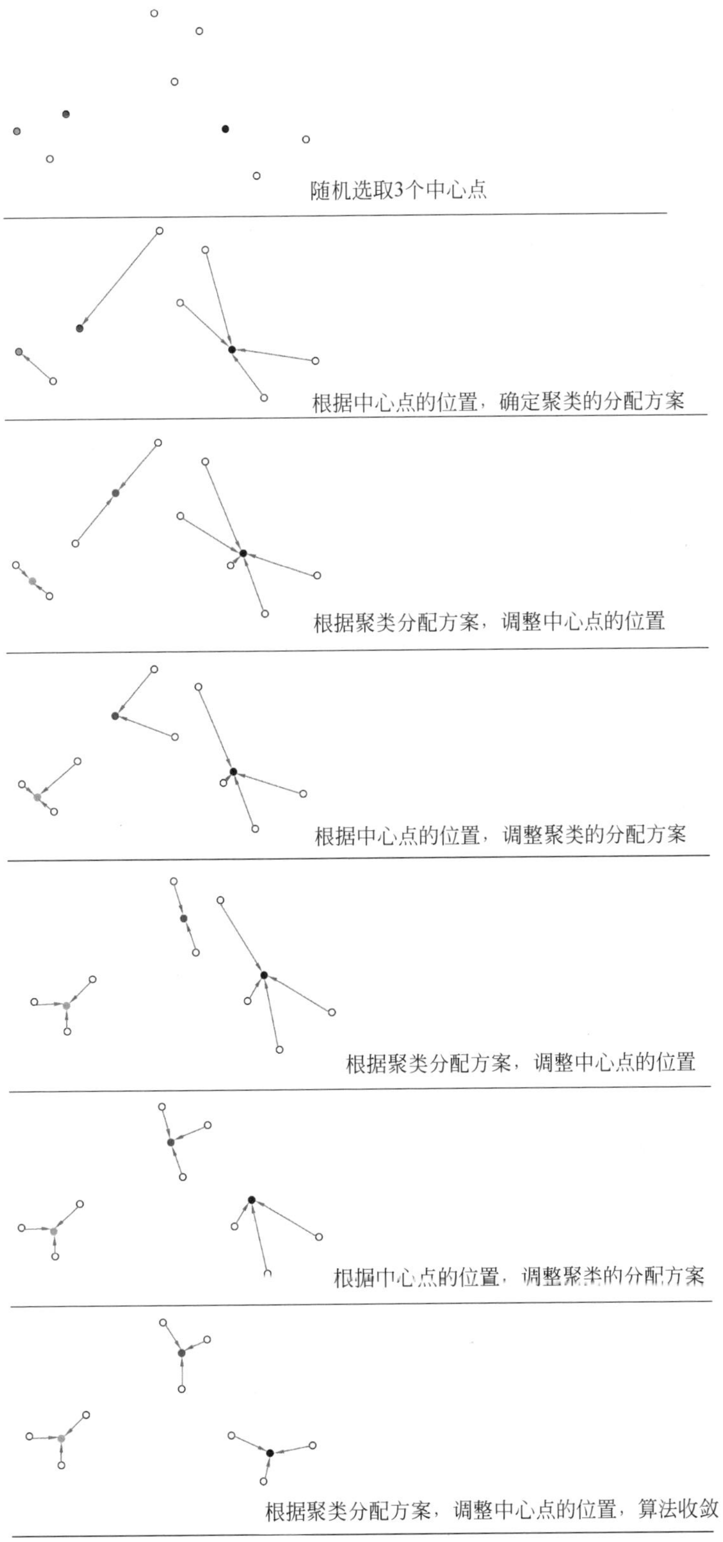
随机选取3个中心点
根据中心点的位置，确定聚类的分配方案
根据聚类分配方案，调整中心点的位置
根据中心点的位置，调整聚类的分配方案
根据聚类分配方案，调整中心点的位置
根据中心点的位置，调整聚类的分配方案
根据聚类分配方案，调整中心点的位置，算法收敛

图 3.11（续）

图 3.12 所示是一个 K 平均算法失败的情况。

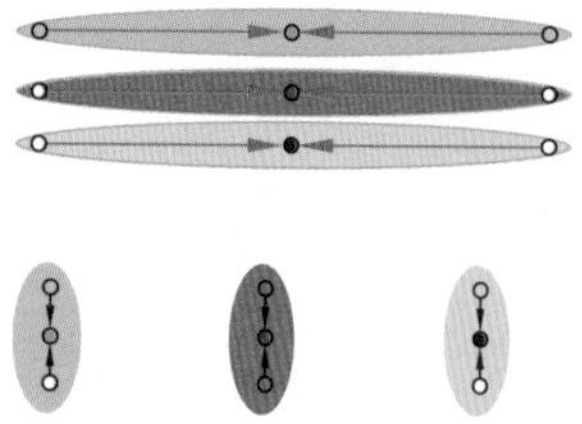

图 3.12 K 平均算法失败的情况

上、下两个图表示的是两种不同的对 9 个点的 3-聚类方案。如果我们把初始的点选在第二列，那么 K 平均算法就会自动收敛，陷入局部最优解(上图)。但是很显然，下图展示的聚类方案才是更优的，而且两者代入 $\sum_{i=1}^{k}\sum_{x\in S_i}\|x-c_i\|^2$ 这个式子中得到的损失函数值可能会相差任意多倍(如果 9 个点的横向距离比较远，纵向距离比较近)。因此，从损失函数的角度来看，K 平均算法可能会找到非常差的解。

K 平均算法是一个迭代算法，它是否一定会终止呢？答案是肯定的，因为在迭代的过程中，每次重新分配中心点或者调整中心点之后，损失函数都是单调下降的；而所有可能的聚类方案又是有限的，所以 K 平均算法一定会在有限步之后收敛。虽然在实际运行过程中，K 平均算法往往很快就收敛了，可是在某些极端情况下，收敛步数可能会很大。例如，人们构造了某一个极端的例子，使得 K 平均算法需要 $2^{\Omega(\sqrt{n})}$ 步才收敛，这里 n 是数据点的个数，对于稍微大一些的 n 来说，这就已经是天文数字了。

3.6.2 谱聚类算法

K 平均算法虽然最为常用，但是有些情况却并不适用，如图 3.13 所示。

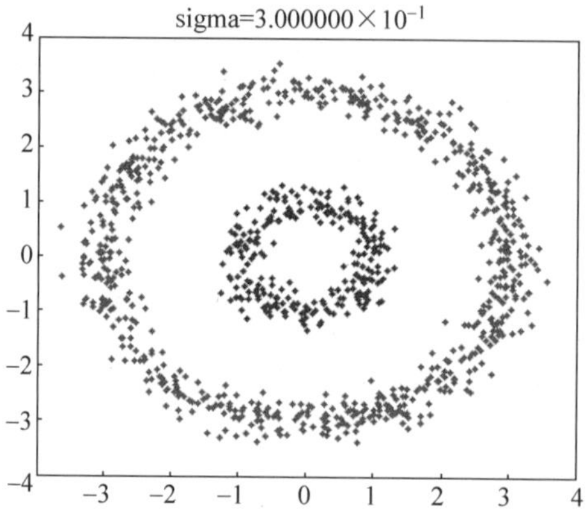

图 3.13 一个数据集聚类的例子

图 3.13 中的点被分为了红色和蓝色两个不同的聚类。这个分割方案看起来是比较合理的，数据似乎是被分割成了内外两个小圆。但是，如果单纯使用 K 平均算法，我们是不可能得到如图所示的两个类别的。为什么呢？因为不管中心点怎么选，都很难在这个平面中把蓝色和红色完美地分开。

这个问题背后的原理其实是很深刻的。K 平均算法背后的假设是说，通过在平面上距离的度量，能够很好地刻画聚类的质量。虽然这个假设一般都是对的，但是在图 3.13 中就不再适用。图 3.13 的例子其实是说，我们可以使用另一种方式来定义聚类，叫做"相似度"。当两个点的距离比较近的时候，它们就是相似的，当它们距离比较远的时候，它们就不相似。相似度这种性质可以传递(类似于朋友的朋友也是朋友)，并且我们希望同一个聚类中的点彼此是(传递之后)相似的,而不同聚类的点彼此是不相似的。

例如图3.13,如果把相似度定义为距离是否超过0.3,即只有距离小于0.3,两个点才是相似的,否则就是不相似。那么根据这个定义,红点和蓝点就是两个互不相交的相似聚类,因为红色点只和红色点相似,蓝色点只和蓝色点相似,并且所有的红色点都可以通过相似性质传递连到一起,蓝色点也是如此。

使用图来表示这个相似性会让问题变得简单很多。我们可以构建一个 n 个点的图 G(下文中我们谈到图,都是指构建的这个抽象图 G,而不是数据点所在的平面图),如果两个点是相似的,则给这两个点连一条权重为1的边,否则不连边。这样,上面讨论的红蓝聚类就对应于图 G 中的两个连通子图。

当然了,红蓝聚类的例子是比较特殊的,正好可以被完美分成两个互不相似的圆。可以想象,真实数据中因为各种原因,做不到这么完美,如下图所示。

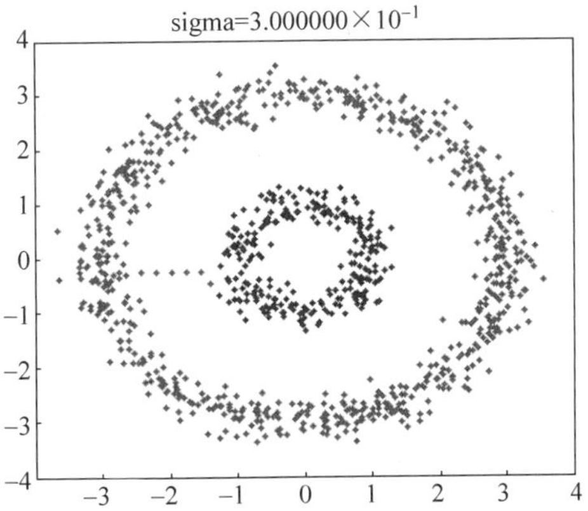

例如,可能在两个圈中间会有一个"桥"。对于这种情况,显然还是需要区分内外两个圆,只是这个红色的连接桥可以任意分到蓝圈或者红圈中,最后得到的仍然是一个很好的分类。可是,如果从连通子图的角度来看这个问题,我们构建的图 G 就只有一个连通子图了,如何区分呢?

从图分割的角度来看,我们希望把图 G 中的点分割为几个不同的聚类,使聚类内部的边很多,而聚类与聚类之间的边很少。如最初红蓝聚类的情况,就是聚类与聚类之间没有边,那是最理想的情况;而加了桥的情况,就是聚类与聚类之间有一些边,但是非常少。

当然,这是把相似度离散化成有边/没有边的情况。更一般地,我们也可以图中的 n 个点两两之间均连边,边权等于两个点的相似度,可以是任何非负实数。这样,目标就变成了把图中的点分割为几个不同的聚类,使聚类内部有比较大的边权,而聚类与聚类之间的边权比较小。

这种把聚类问题转换为图分割的思路,就可以处理 K 平均算法处理不了的情况了。图中的相似度有各种定义方式,需要根据实际问题的情况进行分析。当我们构建好了这样的一个图之后,应该如何计算好的分割方案呢?这就是我们要介绍的谱聚类算法(spectral graph clustering)。

先定义几个基本的概念:

邻接矩阵 $\mathbf{A}$:第(i,j)个位置存放的是 $w_{i,j}$,即点 i 和点 j 的相似度。

对角度数矩阵 $\boldsymbol{D}$：第(i,i)个位置存放的是所有与 i 相连的边权和 d_i，其他非对角位置放 0。

例如，如果考虑一个四个点连接的正方形，边权分别为 1,2,3,4，则有

$$\boldsymbol{A}=\begin{pmatrix}0&1&2&0\\1&0&0&3\\2&0&0&4\\0&3&4&0\end{pmatrix}$$

$$\boldsymbol{D}=\begin{pmatrix}3&0&0&0\\0&4&0&0\\0&0&6&0\\0&0&0&7\end{pmatrix}$$

拉普拉斯矩阵定义为 $\boldsymbol{L}=\boldsymbol{D}-\boldsymbol{A}=\begin{pmatrix}d_1&-w_{1,2}&\cdots\\-w_{2,1}&d_2&\cdots\\\vdots&\vdots&\ddots\end{pmatrix}$

为什么要定义拉普拉斯矩阵呢？因为通过定义拉普拉斯矩阵，可以解决之前说的分割问题。不过这两者的关系并不是非常直接，先看如下的定理。

定理(连通子图与 $\boldsymbol{L}$ 的谱)：$\boldsymbol{L}$ 的特征值中 0 的个数等于 G 的连通子图 $A_1,A_2,\cdots,A_k$ 的个数 k。特征值 0 对应的特征空间可以被指示向量 $\boldsymbol{I}_{A_1},\boldsymbol{I}_{A_2},\cdots,\boldsymbol{I}_{A_k}$ 展开。

证明：由 $\boldsymbol{L}$ 的定义可以看出 $\boldsymbol{L}$ 是一个对称矩阵。下面证明 $\boldsymbol{L}$ 还是半正定的。对于任意 $\boldsymbol{v}\in\boldsymbol{R}^n$，其中 n 是点的个数，有

$$\begin{aligned}\boldsymbol{v}^{\mathrm{T}}\boldsymbol{L}\boldsymbol{v}&=\boldsymbol{v}^{\mathrm{T}}\boldsymbol{D}\boldsymbol{v}-\boldsymbol{v}^{\mathrm{T}}\boldsymbol{A}\boldsymbol{v}=\sum_{i=1}^{n}d_iv_i^2-\sum_{i,j}^{n}v_iv_jw_{i,j}\\&=\frac{1}{2}\left(\sum_{i=1}^{n}d_iv_i^2-2\sum_{ij}v_iv_jw_{ij}+\sum_{j=1}^{n}d_jv_j^2\right)=\frac{1}{2}\sum_{ij}^{n}w_{ij}(v_i-v_j)^2\geqslant0\end{aligned}$$

所以 $\boldsymbol{L}$ 是半正定的矩阵。那么可以假设 $\boldsymbol{L}$ 的特征值 $\lambda_1,\lambda_2,\cdots,\lambda_n$ 满足 $0=\lambda_1\leqslant\lambda_2\leqslant\cdots\leqslant\lambda_n$。

为什么认为 $\lambda_1=0$？因为如果 $\boldsymbol{v}=(1,\cdots,1)\in\boldsymbol{R}^n$，有 $\boldsymbol{v}^{\mathrm{T}}\boldsymbol{L}\boldsymbol{v}=0$，这是由于对于任何点 i，都有 $\sum_j w_{ij}=d_i$。

如果 G 只有这 1 个连通子图，那么 λ_1 一定是唯一一个等于 0 的特征值。为什么呢？因为如果有 $\boldsymbol{v}\in\boldsymbol{R}^n$ 满足 $\boldsymbol{v}^{\mathrm{T}}\boldsymbol{L}\boldsymbol{v}=0$，那么

$$\frac{1}{2}\sum_{ij}^{n}w_{ij}(v_i-v_j)^2=0$$

也就是说，对于任何一项 $w_{ij}(v_i-v_j)^2$，要么 $w_{ij}=0$，要么 $v_i=v_j$。当然，$v_1=v_2=\cdots=v_n$ 是一组解，但是那样就和 $\boldsymbol{v}=(1,\cdots,1)$是一样的了。

如果存在 i,j 使 $v_i\neq v_j$，那么因为 G 是全连通的，所以一定可以找到一条路径从点 i 走到点 j，并且这条路径上的边权都是大于 0 的。因此，一定可以从中找到一条边，它的边权大于 0，并且两边端点对应的 v_i' 和 v_j' 是不相同的，所以 $\boldsymbol{v}^{\mathrm{T}}\boldsymbol{L}\boldsymbol{v}>0$。

换句话说，$\boldsymbol{v}=(1,\cdots,1)$是唯一的一组解，同时，这个特征向量也对应于指示向量 $\boldsymbol{I}_{A_1}$，因为 A_1 就是整个 G 所有的点。因此证明了最简单的情况下，该定理是正确的。

如果 G 有 k 个不同的连通子图，那么我们可以把节点按照连通子图的顺序排序，使得最后 $\boldsymbol{L}$ 可以写成如下形式：

$$\boldsymbol{L}=\begin{pmatrix}\boldsymbol{L}_1 & 0 & 0\\ 0 & \boldsymbol{L}_2 & 0\\ 0 & 0 & \ddots\end{pmatrix}$$

考虑到每个 $\boldsymbol{L}_i$ 就是一个连通子图的拉普拉斯矩阵，所以根据之前的分析，我们知道 $\boldsymbol{I}_{A_i}^{\mathrm{T}}\boldsymbol{L}\boldsymbol{I}_{A_i}=0$，同时，这个 $\boldsymbol{I}_{A_i}$ 也是关于 $\boldsymbol{L}_i$ 的唯一一个特征向量。如果存在 $\boldsymbol{v}\in\boldsymbol{R}^n$ 使 $\boldsymbol{v}^{\mathrm{T}}\boldsymbol{L}\boldsymbol{v}=0$，那么如果把 $\boldsymbol{v}$ 投影到 A_i 上，即只保留 A_i 对应的维度上的数，其他的数全部设置为 0，计作 $\boldsymbol{v}_{A_i}$，那么也有 $\boldsymbol{v}_{A_i}^{\mathrm{T}}\boldsymbol{L}\boldsymbol{v}_{A_i}=0$，所以 $\boldsymbol{v}$ 一定可以被写成 $\boldsymbol{I}_{A_1},\boldsymbol{I}_{A_2},\cdots,\boldsymbol{I}_{A_k}$ 的线性组合。定理得证。

以上定理已经给我们一个基本的感受，即通过计算 $\boldsymbol{L}$ 的特征值与特征向量（即 $\boldsymbol{L}$ 的"谱"），可以很方便地找到 G 的不同连通子图。如果 G 恰好有 k 个连通子图，而我们又想要找到 k 个聚类，那么用这个方法可以达成目标。可是，像之前说的红蓝圆圈搭桥的例子一样，如果 G 并不是恰好有 k 个连通子图，怎么办？

答案非常简单，我们把 $\boldsymbol{L}$ 的特征向量按照对应的特征值从小到大排好序，取前 k 个，然后利用这些信息算一个聚类。

定义 $\boldsymbol{U}\in\boldsymbol{R}^{n\times k}$ 为一个包含了$\boldsymbol{\mu}_1,\boldsymbol{\mu}_2,\cdots,\boldsymbol{\mu}_k$ 的 k 列矩阵，我们把这个矩阵的第 i 行记为 $\boldsymbol{y}_i$，共有 n 个 k 维向量$\{\boldsymbol{y}_i\}_{i=1,2,\cdots,n}$。针对这 n 个向量运行 K 平均算法，得到了 k 个聚类 $C_1,C_2,\cdots,C_k$。

输出 $A_1,A_2,\cdots,A_k$，其中 $A_i=\{j\mid y_j\in C_i\}$，就是原来 n 个点的聚类方案。

这就是谱聚类算法。它看起来非常抽象，很难一下子理解到底发生了什么事情。先来看一个简单的例子以帮助理解。如果 G 有 k 个连通子图，那么根据之前的分析，知道$\boldsymbol{\mu}_1,\boldsymbol{\mu}_2,\cdots,\boldsymbol{\mu}_k=\boldsymbol{I}_{A_1},\boldsymbol{I}_{A_2},\cdots,\boldsymbol{I}_{A_k}$，都是对应于特征值为 0 的情况。得到的$\boldsymbol{U}$ 是这样的：

$$\boldsymbol{U}=\begin{pmatrix}1&0&0\\1&0&0\\1&0&0\\1&0&0\\0&1&0\\0&1&0\\0&0&1\\0&0&1\\0&0&1\\0&0&1\end{pmatrix}$$

可以很容易看出，$\boldsymbol{y}_i$ 只有三种取值，即(1,0,0)，(0,1,0)，(0,0,1)，因此 K 平均算法会得到三个聚类，分别为{1,2,3,4}，{5,6}，{7,8,9,10}。

因此，至少对于这种简单的情况，谱聚类算法是可以找到正确解的。那么对于一般的情况（G 不是恰好有 k 个连通子图），我们又应该如何理解这个算法呢？

我们先从图的最小割问题(graph cut)开始考虑。图的最小割考虑的是如下问题：

$$\mathrm{mincut}(A_1,A_2,\cdots,A_k)=\frac{1}{2}\sum_{i=1}^{k}W(A_i,\overline{A}_i)$$

其中,$W(A_i,\overline{A}_i)$表示A_i与其他部分的连接的边的权重之和。因为我们累加了所有的A_i,所以每条临界的边会被累加两次,需要乘以$\frac{1}{2}$。这个损失函数看起来非常直观,就是需要找这么一个聚类方案,使聚类与聚类之间的边权重越少越好。

可是,这个损失函数可能会存在非常差的解。例如,可能让损失函数最小化的答案$A_2,A_3,\cdots,A_k$都只有1个点,这些点可能度数比较小,因此边权也比较小。但是这不是我们真正想要的聚类结果。因此,我们需要考虑改进版本的损失函数,叫做比例割(ratio cut):

$$\mathrm{ratiocut}(A_1,A_2,\cdots,A_k)=\frac{1}{2}\sum_{i=1}^{k}\frac{W(A_i,\overline{A}_i)}{|A_i|}$$

换句话说,我们把每个聚类的大小也考虑进去了。如果$|A_i|$很小,那么最后得到的损失函数会变大。这个损失函数就更加贴近我们的需求了。然而,比例割问题是NP-难的,也就是目前并没有能够解决它的多项式算法。于是我们退而求其次,考虑如何求比例割的近似解。

首先考虑$k=2$的情况。假设G是连通的,否则直接把两个聚类选为两组互不连通的集合即可得到比例割问题的最优解0。此时,我们知道$(1,1,\cdots,1)\in\boldsymbol{R}^n$是对应特征值最小的特征向量。这时,定义$\boldsymbol{v}^A=(v_1,v_2,\cdots,v_n)\in\boldsymbol{R}^n$,满足

$$v_i^A=\begin{cases}\sqrt{\dfrac{|\overline{A}|}{|A|}}, & i\in A\\ -\sqrt{\dfrac{|A|}{|\overline{A}|}}, & i\notin A\end{cases}\tag{3.1}$$

对于这样的$\boldsymbol{v}^A$,有

$$\begin{aligned}(\boldsymbol{v}^A)^{\mathrm{T}}\boldsymbol{L}\,\boldsymbol{v}^A&=\frac{1}{2}\sum_{ij}w_{ij}(v_i^A-v_j^A)^2\\&=\frac{1}{2}\sum_{i\in A,j\in\overline{A}}w_{ij}\left(\sqrt{\frac{|\overline{A}|}{|A|}}+\sqrt{\frac{|A|}{|\overline{A}|}}\right)^2+\\&\quad\frac{1}{2}\sum_{j\in A,i\in\overline{A}}w_{ij}\left(\sqrt{\frac{|\overline{A}|}{|A|}}+\sqrt{\frac{|A|}{|\overline{A}|}}\right)^2\\&=\mathrm{mincut}(A,\overline{A})\left(\frac{|\overline{A}|}{|A|}+\frac{|A|}{|\overline{A}|}+2\right)\\&=\mathrm{mincut}(A,\overline{A})\left(\frac{|\overline{A}|+|A|}{|A|}+\frac{|\overline{A}|+|A|}{|\overline{A}|}\right)\end{aligned}$$

注意到,$|\overline{A}|+|A|=|V|$,因此,上式等于$|V|\,\mathrm{ratiocut}(A,\overline{A})$。

这说明,如果想要最小化比例割,其实就只需要找到$\boldsymbol{v}^A$使$(\boldsymbol{v}^A)^{\mathrm{T}}\boldsymbol{L}\,\boldsymbol{v}^A$最小即可。注意到,这里的$\boldsymbol{v}^A$并不能是任意$\boldsymbol{R}^n$中的向量,必须是基于式(3.1)定义的才行。

当然了,天上是不会掉馅饼的,既然比例割本身是NP-难问题,那么它的等价问题,即

$(\boldsymbol{v}^A)^{\mathrm{T}}\boldsymbol{L}\boldsymbol{v}^A$ 最小化自然也是 NP-难的。不过，我们把比例割转化为这个形式之后，设计近似算法会更加直观一些。

注意到，$\sum_i v_i^A=0$，也就是说，$\langle \boldsymbol{v}^A,\boldsymbol{I}_V\rangle=0$，其中 $\boldsymbol{I}_V=(1,\cdots,1)\in\boldsymbol{R}^n$。另外，根据定义，我们发现 $\|\boldsymbol{v}^A\|^2=n$。

换句话说，我们知道 $\boldsymbol{v}^A$ 一定是与 $\boldsymbol{I}_V$ 垂直的，长度是 $\sqrt{n}$。这两个条件是 $\boldsymbol{v}^A$ 由式(3.1)定义而来的必要条件，但是不充分。因为计算完美符合式(3.1)定义的 $\boldsymbol{v}^A$ 是 NP-难的，所以我们就放松一些假设，考虑答案 $\boldsymbol{v}$ 只需要满足式(3.1)定义所得 $\boldsymbol{v}^A$ 的必要条件，但是未必充分。即考虑如下的问题：

$$\min_{\boldsymbol{v}}\boldsymbol{v}^{\mathrm{T}}\boldsymbol{L}\boldsymbol{v}\ \text{s.t.}\ \boldsymbol{v}\perp\boldsymbol{I}_V,\quad \|\boldsymbol{v}\|=\sqrt{n}$$

即 $\boldsymbol{v}$ 不一定需要通过式(3.1)定义，只要满足与 $\boldsymbol{I}_V$ 垂直、长度是 $\sqrt{n}$ 两个条件，我们就接受了。这个问题一下子简单了很多，因为我们知道 $\boldsymbol{I}_V$ 是特征值最小的特征向量，而 $\boldsymbol{v}$ 与之垂直，因此只需要计算第二小的特征向量，再把它的长度放大成 $\sqrt{n}$ 就可以了。

可是我们最后得到的 $\boldsymbol{v}$ 不一定能够直接转化成一个聚类，因为它的定义方式不是完全符合式(3.1)的要求的。这该怎么办呢？观察式(3.1)，我们发现其实它对应了正负两个聚类。因此，对 $\boldsymbol{v}_1,\boldsymbol{v}_2,\cdots,\boldsymbol{v}_n$ 运行 2-平均算法，得到的结果可以看作相对于式(3.1)定义聚类的一个近似结果。这是一种启发算法。同时，如果对 $((1,v_1),\cdots,(1,v_n))$ 运行 2-平均算法，也可以得到一样的结果。这就对应于谱聚类算法的 $k=2$ 的情形。如果 $k>2$，其实也有类似的分析结果。不过大同小异，这里便不再展开了。换句话说，谱聚类算法可以看作计算 ratio cut 的近似结果的一种算法。

本章总结

在本章中，我们学习了监督学习的框架。在监督学习中，需要定义训练数据集与测试数据集，找到合适的模型 f，定义合适的损失函数；同时需要保证最后得到的参数不仅在训练数据集上表现很好，而且在测试数据集上表现优秀，即拥有出色的泛化能力。为保证这一点，在训练过程中，可以使用调优集合来对训练参数进行调整。另外，我们也简单学习了创建数据集的基本思路。最后，介绍了无监督学习框架下的 K 平均算法，以及谱聚类算法。

历史回顾

机器学习这个方向有很多经典的教科书，感兴趣的同学可以在课后阅读。例如，Christopher Bishop 的 *Pattern Recognition and Machine Learning*；Shai Shalev-Shwartz 和 Shai Ben-David 的 *Understanding Machine Learning*：*From Theory to Algorithms*；Trevor Hastie，Robert Tibshirani 和 Jerome Friedman 的 *The Elements of Statistical Learning* (second edition)。

习题

1. 监督学习的输入为 X,输出为 Y,我们的目标是学习一个函数 f,使

$$f(X)\approx Y$$

请举一些现实生活中的例子,说明 X 和 Y 可以是什么?对于给定的 X 和 Y,是否存在唯一的最优解 f?

答:X 和 Y 可以是各种各样的内容,比如图片、声音等。对于给定的 X 和 Y,可能会有多个最优解。

2. 请尝试区分“优化”和“泛化”两个概念。

答:“优化”是寻找使损失函数最小的 f 的过程,“泛化”是使 f 在没有见过的数据上也有很好的表现。可以说,优化是让 f 在见过的数据上表现好;泛化是指 f 在没有见过的数据上表现也好。

3. 请区分过拟合和欠拟合。

答:函数表达能力过强,使得机器学习算法在训练集上的损失很小,但是在测试数据集上的损失很大,叫过拟合;函数表达能力过弱,使得机器学习算法在训练集上和测试集上的损失都很大,叫欠拟合。

4. 除了本章介绍的损失函数外,你觉得还有什么函数能作为损失函数?$L(f,x,y')=f(x)+y'$是一个好的损失函数吗?为什么?

答:本题为开放题,答案可以有绝对值函数、立方函数、交叉熵函数等。$L(f,x,y')=f(x)+y'$不是一个好的损失函数,因为当 $f(x)=y'$的时候损失函数取值不一定更小,所以无法指导我们寻找更好的 f 函数。

5. 请计算以下一维无监督分类问题,已知数据点为 1,2,3,6,7,9,请随机选择初始点,利用欧氏距离作为距离函数使用 K means 算法计算二分类问题。

答:最终的中心点与类别的数据点为{2:1,2,3},{22/3:6,7,9}。

6. 请计算以下二维无监督分类问题,已知数据点为(0,0),(2,0),(1,9),(3,1),(1,8),(5,6),请随机选择初始点,利用欧氏距离作为距离函数使用 K means 算法计算三分类问题。

答:最终的中心点与类别的数据点为{(1,8.5):(1,8),(1,9)},{(5,6):(5,6)},{(2,0):(0,0),(2,0),(3,1)}。

7. 在第 5 题和第 6 题中,如果改变距离函数(例如,变成 L1 范数或者其他距离函数),对最后的结果会有什么影响?

参考答案:会产生影响,例如,如果采用 L1 范数作为距离函数,则中心点的选取存在很多选择,并且保证这些不同的中心点到数据点的距离之和是相同的。

8. 你能不能找到一个例子,使 K means 算法在不同的初始点下得到的结果是不同的?

9. 不定项选择题

机器学习处理的问题包括(　　)。

A. 无监督学习　　B. 半监督学习　　C. 监督学习　　D. 有序学习

参考答案：ABC。机器学习包括无监督学习、半监督学习、监督学习。

10. 我们希望一个在训练集上表现良好的模型在测试集上也有较好的表现，这种性质叫做（　　）。

A. 优化　　B. 泛化　　C. 拟合　　D. 表达

参考答案：B。

11. 在回归问题中，我们只能选择平方距离作为损失函数。

参考答案：错。还可以选择绝对距离等。

12. 为了提高泛化性，我们经常需要从训练数据集中分出一部分作为调优集。

参考答案：对。

13. 一般而言，较简单的模型更容易欠拟合，较复杂的模型更容易过拟合。

参考答案：对。

参考文献

[1] http://yann.lecun.com/exdb/mnist/.

[2] http://www.image-net.org/.

[3] http://cocodataset.org/#home.

第4章 CHAPTER 4 线性回归

引言

在第 3 章里，我们学习了监督学习的基本框架。在本章中，我们将学习监督学习中最基础的线性模型。线性模型虽然简单，但是在很多地方仍然有广泛应用，因为它具有很强的可解释性以及较稳定的泛化表现。例如，在经济学与其他社会科学领域，线性模型仍然是最为常用的模型。人们可以用线性模型来分析资本存量、人均受教育程度等与经济增长的关系，或者根据市场信息预测价格变动。我们将基于线性模型的概念，为大家介绍梯度下降法与随机梯度下降法。(随机)梯度下降法不仅可以用于线性模型，也适用于绝大部分机器学习算法，是机器学习领域最为常用的优化算法。

根据目标问题的不同，线性模型可以分成两种：线性回归与线性分类。它们的区别在于问题的输出是一个连续的实数，还是一个离散的类别。我们先从较为简单的线性回归问题学起，然后考虑如何将一个线性回归对应的函数转换为一个线性分类问题对应的函数。这样的转换技巧在机器学习领域十分常见。同时，为了更好地度量离散情况下模型预测值的好坏，我们将会介绍交叉熵的概念，它比其他损失函数更容易优化。接着，从泛化的角度，介绍常用的正则化方法，使线性回归问题的解可以满足一些特殊的性质，例如，模长较小(解 w 对应的向量长度 $\|w\|_2$)或者比较稀疏等。因为线性回归问题可以很容易地转换为线性分类问题，正则化方法也同样适用于线性分类问题。最后，介绍支持向量机模型，它通过巧妙地使用松弛变量与对偶问题，可以在高维核空间中高效地找到好的分类器，是深度学习技术出现之前最为常用的算法之一。

4.1 线性回归

如图 4.1 所示，我们有很多数据点，线性回归就是找一条直线，能够尽可能地贴合这些点。当然，这些点本身并没有形成一条线，所以完美贴合是不太可能的；我们希望这些点距离我们画出的直线的平均距离尽可能小，这就是线性回归。

假设我们希望预测某城市的房价，即得到房子的价格 y 与其建筑面积、离市中心的距离和其建造时间的关系(可以用一个 3 维向量 $\boldsymbol{x}$ 来表示)。通过观察得到许多组$(\boldsymbol{x},y)$的数据，表示不同房子的情况，可以用作训练集合。接下来，我们希望训练一个模型，可以通过已

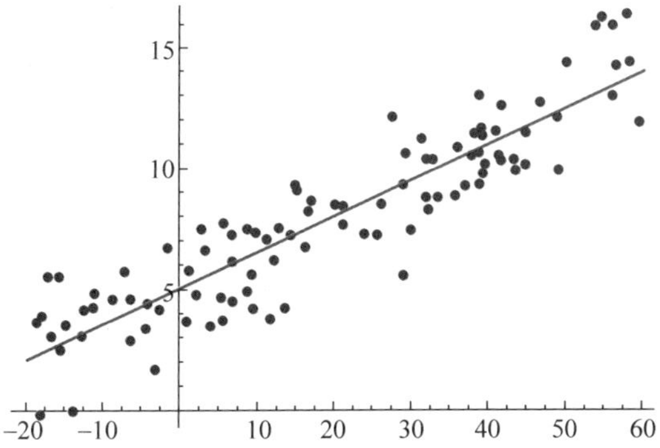

图 4.1 一个简单的线性回归的例子

知新房子的建筑面积、离市中心的距离和建造时间对它的价格进行预测。

我们首先介绍线性回归(linear regression)。线性回归是用一条直线对数据进行拟合，图 4.1 展示了一个简单的线性回归的例子。在上面房价预测问题中，我们想要找到一个 3 维向量 $\boldsymbol{w}=(w_1,w_2,w_3)\in\boldsymbol{R}^3$ 和一个偏置 b，用来表示直线 $f_{\boldsymbol{w},b}(\boldsymbol{x})=\boldsymbol{w}^{\mathrm{T}}\boldsymbol{x}+b$。这里 $\boldsymbol{w}$ 是直线的斜率(slope)，表示建筑面积、离市中心的距离和建造时间三个因素对房价的影响大小；b 是直线的偏置(bias)，表示该城市的基本房价。注意到，我们可以对数据 $\boldsymbol{x}$ 进行改造，变成 $\boldsymbol{x}'=[\boldsymbol{x},1]$，即在后端添一个 1，将输入变成一个 4 维向量。同时，将 $\boldsymbol{w}$ 和 b 拼在一起，也变成一个 4 维向量，记做 $\boldsymbol{w}'$。经过变换以后，有 $\boldsymbol{w}^{\mathrm{T}}\boldsymbol{x}+b=[\boldsymbol{w},b]^{\mathrm{T}}[\boldsymbol{x},1]=(\boldsymbol{w}')^{\mathrm{T}}\boldsymbol{x}'$。由此可以看到，我们总是可以忽略掉函数的偏置，而只考虑一个普通的仅带斜率的线性函数 $f_{\boldsymbol{w}'}(\boldsymbol{x}')=\boldsymbol{w}'^{\mathrm{T}}\boldsymbol{x}'$。

对于线性回归问题，常用的损失函数是平方损失，即 $L(f,x_i,y_i)=\frac{1}{2}(f(x_i)-y_i)^2$ (这里的 $\frac{1}{2}$ 是为了便于计算导数引入的系数，可以暂时忽略它)，总体的损失函数就是 $L(f,X,Y)=\frac{1}{2}\sum_{i=1}^{N}(f(x_i)-y_i)^2$。在房价预测的例子中，损失函数刻画了我们在使用 $f_{\boldsymbol{w}}$ 函数进行预测时，得到的结果与真实房价的偏差。我们希望能够找到一个 $f_{\boldsymbol{w}}$，使这个偏差值越小越好。

使用正规方程(normal equation)的方法，可以得到上述平方损失函数 L 的精确最小解，即 $\boldsymbol{w}^*=(\boldsymbol{X}^{\mathrm{T}}\boldsymbol{X})^{-1}\boldsymbol{X}^{\mathrm{T}}\boldsymbol{y}$(具体推导过程这里就不多介绍了)。其中 $\boldsymbol{X}\in\boldsymbol{R}^{n\times d}$ 矩阵是把所有的数据 x_i 按行存储的矩阵，$\boldsymbol{y}\in\boldsymbol{R}^n$ 是表示所有 y_i 的向量。这里假设矩阵 $\boldsymbol{X}^{\mathrm{T}}\boldsymbol{X}$ 可逆，如果 $\boldsymbol{X}^{\mathrm{T}}\boldsymbol{X}$ 不可逆，则可以使用矩阵的伪逆计算，这里不作展开。虽然正规方程的形式非常优美，但是如果 $\boldsymbol{X}^{\mathrm{T}}\boldsymbol{X}$ 是一个非常大的矩阵，求 $\boldsymbol{X}^{\mathrm{T}}\boldsymbol{X}$ 的逆会需要大量的计算时间。这个时候，人们往往会使用梯度下降法寻找 L 的最小解——因为在 4.2 节会看到，梯度下降法运行的速度要快很多。

在线性回归问题中，称输入的不同维度为特征(feature)。例如，在房价预测的例子中，特征就是指建筑面积、离市中心的距离和它的建造时间。当然，还可以加入别的特征，比如房子是否为学区房、是否为二手房、是第几层楼、房主的年龄等。这其中，有些特征是比较重要的(如学区房)，有些则不太重要(如房主的年龄)。对于大部分机器学习问题而言，如果能够准确地挑选出它们的重要特征，那么线性回归算法会有很好的表现。但重要特征的挑选往往是非常困难的。

举个例子，假设希望拟合如下的三次函数：

$$y=5a^3+6bc+12d$$

对于这个问题，可以采用不同的方式进行数据集的构造。最简单的方法就是针对不同取值的 $x=(a,b,c,d)$，得到具体的 y。然而，对于这个数据集，线性回归是无法很好地进行拟合的，因为线性回归只能表示出 a,b,c,d 的线性函数，而无法拟合非线性的高次函数。

但如果已知目标函数为三次函数，且在数据集的输入维度中加入一些额外的内容，那么线性回归可以得到精确的解。例如，如果数据集的输入 x 包含(a,b,c,d,a^2,a^3,ab,bc,ac) 9 个维度(特征)，那么 $\boldsymbol{w}=(0,0,0,12,0,5,0,6,0)$就是线性回归问题的精确解。通过这个简单的例子可以看到，如果能找到正确的重要特征，线性回归可以解决这个问题。在第 7 章学习神经网络的时候将会看到，神经网络可以用来自动提取特征。

4.2 优化方法

机器学习中许多问题的求解均使用梯度下降法(gradient descent)。这是一个简单的迭代算法。具体来说，在第 t 个时刻，做如下的操作：

$$w_{t+1}=w_t-\eta_t\nabla L(w_t)$$

其中，η_t 是第 t 时刻的步长，也称学习率(learning rate)，代表这一步的更新需要往前走多长的距离。实际应用中，在不同时刻调整步长的大小是比较重要的，例如，一开始可以使用较大的步长，而即将结束时可以使用较小的步长(就好像打高尔夫球一样，第一杆要用大一点的力气让球走得远一点，离球洞较近的时候则需要小心平推，少走一点距离)。不过在下文中为了方便讨论，有的时候我们会在所有时刻取相同的步长，用 η 表示。$\nabla L(w_t)$是损失函数 L 的一个导数方向。

梯度下降法通常需要迭代多次，直到导数$\nabla L(w_t)$的长度为 0，此时称算法收敛，或者跑完预设的运行步数。收敛的含义是在这种情况下，即使继续运行梯度下降法也会得到 $w_{t+1}=w_t(\nabla L(w_t)=0)$，即算法不会再改变 w 的值。

举个例子，考虑一个简单的二次函数 $L(w)=\frac{w^2}{2}$，有导数$\nabla L(w)=w$。假设步长 η_t 取为 0.1，初始值 $w_0=1$，下式显示了梯度下降法的运行结果：

$$w_1=w_0-0.1w_0=0.9,\quad L(w_1)=\frac{0.9^2}{2}$$

$$w_2=w_1-0.1w_1=0.81,\quad L(w_2)=\frac{0.9^4}{2}$$

$$w_3=w_2-0.1w_2=0.729,\quad L(w_2)=\frac{0.9^6}{2}$$

$$\vdots$$

$$w_t=w_{t-1}-0.1w_{t-1}=0.9^t,\quad L(w_{t+1})=\frac{0.9^{2t}}{2}$$

可以看到，w_t 将会不断趋近最优解 0，同时损失函数也会不断趋近最优值 0。

梯度下降法其实是一个贪心算法：每次都选择局部的一个导数方向尝试用降低函数值最快的方法来更新 w，希望最后能找到一个函数的最小值。一般来说，这个方法并不一定每次都能成功。图 4.2 给出两个梯度下降法的示意图。

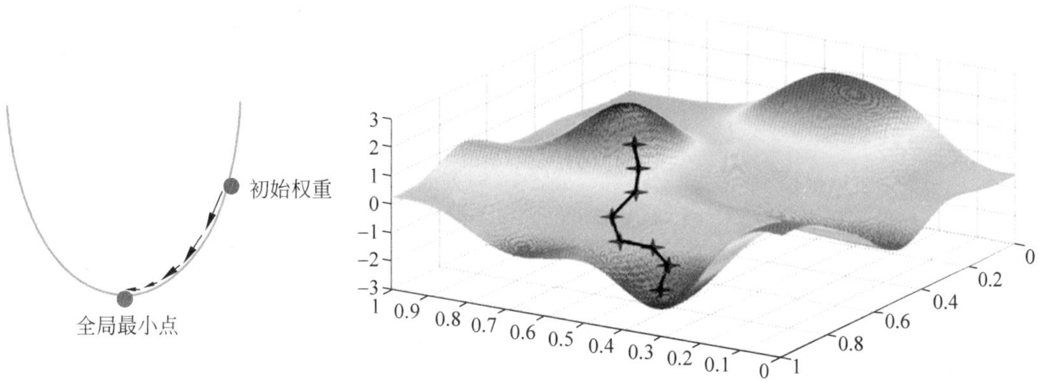

图 4.2 梯度下降法示意图

我们可以用泰勒展开来理解梯度下降法。考虑函数 $f(w)$ 并在 w_t 处展开：

$$f(w_{t+1})=f(w_t)+\langle\nabla f(w_t),w_{t+1}-w_t\rangle+\frac{1}{2}(w_{t+1}-w_t)^{\mathrm{T}}\nabla^2 f(\xi)(w_{t+1}-w_t)$$

其中，ξ 为 w_t 与 w_{t+1} 之间的一个点。

下面假设对于任意点 w，$\nabla^2 f(\xi)$ 的特征值均不超过 L。这是一个很常见的假设，许多函数都满足这个性质。$\nabla^2 f(\xi)$ 的特征值的大小决定了函数导数的变化速率。因此，$\nabla^2 f(\xi)$ 的特征值不超过 L 说明函数 f 导数的变化速率不超过 L。因为 L 的大小说明了函数变化的速率，我们称这个假设为函数的光滑性假设。基于这个假设，得到下面的不等式：

$$f(w_{t+1})-f(w_t)\leqslant\langle\nabla f(w_t),w_{t+1}-w_t\rangle+\frac{L}{2}\|w_{t+1}-w_t\|^2$$

此时，代入 $w_{t+1}=w_t-\eta\nabla f(w_t)$ 的定义，有

$$\begin{aligned}f(w_{t+1})-f(w_t)&\leqslant\langle\nabla f(w_t),-\eta\nabla f(w_t)\rangle+\frac{L\eta^2}{2}\|\nabla f(w_t)\|^2\\&=-\eta\left(1-\frac{L\eta}{2}\right)\|\nabla f(w_t)\|^2\end{aligned}$$

因此，只要设置 $\eta<\frac{1}{L}$，就可以保证 $f(w_{t+1})-f(w_t)\leqslant-\frac{\eta}{2}\|\nabla f(w_t)\|_2^2$。换句话说，函数值是随着迭代次数 t 的增长而不断下降的。

上述推导的直观含义是什么呢？如上所述，函数 f 导数的变化速率不超过 L，也就是说，函数是在缓慢地局部变化的。因此，可以估计在当前点的一段距离之内，函数的导数不会有太大变化；且朝着导数方向函数值一定是会下降的。这段距离的长度与 L 的具体大小有关：L 越大，说明函数导数变化速度越快，那么距离越短；L 越小，则说明变化速度越慢，距离越长。因此，L 的大小控制了梯度下降法可以前进的距离。

下面我们来看一下梯度下降法的收敛性分析。

定理：如果 f 是 L-光滑的，并且是凸的，定义 $w^*=\underset{w}{\operatorname{argmin}} f(w)$。那么如果选择步长 $\eta\leqslant\frac{1}{L}$，梯度下降法可以保证 $f(w_T)\leqslant f(w^*)+\frac{\|w_0-w^*\|_2^2}{2T\eta}$。

换句话说，只需要 $T=\frac{L\|w_0-w^*\|_2^2}{2\varepsilon}$ 步来找到一个 w_T，使得 $f(w_T)\leqslant f(w^*)+\varepsilon$。

证明：

首先，根据之前的分析，我们知道如果函数是 L-光滑的，那么有 $f(w_{t+1})\leqslant f(w_t)-\frac{\eta}{2}\|\nabla f(w_t)\|_2^2$。

其次，因为 f 是凸的，所以我们还知道，$f(w_t)\leqslant f(w^*)+\langle\nabla f(w_t),w_t-w^*\rangle$。把这两个步骤合并到一起，有

$$
\begin{aligned}
f(w_{t+1}) &\leqslant f(w_t)-\frac{\eta}{2}\|\nabla f(w_t)\|_2^2 \quad \text{（光滑性）}\\
&\leqslant f(w^*)+\langle\nabla f(w_t),w_t-w^*\rangle-\frac{\eta}{2}\|\nabla f(w_t)\|_2^2 \quad \text{（凸性）}\\
&=f(w^*)-\frac{1}{\eta}\langle w_{t+1}-w_t,w_t-w^*\rangle-\\
&\quad\ \frac{1}{2\eta}\|w_t-w_{t+1}\|_2^2 \quad \text{（由算法更新步骤可知）}\\
&=f(w^*)+\frac{1}{2\eta}\|w_t-w^*\|_2^2-\\
&\quad\ \frac{1}{2\eta}(\|w_t-w^*\|_2^2-2\langle w_t-w_{t+1},w_t-w^*\rangle+\|w_t-w_{t+1}\|_2^2)\\
&=f(w^*)+\frac{1}{2\eta}\|w_t-w^*\|_2^2-\frac{1}{2\eta}\|w_t-w_{t+1}-w_t+w^*\|_2^2
\end{aligned}
$$

因此，$f(w_{t+1})\leqslant f(w^*)+\frac{1}{2\eta}\|w_t-w^*\|_2^2-\frac{1}{2\eta}\|w_{t+1}-w^*\|_2^2$，也就是

$$
f(w_{t+1})-f(w^*)\leqslant\frac{1}{2\eta}(\|w_t-w^*\|_2^2-\|w_{t+1}-w^*\|_2^2)
$$

这时，可以针对 $t=0,1,\cdots,T-1$ 进行累加，得到：

$$
\begin{aligned}
\sum_{t=0}^{T-1}(f(w_{t+1})-f(w^*)) &\leqslant\frac{1}{2\eta}(\|w_0-w^*\|_2^2-\|w_T-w^*\|_2^2)\\
&\leqslant\frac{\|w_0-w^*\|_2^2}{2\eta}
\end{aligned}
$$

考虑到 $f(w_t)$ 是单调非增的，因此有

$$
f(w_T)-f(w^*)\leqslant\frac{\|w_0-w^*\|_2^2}{2T\eta}
$$

从而定理得证。

在第 3 章中提到，损失函数的定义是所有训练数据损失的平均：$L(w)=\frac{1}{N}\sum_{i=1}^{N}l_i(w)$，

其中 $l_i(w)$ 表示使用第 i 个数据点在参数 w 的损失函数值。在实际使用中，如果每一步都需要计算 $\nabla L(w_t)$，那么就需要将训练数据中的 N 个点都过一遍。当 N 的值很大的时候，算法的运行速度会非常慢。因此，人们在实际中往往使用随机梯度下降法，即带有随机扰动的梯度下降法算法。随机梯度下降法和梯度下降法非常像，它采用如下的更新方程：

$$w_{t+1}=w_t-\eta G_t$$

其中，G_t 称为随机梯度，满足 $E[G_t]=\nabla L(w_t)$，即其期望值等于梯度下降下的导数(这里的期望是针对随机梯度计算过程中产生的随机性计算的)，但是 G_t 里面可能包含一些随机的扰动。常用的 G_t 计算方法是从 N 个数据点中随机选择 $|S|$ 个数据点组成一个数据集合 S，然后定义 $G_t=\frac{1}{|S|}\sum_{i\in S}\nabla l_i(w)$。这 $|S|$ 个数据点称为小批(mini-batch)。如果 S 取整个训练数据集，那称 S 为整批(full-batch)。不难看到，如果对随机选取的数据点取期望，总是可以得到 $E[G_t]=\nabla L(w_t)$。S 大小的区别在于，如果 S 是比较小的数据集，那么 G_t 会包含较大的噪声。由于计算 G_t 只需要使用 $|S|$ 个数据点，当 $|S|$ 远远小于 N 的时候，随机梯度下降法要比梯度下降法快很多。这也是它在实际中广泛使用的主要原因。

图 4.3 展示了梯度下降法和随机梯度下降法具体的区别。图中的椭圆曲线是一个简单的二次函数的等高线图(即函数值在同一条等高线上相同)。相比梯度下降，随机梯度下降法(紫色)收敛需要的步数多一些，且每次的移动有随机性，但很快也能够收敛。考虑到随机梯度下降法每次梯度计算的代价非常低，它收敛使用的总时间要比梯度下降法短很多。

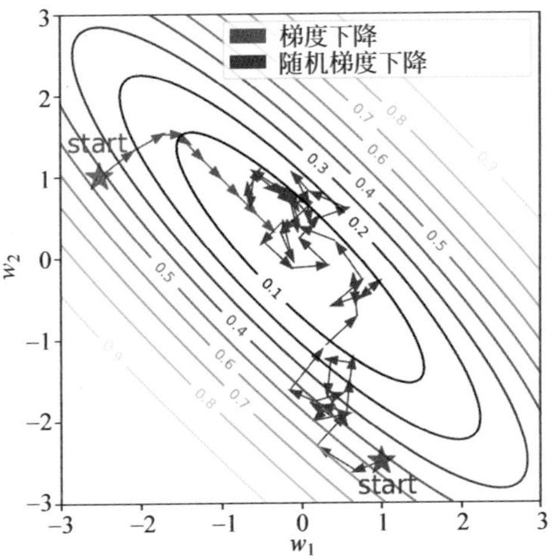

图 4.3 梯度下降法与随机梯度下降法的路径示意图

考虑一个简单的例子。假如有三个数据点(2,2)，(1,1)，(0,0)，对应的 y 分别是 3，2，0。我们考虑线性函数 $f(x_1,x_2)=w_1x_1+w_2x_2$，使用平方损失 $L=\frac{(f(x_1,x_2)-y)^2}{2}$。一开始我们从 $(w_1,w_2)=(2,-3)$ 出发。在这个点，针对数据点 (x_1,x_2) 和 y，w 的导数是 $(f(x_1,x_2)-y)(x_1,x_2)$。因此，正确的导数是 $\frac{1}{3}[(-10,-10)+(-3,-3)+(0,0)]=\left(-\frac{13}{3},-\frac{13}{3}\right)$。如果运行梯度下降法，步长为 0.1，那么下一个点的结果是(2.43，−2.56)。

通过计算可以看到，损失函数值从 5.67 降到了 2.54。如果运行随机梯度下降法，那么就通过随机选取某一些数据点计算梯度。例如，可以选择第二个点与第三个点。这样得到的导数是$\frac{1}{2}[(-3,-3)+(0,0)]=(-1.5,-1.5)$，可以看到，这个导数和梯度下降法得到的结果并不相同。如果使用这个随机梯度方向前进 0.1 步，那么下一个点的结果是$(2.15,-2.85)$。通过计算可以看到，损失函数值从 5.67 降到了 4.44。

一般来说，在随机梯度下降法中，如果小批的大小 S 太小，比如只有一个数据点，那么随机梯度的噪声会非常大，导致不太容易收敛；但如果 S 太大，包含了整个数据集，那么算法的运行速度就会非常慢。在实际使用中，人们通常会根据问题的不同选择不同的 S 大小，比如 64，128，256 等(以 2 的倍数递增)。S 的大小其实是根据实际的运行效率做的一个选择，往往会带有许多经验的因素。

下面我们来看一下随机梯度下降法的收敛性分析。

定理：如果 f 是 L-光滑的，并且是凸的，定义 $w^*=\underset{w}{\operatorname{argmin}} f(w)$。那么如果选择步长 $\eta\leqslant\frac{1}{L}$，并且保证 $\operatorname{Var}(G_t)\leqslant\sigma^2$，随机梯度下降法可以保证 $E[f(\overline{w_T})]\leqslant f(w^*)+\frac{\|w_0-w^*\|_2^2}{2T\eta}+\eta\sigma^2$。

这里 $\overline{w_T}=\frac{\sum_{t=1}^{T}w_t}{T}$，即 SGD 多个步骤的平均值，而方差 $\operatorname{Var}(G_t)=E\|G_t\|_2^2-\|E(G_t)\|_2^2=E\|G_t\|_2^2-\|\nabla f(w_t)\|_2^2$。

和之前梯度下降法的定理相比，可以看到有两点不同。一是不等号左边考虑的是多个步骤的平均值，而且还取了期望；二是不等号右边还多了一项 $\eta\sigma^2$。这是由随机梯度下降法中的随机性导致的。

证明：

首先，由光滑性可得：

$$
\begin{aligned}
E[f(w_{t+1})] &\leqslant f(w_t)+E\langle\nabla f(w_t),w_{t+1}-w_t\rangle+E\left(\frac{L}{2}\|w_{t+1}-w_t\|_2^2\right)\\
&=f(w_t)-\eta\langle\nabla f(w_t),\nabla f(w_t)\rangle+\frac{L\eta^2}{2}E\|G_t\|_2^2 \quad \text{(算法定义)}\\
&\leqslant f(w_t)-\eta\|\nabla f(w_t)\|_2^2+\frac{L\eta^2}{2}(\|\nabla f(w_t)\|_2^2+\operatorname{Var}(G_t)) \quad \text{(方差的定义)}\\
&\leqslant f(w_t)-\eta\left(1-\frac{L\eta}{2}\right)\|\nabla f(w_t)\|_2^2+\frac{L\eta^2}{2}\sigma^2\\
&\leqslant f(w_t)-\frac{\eta}{2}\|\nabla f(w_t)\|_2^2+\frac{\eta}{2}\sigma^2
\end{aligned}
$$

然后根据 f 的凸性，可以得到 $f(w_t)\leqslant f(w^*)+\langle\nabla f(w_t),w_t-w^*\rangle$。因此，把这两个步骤合并起来，有

$$
E[f(w_{t+1})]\leqslant f(w^*)+\langle\nabla f(w_t),w_t-w^*\rangle-\frac{\eta}{2}\|\nabla f(w_t)\|_2^2+\frac{\eta}{2}\sigma^2
$$

注意到：$\|\nabla f(w_t)\|_2^2 = E(\|G_t\|_2^2) - \mathrm{Var}(G_t) \geqslant E(\|G_t\|_2^2) - \sigma^2$，因此我们故意把 $\|\nabla f(w_t)\|_2^2$ 替换为 $E(\|G_t\|_2^2)$，可以得到：

$$E[f(w_{t+1})] \leqslant f(w^*) + E(\langle G_t, w_t - w^* \rangle - \frac{\eta}{2}\|G_t\|_2^2) + \eta\sigma^2$$

$$\begin{aligned}
\langle G_t, w_t - w^* \rangle - \frac{\eta}{2}\|G_t\|_2^2 &= \frac{1}{\eta}\langle w_t - w_{t+1}, w_t - w^* \rangle - \frac{1}{2\eta}\|w_t - w_{t+1}\|_2^2 \\
&= \frac{1}{2\eta}(2\langle w_t - w_{t+1}, w_t - w^* \rangle - \|w_t - w_{t+1}\|_2^2) \\
&= \frac{1}{2\eta}(2\langle w_t - w_{t+1}, w_t - w^* \rangle - \|w_t - w_{t+1}\|_2^2 - \\
&\quad \|w_t - w^*\|_2^2) + \frac{1}{2\eta}\|w_t - w^*\|_2^2 \\
&= \frac{1}{2\eta}(\|w_t - w^*\|_2^2 - \|w_{t+1} - w^*\|_2^2)
\end{aligned}$$

因此，可以得到：

$$Ef(w_{t+1}) \leqslant f(w^*) + \frac{1}{2\eta}E(\|w_t - w^*\|_2^2 - \|w_{t+1} - w^*\|_2^2) + \eta\sigma^2$$

通过累加 t，有

$$\begin{aligned}
\sum_{t=0}^{T-1}(Ef(w_{t+1}) - f(w^*)) &\leqslant \frac{1}{2\eta}(\|w_0 - w^*\|_2^2 - E\|w_T - w^*\|_2^2) + T\eta\sigma^2 \\
&\leqslant \frac{\|w_0 - w^*\|_2^2}{2\eta} + T\eta\sigma^2
\end{aligned}$$

由琴生不等式，有 $Tf(\overline{w_T}) = Tf\left(\frac{\sum_{t=1}^{T} w_t}{T}\right) \leqslant \sum_{t=1}^{T} f(w_t)$，所以

$$\sum_{t=0}^{T-1}(Ef(w_{t+1}) - f(w^*)) = E\sum_{t=0}^{T} f(w_t) - Tf(w^*) \geqslant TEf(\overline{w_T}) - Tf(w^*)$$

有

$$Ef(\overline{w_T}) \leqslant f(w^*) + \frac{\|w_0 - w^*\|_2^2}{2T\eta} + \eta\sigma^2$$

所以定理得证。

那么我们看看应该如何理解这个结果呢？如果设置 $T = \frac{2\|w_0 - w^*\|_2^2\sigma^2}{\varepsilon^2}$，$\eta = \frac{\varepsilon}{2\sigma^2}$，那么不等式的后面两项都被 ε 控制住了（这里还需要假设 $\eta \leqslant \frac{1}{L}$，一些细节讨论我们就忽略了）。那么经过计算可以得到 $Ef(\overline{w_T}) \leqslant f(w^*) + \varepsilon$，所以随机梯度下降法是以$\frac{1}{\sqrt{t}}$的速度收敛的。

总结一下，对于光滑并且凸的函数，梯度下降法以$\frac{1}{T}$的速度收敛，而随机梯度下降法以

$\frac{1}{\sqrt{T}}$的速度收敛(由于导数中存在噪声,所以要收敛到更高精度是会比较慢的)。当然,考虑到随机梯度下降法每一个步骤需要计算随机导数的时间更短,所以大部分时候还是更快的算法。人们之后也通过方差缩减(variance reduction)等技巧改进随机梯度下降法,使其收敛速度更快,本书就不展开了。

4.3 二分类问题

上面我们介绍了回归问题(即 y_i 为一个实数)及其求解。在本节,将介绍另一个实际应用中常见的问题——分类。在分类问题中,y_i 表示一个类别。比如,y_i 可以表示一张图片中展示了猫还是狗,也可以表示一个输入内容的好坏等。在这种情况下,我们无法使用 $f(\boldsymbol{x})=\boldsymbol{w}^{\mathrm{T}}\boldsymbol{x}$ 代表这个问题的解,而是希望最后的 $f(\boldsymbol{x})\in\{0,1,2,3\}$ 或 $f(\boldsymbol{x})\in\{\mathrm{cat},\mathrm{dog}\}$。这些就是分类问题。在现实生活中,我们通常遇到的都是多分类的问题。不过下面首先介绍最简单的二分类的情况,即 $f(\boldsymbol{w})\in\{0,1\}$。

对于二分类问题,一种解决方法是采用符号函数 $f(\boldsymbol{x})=\mathrm{sign}(\boldsymbol{w}^{\mathrm{T}}\boldsymbol{x})$,其中 sign 为符号函数,即它给出 $\boldsymbol{w}^{\mathrm{T}}\boldsymbol{x}$ 为正还是为负。换句话说,首先使用线性回归,再根据线性回归的符号决定 $f(\boldsymbol{x})$的类别:如果 $f(\boldsymbol{w})\geqslant 0$,则类别为 1;否则类别为 0。

尽管这个想法非常好,但由于 $\mathrm{sign}(\boldsymbol{w}^{\mathrm{T}}\boldsymbol{x})$无法求导,我们无法使用随机梯度下降法算法进行优化。这个问题也因此变得非常难以解决。下面介绍著名的感知算法(perceptron),可以在不使用导数的情况下对问题进行求解。算法 14 展示了感知算法的伪代码。

算法 14:感知算法

```
P←inputs with label 1;
N←inputs with label 0;
Initialize w randomly;
while ! convergence do
    Pick random x∈P∪N;
    if x∈P and w.x<0 then
        w=w+x;
    end
    if x∈N and w.x≥0 then
        w=w−x;
    end
end
//the algorithm converges when all the inputs are classified correctly
```

简单来说,感知算法每次从数据集中抽出一个数据,观察目前的 $f(\boldsymbol{x})=\mathrm{sign}(\boldsymbol{w}^{\mathrm{T}}\boldsymbol{x})$是否能正确地预测。如果是,则跳到下一个数据;否则,根据错误的情况对 $\boldsymbol{w}$ 进行修改。例如,如果一个数据的正确结果是正数,但函数给出了负数的预测,则更新 $\boldsymbol{w}=\boldsymbol{w}+\boldsymbol{x}$。这是因为$(\boldsymbol{w}+\boldsymbol{x})^{\mathrm{T}}\boldsymbol{x}=\boldsymbol{w}^{\mathrm{T}}\boldsymbol{x}+\boldsymbol{x}^{\mathrm{T}}\boldsymbol{x}=\boldsymbol{w}^{\mathrm{T}}\boldsymbol{x}+\|\boldsymbol{x}\|^2>\boldsymbol{w}^{\mathrm{T}}\boldsymbol{x}$。通过这样的操作,我们不断增大 $\boldsymbol{w}^{\mathrm{T}}\boldsymbol{x}$,

最后便可能将其变成正的。

感知算法是 20 世纪 60 年代被提出来的。人们严格证明了如果数据确实是线性可分的,那么算法一定会收敛。可惜的是,当数据不是线性可分时,算法会不断运行而无法停止。因此,感知算法现在并没有很广泛地应用。

既然符号函数这么难处理,我们有没有比较好的办法呢?答案是肯定的。我们可以对问题做如下的变换:如果问题是做二分类,即 $y=0$ 或者 1,可以将 $f(\boldsymbol{x})$视作 $\boldsymbol{x}$ 在第一个类别的概率。也就是说,它在第二个类别的概率就是 $1-f(\boldsymbol{x})$。如此一来,问题变成了求解一个两个维度的概率分布,分别是$(f(\boldsymbol{x}),1-f(\boldsymbol{x}))$。如果是第一个类别,那么 y 为(1,0),否则为(0,1)。

注意到,变换之后 $f(\boldsymbol{x})$的输出不再是一个离散的数值,而是一个 0～1 之间的数。我们如何保证 $f(\boldsymbol{x})$的输出在[0,1],而不是任何的实数呢?一个常用的做法是使用 Sigmoid 函数(又称为 Logistic 函数):

$$\sigma(z)=\frac{1}{1+\mathrm{e}^{-z}}\in[0,1]$$

图 4.4 给出了 $\sigma(z)$在 $z=-6$ 到 $z=6$ 之间的函数值。可以看到,函数将所有实数值转换成了一个在 0 到 1 之间的概率。

图 4.5 是一个 Sigmoid 函数与符号函数的对比示意图。可以看到,Sigmoid 函数是一个连续的函数,而符号函数存在跳变。注意到,与符号函数一致,$\boldsymbol{w}^{\mathrm{T}}\boldsymbol{x}=0$ 是一个分界线:当 $\boldsymbol{w}^{\mathrm{T}}\boldsymbol{x}\geqslant 0$ 时,$f(\boldsymbol{x})\geqslant 0.5$;否则 $f(\boldsymbol{x})<0.5$。因此,逻辑回归可以被视为一个软化的符号函数。它不需要在 0 点有跳变,从而可以解决符号函数不可导的问题。这种软化的方法也是机器学习领域常见的技巧。

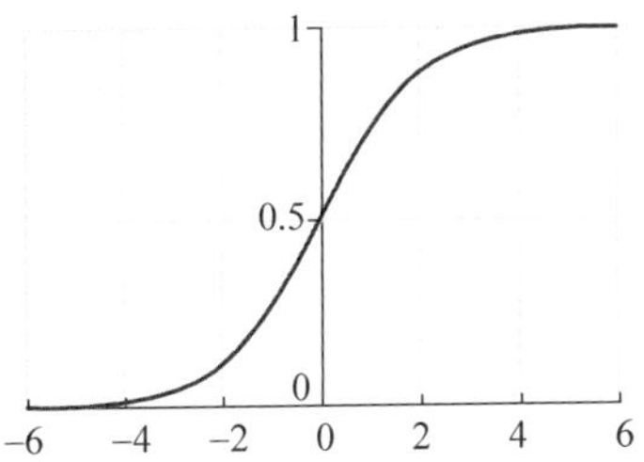

图 4.4 Sigmoid 函数

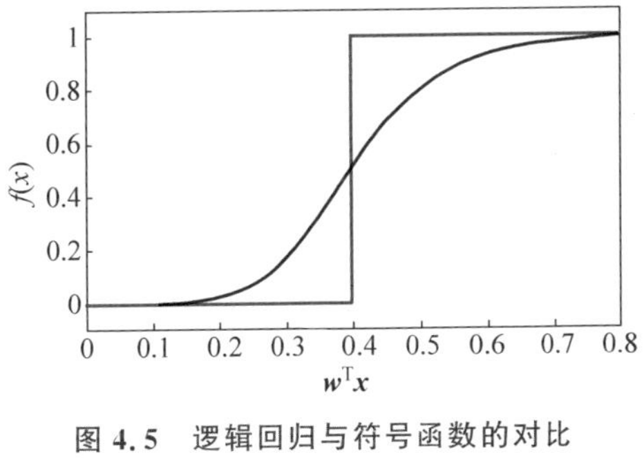

图 4.5 逻辑回归与符号函数的对比

通过把 Sigmoid 函数与线性函数进行结合,得到:

$$f(\boldsymbol{x})=\sigma(\boldsymbol{w}^{\mathrm{T}}\boldsymbol{x})=\frac{1}{1+\mathrm{e}^{-\boldsymbol{w}^{\mathrm{T}}\boldsymbol{x}}}$$

如此一来,我们就得到了一个概率。

使用这样修改过的函数可以解决分类问题,我们把这样的方法叫做逻辑回归。图 4.6 给出了逻辑回归得到的结果。

在图 4.6 中,虚线是线性回归的分类面,绿色的实线是逻辑回归的结果。其中,只有离分界线比较远的点的概率才会接近 1,离分界线比较近的点的概率则是 0 到 1 之间的一个实数。

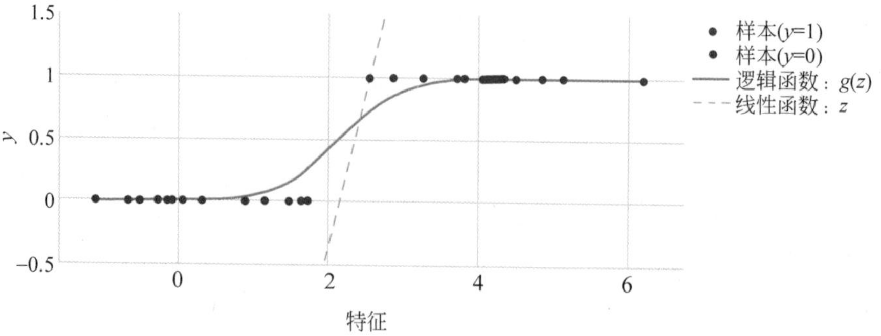

图 4.6 逻辑回归分类示意图

逻辑回归问题和线性回归非常类似，只是在线性函数的基础上加了一个 Sigmoid 函数，因此可以使用梯度下降法进行优化。唯一的区别是在计算导数的时候，由于逻辑回归有额外的 Sigmoid 函数，因此需要使用求导数的链式法则，在线性函数的导数的基础上额外乘上 Sigmoid 的导数。具体来说，定义 $f'=\boldsymbol{w}^{\mathrm{T}}\boldsymbol{x}$，则 $\frac{\partial f}{\partial \boldsymbol{w}}=\frac{\partial f}{\partial f'}\frac{\partial f'}{\partial \boldsymbol{w}}=\frac{\mathrm{e}^{-f'}}{(\mathrm{e}^{-f}+1)^2}\boldsymbol{x}$。

4.4 多分类问题

上面我们讨论了二分类问题。在这一节里，将介绍多分类问题。其解决方法与二分类的情况类似，只需将输出的结果从一个针对二分类的概率分布，变为针对多分类的概率分布即可。具体来说，假如有 k 个分类，可以修改原来的线性函数 f，使 $f_{\boldsymbol{W}}(\boldsymbol{x})=\boldsymbol{W}\boldsymbol{x}\in\boldsymbol{R}^k$。这里 $\boldsymbol{W}\in\boldsymbol{R}^{k\times d}$ 为一个矩阵，并且 $f_{\boldsymbol{W}}(\boldsymbol{x})$ 也变成了一个向量，而不是一个实数。

接下来，考虑如何将 $f_{\boldsymbol{W}}(\boldsymbol{x})$ 这个向量转换成一个概率分布。这里注意到概率分布需要满足的条件就是所有的数都是非负的，并且相加等于 1。为了满足这两个性质，考虑 Sigmoid 函数的更加普适的形式，称为 Softmax 函数。注意到，Sigmoid 函数之所以可以把所有输入变成 0～1 之间，是因为 e^{-x} 永远是一个非负的数，并且取值为 0～∞。因此，对于任何一个 k 维的向量 $\boldsymbol{u}$，定义 $y_i=\frac{\mathrm{e}^{u_i}}{\sum_{j=1}^{k}\mathrm{e}^{u_j}}\geqslant 0$ 为概率分布 y 的第 i 个位置的具体概率，有

$$\sum_{i=1}^{k}y_i=\frac{\sum_{i=1}^{k}\mathrm{e}^{u_i}}{\sum_{j=1}^{k}\mathrm{e}^{u_j}}=1$$

所以，通过这样的变换方式可以得到针对多分类的概率分布 y。

现在看看为什么 Softmax 变换是 Sigmoid 函数的更普适的形式。首先，在逻辑回归 $f_w(\boldsymbol{x})$ 输出的基础上补充一个额外的 0 输出，并且使 $f_w(\boldsymbol{x})$ 乘以 −1，即变成一个两维的向量 $(-f_w(\boldsymbol{x}),0)$。这时，对这个向量进行 Softmax 变换，便能得到概率分布 $\Big(\frac{\mathrm{e}^{-\boldsymbol{w}^{\mathrm{T}}\boldsymbol{x}}}{1+\mathrm{e}^{-\boldsymbol{w}^{\mathrm{T}}\boldsymbol{x}}},$

$\frac{1}{1+e^{-w^{T}x}}$)。这与逻辑回归得到的概率分布是一样的。

上述将 k 维向量转换为针对 k 个类别的概率分布的方法不仅适用于线性函数，也适用于其他更复杂的函数（例如，神经网络），只要这个函数的输出是 k 维向量即可。在得到概率分布之后，可以使用交叉熵作为分类问题的损失函数，用以比较该概率分布和正确的类别的区别。相比于其他的各种损失函数，交叉熵在实际优化过程中往往有最好的表现。因为我们优化的目标是让损失函数最小化，所以选择好的损失函数可以提升最后的分类表现。

在理解交叉熵的概念之前，先简单介绍一下熵的概念。对于一个概率分布($y_1,y_2,\cdots,y_d$)，它的熵定义为 $H(y)=-\sum_i y_i\log y_i$。熵有许多含义，比如，该随机变量包含多少信息，或者有多少不确定性等。我们采用它的一个经典定义，即 $H(y)$表示如果希望对该概率分布进行编码操作，需要的最少的比特数。作为最简单的例子，我们可以考虑伯努利随机变量的熵的计算。伯努利随机变量是一个只有两种取值的随机变量，例如，$y_1=-1,y_2=1$，就像是掷硬币，代表了最后结果是正面还是反面。假设两种取值的概率分别为 p 和 $1-p$。这个时候，熵的定义就是 $H(p)=-p\log_2 p-(1-p)\log_2(1-p)$，如图 4.7 所示。

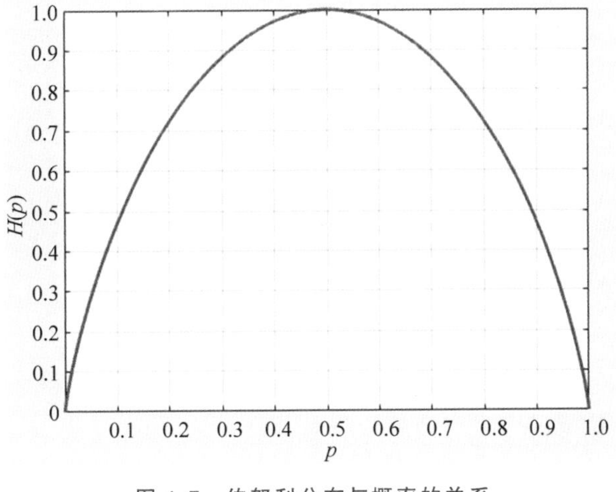

图 4.7 伯努利分布与概率的关系

可以看到，当 $p=0.5$(对应于硬币是均匀的)时，熵最大，该随机变量的不确定性也最大。当 $p=1$ 或者 $p=0$ 时，熵最小为 0，完全没有不确定性，因为这个时候随机变量只会有固定的取值。

交叉熵是在该定义下面的一个拓展。具体来说，两个分布 y 和 p 的交叉熵为 $\mathrm{XE}(y,p)=-\sum_i y_i\log p_i$。当 y 和 p 相等时，交叉熵等于熵。交叉熵的直观含义是在知道真正的概率分布 y 时，对 p 进行编码所需的比特数。因此，可以推出 $\mathrm{XE}(y,p)\geqslant H(y)$（大家想想为什么?）。

基于这个不等式，可以定义损失函数 $L=\mathrm{XE}(y,p)-H(y)\geqslant 0$。根据熵的定义，我们知道当且仅当 $y=p$ 时，$L=0$。注意到，这个函数不是对称的。如果交换了 y 和 p，那么这个函数的取值也会变得不同。由于 y 的取值是固定的（从训练数据中来），所以 $H(y)$的取值也是固定的。因此,优化 L 的值等同于优化 $\mathrm{XE}(y,p)$。这就是为什么交叉熵常被用作损失函数。

交叉熵在实际中易于使用的一个主要原因可能来源于它的导数。如果正确的分类是 i 的话,我们知道 $y_i=1$,且其对应的导数为$\frac{1}{p_i}$。因此,p_i 越大,导数越小;反之亦然。换言之,如果输出的概率分布中 p_i 比较大,即非常接近正确答案,那么就会得到一个较小的导数;否则,会得到一个较大的导数。这样的性质对优化是非常有利的。

举个例子来说,如果 $y=(0,0,1)$,$p=(0.99,0,0.01)$,有 $\mathrm{XE}=\log 100$,且其导数为 100。如果 $y=(0,0,1)$,$p=(0.01,0,0.99)$,则 $\mathrm{XE}=\log 1.01$ 且导数为 1/0.99,远小于上面的情况。值得一提的是,作为概率分布,y 也可以有多个维度非 0。这种情况下同样可以使用交叉熵计算损失函数。

4.5 岭回归

在第 3 章中提到,为了保证泛化性能,防止过拟合的情况发生,有时需要采取一些措施来降低过拟合的影响。这个技巧叫做正则化。正则化既可以用于回归问题,又可以用于分类问题。下面,以回归问题为例介绍正则化的技巧(对分类问题的处理方法类似)。

我们首先介绍岭回归(ridge regression)问题。岭回归的基本想法如下:针对普通的损失函数$\frac{1}{2N}\|X\boldsymbol{w}-y\|_2^2$,我们希望能同时限定$\|\boldsymbol{w}\|_2^2$ 的大小,即 $\boldsymbol{w}$ 的长度满足$\|\boldsymbol{w}\|_2^2\leqslant c$,其他的情况不予考虑。从直觉上来看,这可以帮助解决过拟合的问题,因为这限制了解空间的大小(只考虑长度平方小于 c 的 $\boldsymbol{w}$)。人们也发展了进阶的理论工具,证明这个想法确实可以提供更好的泛化保证。

现在,我们介绍如何求解这个问题。直接求解带约束的问题往往比较困难。因此,通常采用的办法是将它转换成一个没有约束的版本,即

$$\min \frac{1}{2N}\|X\boldsymbol{w}-y\|_2^2+\frac{\lambda}{2}\|\boldsymbol{w}\|_2^2$$

其中,λ 是一个需要设定的参数。如果 $\lambda=\infty$,说明$\frac{\lambda}{2}\|\boldsymbol{w}\|_2^2$ 这一项占了非常大的权重,以至于 $\boldsymbol{w}$ 必须等于 0 才能够得到非负的损失函数(这对应于$\|\boldsymbol{w}\|_2^2\leqslant 0$ 的情况)。另一方面,如果 $\lambda=0$,那问题就退化成为之前的普通线性回归问题,即 $\min \frac{1}{2N}\|X\boldsymbol{w}-y\|_2^2$(这对应于$\|\boldsymbol{w}\|_2^2<\infty$的情况)。随着 λ 不断变小,可以看到在损失函数中对 $\boldsymbol{w}$ 的约束越来越小,即对应的 c 越来越大。因此,这是一个单调对应的关系。对于任意的 c,理论上都可以找到一个 λ 与之对应,使最后的解 $\boldsymbol{w}$ 是一致的。所以,通过增加$\frac{\lambda}{2}\|\boldsymbol{w}\|_2^2$ 项并设定合适的 λ,可以控制最后解得的 $\boldsymbol{w}$ 的长度。这里的$\frac{\lambda}{2}\|\boldsymbol{w}\|_2^2$ 就是正则化项,称为二范数正则化项。而包含这个二范数正则化项的线性回归,就叫做岭回归。

一般来说,正则化是什么意思呢?直观来说,正则化和剪裁树枝的工作差不多。在定义好了损失函数之后,我们无法控制最后优化算法会得到一个什么样的结果。就好像我们种下了一棵树的种子(损失函数),然后任由它自由生长,最后它可能会长出杂乱的树枝。这时,我们可以将不好的树枝生产方向裁减掉(正则化技术),使得最后树长成我们期望的样子。不过,不同的场景对于树枝的形状可能会有不同的要求:有时是对称饱满的,有时是比较整齐划一的,等等。对于不同的形状要求,需要采用不同的剪裁方式,这就对应于不同的正则化技术。

上面介绍的岭回归就是比较常用的正则化方法,对应于我们希望 $\boldsymbol{w}$ 的长度比较小的要求。我们可以方便地计算岭回归的损失函数的导数,即 $\nabla L=\frac{1}{N}\sum_{i}(\langle\boldsymbol{w},x_i\rangle-y_i)+\lambda\boldsymbol{w}$。使用这个导数进行最速下降法,可以得到岭回归的答案。可以证明,对于岭回归的损失函数,一定能够找到全局最优解。

4.6 套索回归

在本节里,将介绍另一个常用的正则化方法——套索回归(Lasso regression)。先简单介绍它诞生的背景。我们生活的时代已经拥有了海量的数据。因此,大型的科技公司通常对每个用户都有数据画像,包括用户使用产品的记录、登录登出的记录、与其他用户交互的记录、产生数据的记录等多种记录数据。假设对于每个用户,公司有 10 000 条不同的记录。对于现代的科技公司来说,这其实是一个非常保守的假设,因为实际上每个用户被收集的信息要比这多得多。

假设基于这些数据,公司希望预测某个用户的一些购买行为,例如,用户是否打算在近期购买一台笔记本电脑。如果预测准确,公司便可针对该用户投放一些笔记本电脑的广告,从中盈利。因此,这项任务对于公司来说非常重要。

有许多机器学习技术可以用来处理这个问题。现在我们看看如何用线性回归的算法解决这个问题。注意到,这个问题的难点在于,用户的许多不同特征中,真正与我们关心的问题相关的特征非常少,可能只有几个或者几十个。许多其他的特征,如登录记录等,可能均为噪声而不需要考虑。但是如何能从 10 000 个特征中自动过滤掉噪声,挑选出其中最有用的特征呢?

值得一提的是,线性回归是不具备这个能力的。如果仅使用线性回归,那么在最后的答案 $\boldsymbol{w}$ 中,每个维度都会有或大或小的非 0 数值,意味着所有的特征均对结果有影响。这是因为从优化的角度,最优解不一定需要含有大量的 0。但通过购买笔记本电脑的例子,我们知道这样的答案并不是我们需要的,因为大部分的维度对应的特征都是噪声。同理,我们也无法使用岭回归来解决这个问题。这是因为岭回归背后的目标是控制 $\boldsymbol{w}$ 的长度,而不是 $\boldsymbol{w}$ 各个维度的稀疏程度。

对于这个问题,我们真正希望的解决方法是在优化 $\frac{1}{2N}\|X\boldsymbol{w}-y\|_2^2$ 的同时,满足

$\|\boldsymbol{w}\|_0 \leqslant c$，即希望 $\boldsymbol{w}$ 比较稀疏，其非 0 项不超过 c 个。然而由于不可导，$\|\boldsymbol{w}\|_0$ 是一个难以优化的范数。在机器学习中，一旦无法对一个目标函数求导，就意味着无法找到很好的优化方法来解决这个问题。因此，在实际中，往往使用 $\|\boldsymbol{w}\|_1 \leqslant c$ 作为替代品，即转为要求 $\boldsymbol{w}$ 的所有项的绝对值加起来和不大于 c。这里额外加的 $\|\boldsymbol{w}\|_1 \leqslant c$ 限制就是我们使用的正则化方法，它可以帮助我们忽略掉数据中的噪声，使最后得到的解有更好的泛化能力。值得一提的是，虽然这个限制和 $\|\boldsymbol{w}\|_0 \leqslant c$ 不一样，但从理论的角度可以证明，在某些情况下，采用这个约束得到的解和我们想要的满足 $\|\boldsymbol{w}\|_0 \leqslant c$ 的稀疏解是完全一样或者非常接近的。

与岭回归类似，在确定了限制条件之后，可以将这个约束问题转化为普通的损失函数，即 $\frac{1}{2N}\sum_i(\boldsymbol{w}^{\mathrm{T}}x_i - y_i)^2 + \lambda\|\boldsymbol{w}\|_1$。这是一个凸函数，因此可以使用梯度下降法高效解决。

最后，通过一个具体的例子，看看普通的线性回归、岭回归和套索回归之间的区别。假设有 2 个数据点 $X=((2,1),(4,0))$，$Y=(1,3)$，$\lambda=1$。那么分别运行三个算法，会得到下面的三组 $\boldsymbol{w}=(w_1,w_2)$答案：

- 线性回归：(0.75，−0.5)。
- 岭回归：(20/31，−3/31)。
- 套索回归：(13/20，0)。

注意到，尽管线性回归的答案可以完美拟合最后的问题，但岭回归给出的答案有更小的长度，而套索回归给出的答案更加稀疏(第二个维度是 0)。

4.7 支持向量机算法

如果要做一个二分类问题，那么可以使用线性函数作为分类器。对于所有的线性分类器，总是可以找到一个分类器，它的“间隔”是最大的。什么叫做间隔呢？就是这个线性分类器距离最近的数据点最远，如图 4.8 所示。

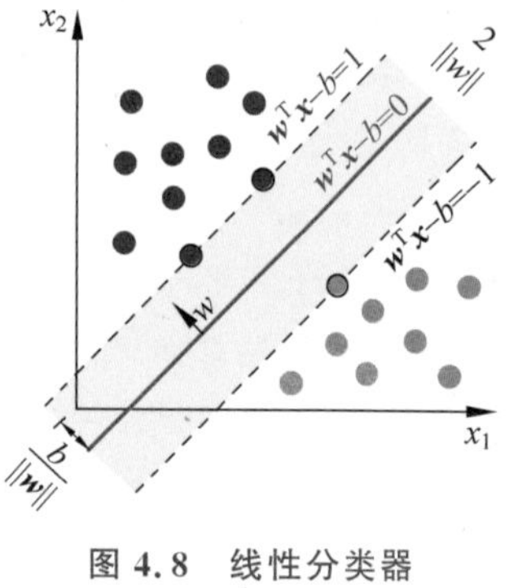

图 4.8 线性分类器

图 4.8 中共有两类点：蓝色的点和绿色的点。我们的线性分类器可以写成函数 $\boldsymbol{w}^{\mathrm{T}}\boldsymbol{x}-b$，然后可以看到，这个分类器取值等于 0 的时候，正好对应于分割线本身；等于 1 的时候，正好对应于处于边缘的蓝点；等于 −1 的时候，正好对应于处于边缘的绿点。我们一定可以通过适当调节 $\boldsymbol{w}$ 的长度使得这个条件被满足。实际上，这里的总间隔(即蓝点所在的平行线到绿点所在平行线的距离)很容易计算，就是等于$\frac{2}{\|\boldsymbol{w}\|}$。

我们在实际拟合数据的过程中，希望能够找到这个最大化间隔的线性分类器。这不仅是因为它看起来是最佳答案，其实也可以证明，它有很好的泛化理论保证。换句话说，我们希望能够找到这么一个分类器，一方面 $\|\boldsymbol{w}\|$ 非常小，同时又

能够保证把两类点完美地分割开来，即考虑如下的问题：

$$\min \|\boldsymbol{w}\|$$
$$\text{s. t. } y_i(\boldsymbol{w}^{\mathrm{T}}x_i - b) \geqslant 1 \quad \forall i$$

这个问题是可以在多项式时间内解决的。不过这个问题有一个缺陷，就是假设所有的数据点都可以被完美地分隔开来。如果数据集其实并不能够被完美地分隔开，我们怎么办呢？例如，考虑图 4.9 所示的例子。

在这个例子中，数据集是无法被完美地分隔开来的。我们选择的答案是加粗的黑线，它有很大的间隔，同时有 2 个“错误”，即有一个加号和一个减号被分错位置了。虽然如此，因为数据集无法被完美地分隔开，所以我们认为这样的一个答案也足够好了。如果要求得这样的答案，需要写一个什么样的方程呢？直观来看，应该长这样：

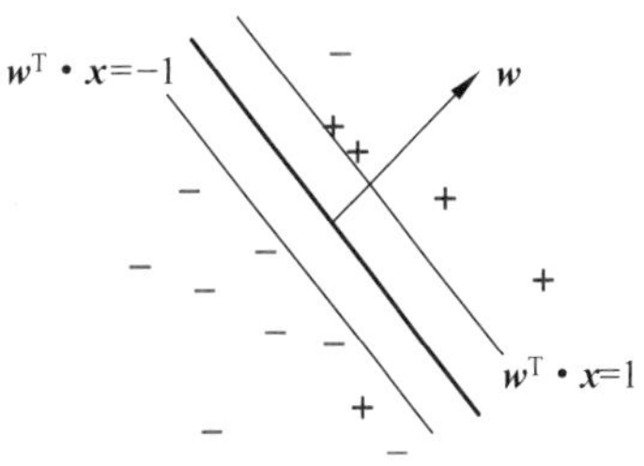

图 4.9 数据集无法被完美地分隔开的例子

$$\min \|\boldsymbol{w}\|_2 + \lambda \times 错误个数$$

换句话说，其实可以写成

$$\min \|\boldsymbol{w}\|_2 + \lambda \sum_i I\{y_i(\boldsymbol{w}^{\mathrm{T}}x_i) < 1\}$$

这个问题看起来非常直观，但是可惜它是一个 NP-难问题，所以无法在多项式时间内求解。主要原因是 $I\{\}$ 这样的指示函数是非常难优化的。那么，可以考虑把这个约束放松，变成

$$\min \|\boldsymbol{w}\|_2 + \lambda \sum_i \xi_i$$
$$满足\ \forall i, y_i\boldsymbol{w}^{\mathrm{T}}x_i \geqslant 1 - \xi_i \quad (原问题)$$
$$\xi_i \geqslant 0$$

其中，ξ_i 称为松弛变量，我们使用松弛变量把之前错误的概念软化。之前的错误是“非黑即白的”，只要违反了$\geqslant 1$ 的约束，哪怕只是违反了一点点，都会被计作一个错误。但是松弛变量就认为，如果只是违反了一点点约束，那么最后加在惩罚函数里面就只有一点，所以问题不大。

考虑原问题的对偶问题：

$$\max \sum_i a_i - \frac{1}{2}\sum_i \sum_j y_i y_j a_i a_j \langle x_i, x_j \rangle$$
$$满足\ \forall i, 0 \leqslant a_i \leqslant \frac{1}{2n\lambda} \quad (对偶问题)$$
$$\sum_i y_i a_i = 0$$

原问题与对偶问题是优化理论里非常优美奇妙的一部分，但并不是本书的重点。我们只需要知道如下几点即可：

(1) 原问题与对偶问题(在我们这个问题中)的解是一样的。

(2) 在原问题中，需要考虑 $\boldsymbol{w}$ 和 n 个 ξ_i 的值用于求解，n 是数据点的个数。

(3) 在对偶问题中，需要考虑的则是一个 n 维向量 $\boldsymbol{a}$，试图最大化 $\sum_i a_i -$

$\frac{1}{2}\sum_{i}\sum_{j} y_i y_j a_i a_j \langle x_i, x_j \rangle$，同时满足一些约束。

(4) 可以用拉格朗日乘子法解对偶问题，但是本书不展开了，目前相关的工具也已经非常成熟。

(5) 对于两个问题的最优解 $\boldsymbol{w}$ 和 $\boldsymbol{a}$ 来说，满足 $\boldsymbol{w}=\sum_{i} a_i y_i x_i$。

其中，最后一点就是我们要讲的这个算法——支持向量机的名字由来。如果 $a_i \neq 0$，那么数据点 x_i, y_i 就会被加入到最后的 $\boldsymbol{w}$ 的表达式中；否则不会。因此，只有 $a_i \neq 0$ 的数据点才会被称为支持向量，这些数据点其实就是距离分隔平面最近的那些点，所以比较少。支持向量机就相当于是由支持向量计算分隔方案的算法。那为什么我们叫它支持向量机而不是支持向量算法呢？我们很快就会知道。

目前我们考虑的情况其实是比较简单的线性分类的情况，不能够处理更加复杂的非线性情况。使用支持向量机能不能处理非线性情况呢？答案是肯定的，只要我们引入核方法(kernel method)。

如图 4.10 所示，在原始的二维空间中，无法用一条直线把这些点完美地分隔开来。可是，如果把这些点投影到高维空间，就有可能用一个线性平面把这些点分开了。这样的方法就叫做核方法，这个映射的函数叫做核函数，映射到的高维空间就叫做特征空间或者核空间。如果核函数是一个随机函数，而且核空间的维度足够大，那么可以证明大概率是可以把数据点在核空间分开的。当然，也可以根据具体的情况设计各种各样巧妙的核函数。在深度学习出现之前，好的核函数对于提升算法的表现非常关键；深度学习出现之后，这个步骤就被神经网络替代了。

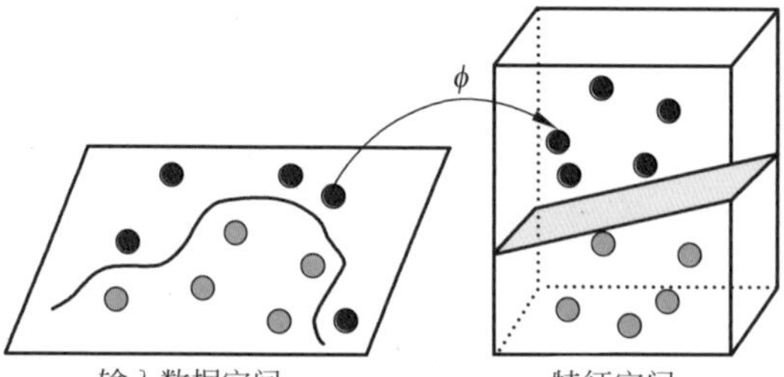

图 4.10　核方法示意图

假如有了一个效果很好的核函数，那么能不能在核空间把间隔最大的平面找到呢？这件事情最大的问题是核函数计算起来可能是非常麻烦的，因为核空间的维度可能非常高(甚至可能会有无穷维)。有没有可能不计算核函数，但是又能够完成这件事情呢？听起来很离谱，但是支持向量机是可以做到的。

先来看一下核空间中的原问题：

$$\min \|\boldsymbol{w}\|_2+\lambda \sum_{i} \xi_i$$

$$\text{满足 } \forall i, y_i \boldsymbol{w}^{\mathrm{T}} \phi(x_i) \geqslant 1-\xi_i$$

$$\xi_i \geqslant 0$$

其实和之前的原问题很像，只是把输入 x_i 替换成了 $\phi(x_i)$。类似地，它的对偶问题是

$$\max\sum_i a_i-\frac{1}{2}\sum_i\sum_j y_iy_ja_ia_j\langle\phi(x_i),\phi(x_j)\rangle$$

$$\text{满足 }\forall i,\quad 0\leqslant a_i\leqslant\frac{1}{2n\lambda}$$

$$\sum_i y_ia_i=0$$

我们注意到,其实在对偶问题中,我们关注的不再是 $\phi(x_i)$本身,而是$\langle\phi(x_i),\phi(x_j)\rangle$。如果$\langle\phi(x_i),\phi(x_j)\rangle$比较好算,哪怕 $\phi(x_i)$本身并不好算,也没有关系。

我们来看一个例子:多项式核函数。

对于一个 d 维的数据点 $x=(x_1,x_2,\cdots,x_d)$,我们定义 $\phi(x)=(1,\sqrt{2}x_1,\cdots,\sqrt{2}x_d,(x_1)^2,\cdots,(x_d)^2,\sqrt{2}x_1x_2,\cdots,\sqrt{2}x_{d-1}x_d)\in\boldsymbol{R}^{\Omega(d^2)}$。这其中包含了 $d+1$ 个一阶项,d 个平方项,$\frac{d(d-1)}{2}$个交叉项。那么应该如何计算$\langle\phi(x),\phi(z)\rangle$呢?

简单的算法自然是把两个核函数展开:

$$\langle\phi(x),\phi(z)\rangle=1+\sum_i 2x_iz_i+\sum_i(x_i)^2(z_i)^2+\sum_i\sum_{j\neq i}2x_ix_jz_iz_j$$

这至少需要 $\Omega(d^2)$个操作才能算完。

但是考虑如下的式子:

$$(\langle x,z\rangle+1)^2=1+\sum_i 2x_iz_i+\sum_i(x_i)^2(z_i)^2+\sum_i\sum_{j\neq i}2x_ix_jz_iz_j$$

上式可以得到一样的结果,但是只需要 d 个操作就可以完成,虽然 $\phi(x)$,$\phi(z)$两个向量都是 $\Omega(d^2)$空间中的。因此,对于很多核函数,$\langle\phi(x),\phi(z)\rangle$可能会有更快的算法。

我们再回头看对偶问题的目标,发现其实只需要计算 n^2 个内积$\langle\phi(x),\phi(z)\rangle$就可以使用拉格朗日乘子法计算出我们需要的答案 $\boldsymbol{a}\in\boldsymbol{R}^n$ 了。

可是,考虑到 $\boldsymbol{w}=\sum_i a_iy_i\phi(x_i)$,即最后得到的分割平面也是在核空间中的,似乎这个时候就不得不计算 $\phi(x_i)$了?答案是否定的。我们其实并不关心 $\boldsymbol{w}$ 的显式解到底是什么,我们只关心来了一个新的点 x,我们要判断它在核空间中会被怎么分隔开。根据支持向量机的定义,只需要计算 $\boldsymbol{w}^{\mathrm{T}}\phi(x)$的值就可以了(这里忽略了偏置 b,因为它也可以通过修改核空间的定义成为 $\boldsymbol{w}$ 的一部分):

$$\boldsymbol{w}^{\mathrm{T}}\phi(x)=\sum_i a_iy_i\langle\phi(x_i),\phi(x)\rangle$$

如果最后算出一共有 r 个 $a_i\neq 0$,那么只需要计算 r 次核函数的内积操作,就可以判断出点 x 的类别。换句话说,虽然使用了核函数 $\phi(x)$,但是不管是在问题的求解,还是对于新的数据点 x 的判断,都不需要显式计算 $\phi(x)$。这就是所谓的核技巧(kernel trick)。

本章总结

本章学习了线性回归,并介绍了使用(随机)梯度下降法对目标函数进行优化。在线性回归的基础上,介绍了使用 Sigmoid 函数或者 Softmax 函数,输出针对二分类或者多分类的概率分布。对于分类问题，介绍了常用的损失函数交叉熵。接着，学习了正则化的方法，包括岭回归与套索回归。最后，介绍了支持向量机的用法，尤其是如何与高维核空间配合使用。

习题

1. 请问线性回归和线性分类在输出上的区别是什么？

答：线性回归输出是一个连续的实数，线性分类输出是一个离散的类别。

2. 请简单谈谈对特征(feature)的理解，可以以房价预测为例子简述。

答：在房价预测的例子中，建筑面积、离市中心的距离、建造时间、是否为学区房、是否为二手房、房主的年龄等是房子的特征，可以看到，这些特征有些是有助于预测房价的，有些是不重要的，如房主的年龄。挑选出重要特征对大部分机器学习问题非常重要。

3. 请问，对于损失函数 L，在第 t 个时刻，其当前邻域能降低函数值最快的方向是什么？

答：$\nabla L(w_t)$，即其导数方向。

4. 请举一个例子来说明如何限制空间大小，分别写出其约束版本和没有约束的版本即可。

答：约束版本：对于线性回归，限定 $\|\boldsymbol{w}\|_2^2$ 的大小，即 $\boldsymbol{w}$ 的长度满足 $\|\boldsymbol{w}\|_2^2 \leqslant c$。

由于直接求解带约束的问题往往比较困难，所以转换为没有约束的版本，即

$$\min \frac{1}{2N}\|X\boldsymbol{w}-y\|_2^2+\frac{\lambda}{2}\|\boldsymbol{w}\|_2^2$$

5. 已知损失函数为 $L(w)=w^2+5w+6$，η 取为 0.1，初始值 $w_0=2$，请计算迭代 3 次后的 w 的值。

参考答案：$L'(w)=2w+5$，$w_1=w_0-0.1(w_0+5)=1.3$，$w_2=w_1-0.1(w_1+5)=0.65$，$w_3=w_2-0.1(w_2+5)=0.085$。

6. 请简述随机梯度下降中，批大小对训练的影响。

参考答案：若批太小，那么随机梯度的噪声会非常大，不易收敛；如果批太大，那么运行速度就会非常慢。

7. 已知向量 $\boldsymbol{u}\in\boldsymbol{R}^k$，请计算 $\boldsymbol{u}$ 经过 Softmax 变换后的 y_i 对 $\boldsymbol{u}$ 的导数。

参考答案：$i=j$ 时，

$$\frac{\partial y_i}{\partial u_j}=y_i(1-y_j)$$

$i\neq j$ 时，

$$\frac{\partial y_i}{\partial u_j}=-y_iy_j$$

8. 请叙述岭回归的基本思想。

参考答案：针对普通的损失函数 $\frac{1}{2N}\|X\boldsymbol{w}-y\|_2^2$，我们希望能同时限定 $\|\boldsymbol{w}\|_2^2$ 的大

小，即 $\boldsymbol{w}$ 的长度满足 $\|\boldsymbol{w}\|_2^2 \leqslant c$，其他的情况不予考虑。从直觉上来看，这可以帮助解决过拟合的问题，因为这限制了解空间的大小（只考虑长度平方小于 c 的 $\boldsymbol{w}$）。

9. 请叙述套索回归的基本思想。

参考答案：在优化 $\frac{1}{2N}\|X\boldsymbol{w}-y\|_2^2$ 的同时，满足 $\|\boldsymbol{w}\|_0 \leqslant c$，即希望 $\boldsymbol{w}$ 比较稀疏，其非 0 项不超过 c 个。在实际中，往往使用 $\|\boldsymbol{w}\|_1 \leqslant c$ 作为替代品。

10. Sigmoid 函数的值域为

A. $[0,1]$

B. $(0,1)$

C. $[-1,1]$

D. $(-1,1)$

参考答案：B。

11. 岭回归通过增加对参数一范数惩罚提升模型泛化性能。

参考答案：错。应为二范数。

12. 根据下列数据计算 y 对 x 的回归方程（提示：在样本量较小的情况下使用显式解会更快）。

x	1	2	3	4	5
y	1	3	4	2	4

参考答案：$y=1.3+0.5x$。

第5章 CHAPTER 5 决策树模型

引言

在本章里，我们将学习一个非常基础且常用的机器学习模型——决策树模型。决策树模型是一个相对比较简单的模型，一般只适用于相对简单的场景，在复杂场景中通常没有很高的准确率。但是，决策树模型是很多更加复杂的机器模型的基础，例如，第 6 章要讲的随机森林和梯度提升模型。

本章中只考虑监督学习。回忆一下基础的监督学习的范式：给定一个训练数据集，每个训练数据形如($\boldsymbol{X}$，Y)，其中 $\boldsymbol{X}$ 是数据的特征向量，Y 是数据的标签。我们的目标是学习出一个从 $\boldsymbol{X}$ 到 Y 的映射 f：$\boldsymbol{X} \rightarrow Y$，也就是我们的模型。我们的目标是给定一个测试数据 $\boldsymbol{X}'$，$f(\boldsymbol{X}')$能较好地预测 $\boldsymbol{X}'$的标签 Y'。在决策树模型中，映射 f 是一棵决策树。一棵决策树是一个树状的结构(和第 2 章讲的搜索树的结构非常类似)，树的每个内点是简单的判断规则。决策树与人类做决策的过程类似，因此非常易于理解，且具有很强的可解释性。我们首先介绍决策树的基本概念。

5.1 决策树的例子

为了理解决策树的结构，我们先举一个简单的例子。假设现在需要基于表 5.1 的数据集(训练集)设计一个电子邮件分类系统，用以区分垃圾邮件和正常邮件。一个直观的做法是制定一些简单的规则。例如，首先判断邮件是否来自陌生的邮箱地址。如果该邮件来自常用的联系人，就可以很大程度上排除垃圾邮件的可能。其次，垃圾邮件往往包含诈骗信息，因此会经常出现“赚钱”“转账”等字眼。基于这两点制定出了如图 5.1 所示的邮件分类规则。

表 5.1 邮件分类数据集

邮件编号	总字数	生僻字比例	是否来自陌生邮箱	包含“赚钱”	包含“转账”	是否垃圾邮件
1	1023	0.10	是	是	是	是
2	212	0.01	否	是	否	否
3	102	0.04	否	否	否	否
4	12	0.00	否	否	否	否
5	521	0.00	是	否	是	否

图 5.1 即为一棵决策树。我们可以看到整个分类流程构成了一种树状结构。其中最上方的蓝色方框是树的根,称为根节点。每个箭头是树的一个分支。每个方框都是树的节点。其中蓝色的方框带有分枝,称为中间节点,每个中间节点伴随着一个判断条件。根据中间节点判断结果的不同,从中间节点出发的箭头会指向不同的子节点,这个中间节点称为这些子节点的父节点。橙色的方框不再生出分枝,称为叶子节点。从根节点到每个叶子节点都会经过一条路径。每个叶子节点记录决策树对符合路径上所有判断条件的数据的预测情况。例如图 5.1 中,从最高的蓝色根节点出发,到左下角的橙色叶子节点,会经过"是否来自陌生地址"与"是否包含'转账'"两个判断条件。如果有一封邮件这两个条件均成立,它将被分类为垃圾邮件。

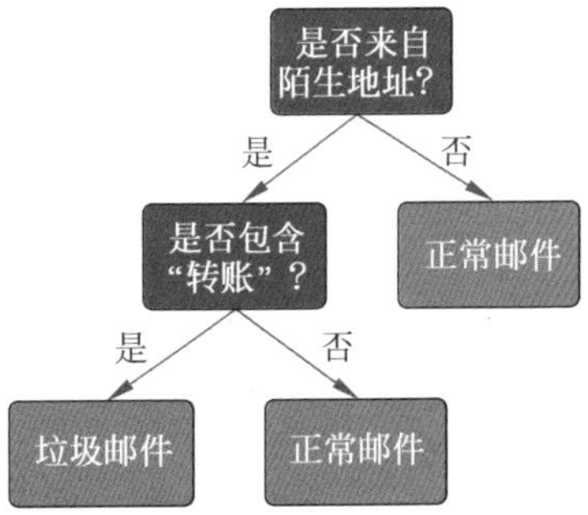

图 5.1 邮件分类规则

5.2 决策树的定义

通过上面的例子,我们对决策树的主要组成有了直观的认识。下面给出决策树的正式定义。

定义[决策树]:一个树结构的每个中间节点对数据的某一个特征进行判断,根据判断结果的不同指向相应的子节点。并且,该树结构的每个叶子节点对符合所有根节点到该叶子节点路径上判断条件的数据,给出一个预测值。这样的树结构称为决策树。

根据特征类型的不同,决策树采用不同形式的分支。在图 5.1 的例子中,判断条件仅涉及表 5.1 中的两个特征,且两个特征均只有"是"和"否"两种取值。对于数值型的特征 x(例如,总字数与生僻字比例等,这些特征的值具有大小意义,如总字数、生僻字比例),决策树可使用该特征值是否超过一个阈值($x \leqslant t$)作为判断条件,例如,总字数是否超过 500;而对于具有更多取值的离散型特征(这些特征的值仅表示一种属性,没有大小意义,如表 5.1 中后四列特征),可以使用该特征值是否属于值域的某一子集(如 $x \in S$)作为判断条件,从而产生两个分枝;或者对每种取值都生成一个单独的分枝。本章中仅考虑产生两个分枝的情形。

针对不同的问题,决策树的叶子节点需要输出不同的预测。对于回归(regression)问题,叶子节点的预测值是一个实数;而对于分类(classification)问题,则是一个类别。前者称为回归树,后者称为分类树。在前面垃圾邮件分类问题中,采用的是分类树。下面看一个回归树的例子。

假设你是某手机品牌的粉丝,希望对一款即将发布的新机型的价格进行预测,并且已知当前市面上各种不同配置手机的价格见表 5.2。

根据表 5.2(即训练数据),采用以下的定价规则进行决策树的构建:如果内存超过 8GB,则预测价格为 5200 元;否则将根据屏幕的材质进一步进行预测。根据这些规则,我们得到了图 5.2 所示的三叶子决策树。

表 5.2 手机价格数据

手机型号	内存/GB	存储空间/GB	屏幕材质	是否曲屏	价格/元
1	8	64	LCD	否	4800
2	16	128	OLED	是	5000
3	4	128	OLED	否	3200
4	8	128	LCD	否	4400
5	16	256	OLED	是	7200

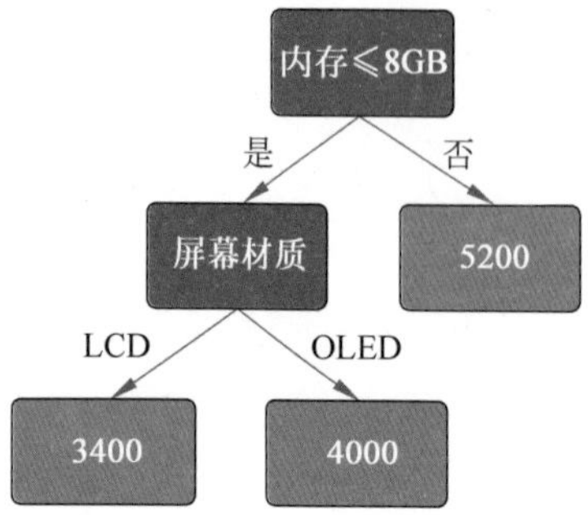

图 5.2 回归树

当然敏锐的读者会问，为什么不用更多的内点和分支，使每个叶子上均有一个数据点，这样可以完美地拟合所有训练数据。但是通常这样的决策树过拟合(overfit)了训练数据，对新的测试数据的效果并不好。关于过拟合问题和如何防止过拟合，后面在如何训练决策树模型时还会提到。

决策树的函数视角：决策树将输入的数据 X 所在的空间分割成多个不同的子空间；然后为每个子空间(对应一个叶子节点)赋予一个预测值，即决策树表示一个分段常数函数。图 5.3 给出了一个连续特征空间上决策树的例子。在这个例子里数据集有两个数值类型的特征 x_1 和 x_2，而决策树相当于把数据所在的平面分割成了 4 个子区域。

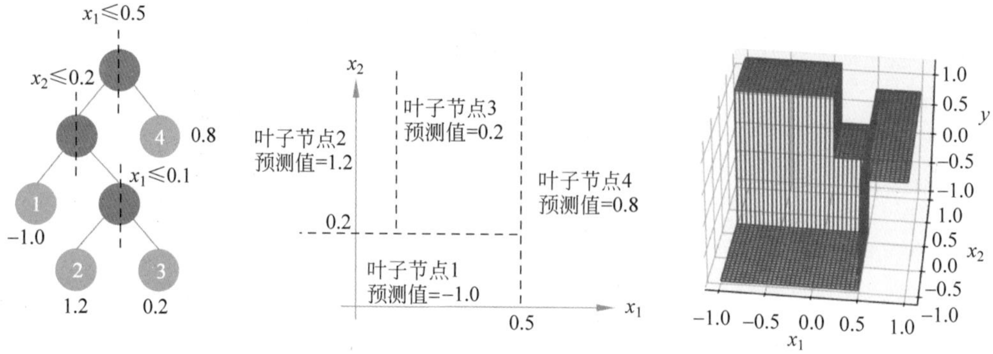

图 5.3 决策树切分的空间

下面，将详细介绍决策树的训练算法。最常用的决策树算法包括 ID3，C4.5 和 CART。这些算法在细节上有一些小的差异(例如，下面将介绍的分割增益的计算等)。本章介绍的算法是针对回归问题的 CART 算法。

5.3 决策树的训练算法

通过前面的两个例子可以看到决策树主要由两个部分组成：一个是叶子节点的预测值；另一个是决策树的结构，包括中间节点的判断条件。决策树的训练就是找出一个理想的决策树结构，并对每片叶子赋予合适的预测值。

决策树的训练可以总结为如下由根到叶子的构造过程：最初，只有一个根节点，根节点对应所有训练数据；然后，选择一个特征，设置一个判断条件（也称为分割条件）；接下来，依据该判断条件构造根的两个叶子，使得每个叶子对应一部分数据；重复这个叶子节点的构造步骤直到达到树规模的限制条件为止。为了应对过拟合问题，有时需要对决策树进行剪枝。

下面将详细地讨论如何选取叶子的预测值，以及如何分割叶子节点。这是决策树构建的核心所在。

5.3.1 叶子预测值的计算

首先假设决策树的结构已经确定，即树结构、所有内点和相关判断条件都已经确定。这样哪些训练数据落到哪些叶子也就确定了，唯一不确定的是每片叶子上最优的预测值。

这个预测值的计算方法非常简单：

- 对于分类问题，叶子 j 的预测值为所有落在这个叶子上的数据中归属最多的类别。
- 而对于回归问题，叶子 j 的预测值为该片叶子上数据的标签的平均值。

损失函数的观点：机器学习的训练算法一般都是在最小化某个损失函数。以上对每个叶子的预测值的选择实际上也是在最小化损失函数。具体来说，假设 I_j 是落在叶子 j 上的样本集合，w_j 是叶子 j 的预测值。对于样本 i，用 y_i 代表它的标签，用 $\hat{y}_i$ 代表学习算法的预测，并用 $l(\hat{y}_i, y_i)$来代表样本 i 的损失。决策树的损失函数可以表示为

$$\frac{1}{N}\sum_{i=1}^{N} l(\hat{y}_i, y_i) = \frac{1}{N}\sum_{j}\sum_{i\in I_j} l(\hat{y}_i, y_i) = \frac{1}{N}\sum_{j}\sum_{i\in I_j} l(w_j, y_i)$$

这里最后一个等式是因为样本 i 落在了叶子 j 上，且 w_j 是学习算法对于样本 i 的预测值。因为假设决策树的结构已经确定，对于叶子 j，落在其中的样本集合 I_j 是固定的。因此只需要对每个叶子独立地取最优预测值即可。

对于分类问题，最常见的损失函数是分类错误率（$\sum_{i\in I_j}\frac{1}{N}l(w_j, y_i) = \sum_{i\in I_j}\frac{1}{N}I(w_j \neq y_i)$）[1]。很容易可以发现，选择这个叶子上的数据中归属最多的类别作为预测值可以使分类错误率最小。

对于回归问题，最常见的损失函数是最小均方误差（mean square error，MSE），即 $\sum_{i\in I_j}\frac{1}{N}l(w_j, y_i) = \sum_{i\in I_j}\frac{1}{N}(w_j - y_i)^2$。这时最优的预测值为这个叶子上的数据标签的平均值 $\frac{1}{|I_j|}\sum_{i\in I_j} y_i$。这是一个广为人知的结论，可以通过对损失函数求导并令导数等于0得到。

5.3.2 分割条件的选取

一开始，我们的决策树只有一个根节点，其对应所有样本数据。我们需要找到一个分割

① 函数 $I()$一般称为指示函数（indicator function）。如果括号内条件为真，则函数值取1，否则取0。

条件，把数据分成两部分，分别构成根节点的两个子节点。对于子节点，我们会用同样的办法找分割条件去让这个树生长，直到停止条件。本节讨论对于一个节点（和其对应的数据样本），如何选取分割条件。

对于类别特征（categorical feature，即取值只是少数个类别值），这个选择相对比较简单。例如，如果特征是图 5.1 中的“是否来自陌生邮箱”，那么两个子节点分别对应答案“是”或“否”。如果包含多于两个分类，一个选取分割条件的方法是问是否是其中某一类。我们还将在 5.3.6 节讨论对类别行特征的处理。

对于数值型特征（numerical feature，即取值为数值），一个常用的分割条件是形如 $x_p \leqslant t$，根据特征 x_p 和阈值 t 的大小关系将节点 j 分割为两个子节点 j_1 和 j_2。下面将以数值型特征为例来看如何评价一个分割条件。

粗略来讲，衡量一个分割条件的优劣，是看采用该分割条件能如何减少训练误差。减少的越多，说明该分割条件越好。那么如何量化这一评测过程呢？考虑数值型特征 x_p，假设按条件 $x_p \leqslant t$ 将节点 j 分割为两个子节点 j_1 和 j_2（节点 j_1 将包含所有节点 j 中满足 $x_p \leqslant t$ 的数据，节点 j_2 将包含所有节点 j 中满足 $x_p > t$ 的数据）。那么，这个分割条件对于落在节点 j 上的数据训练误差的减小量为

$$\text{gain}(j, x_p, t) = \sum_{i \in I_j} l(w_j^*, y_i) - \sum_{i \in I_{j_1}} l(w_{j_1}^*, y_i) - \sum_{i \in I_{j_2}} l(w_{j_2}^*, y_i)$$

其中，$I_{j_1} = \{i \in I \mid x_{i,p} \leqslant t\}$ 表示落在子节点 j_1 上的数据，$I_{j_2} = \{i \in I \mid x_{i,p} > t\}$ 表示落在子节点 j_2 上的数据。为了方便叙述，把训练误差减小量 $\text{gain}(j, x_p, t)$ 称为分割条件 $x_{i,p} \leqslant t$ 在叶子 j 上的分割增益。

下面，简单推导一下当训练目标为最小化均方误差时，分割增益的具体形式：

$$\begin{aligned}
\text{gain}(j, x_p, t) &= \frac{1}{N}\left[\sum_{i \in I_j} (w_j^* - y_i)^2 - \sum_{i \in I_{j_1}} (w_{j_1}^* - y_i)^2 - \sum_{i \in I_{j_2}} (w_{j_2}^* - y_i)^2\right] \\
&= \frac{1}{N}\left[\sum_{i \in I_j} \left(\frac{1}{|I_j|}\sum_{s \in I_j} y_s - y_i\right)^2 - \sum_{i \in I_{j_1}} \left(\frac{1}{|I_{j_1}|}\sum_{s \in I_{j_1}} y_s - y_i\right)^2 - \right. \\
&\qquad \left. \sum_{i \in I_{j_2}} \left(\frac{1}{|I_{j_2}|}\sum_{s \in I_{j_2}} y_s - y_i\right)^2\right] \\
&= \frac{1}{N}\left[\frac{\left(\sum_{s \in I_{j_1}} y_s\right)^2}{|I_{j_1}|} + \frac{\left(\sum_{s \in I_{j_2}} y_s\right)^2}{|I_{j_2}|} - \frac{\left(\sum_{s \in I_j} y_s\right)^2}{|I_j|}\right]
\end{aligned}$$

从这个式子可以看到，知道了 I_{j_1} 和 I_{j_2} 后，只需要计算每个子节点上对应的标签的和，就可以计算对应的 gain 值了。对于离散型特征，也有同样的 gain 的定义，只不过使用的不再是阈值 t，但是只要知道 I_{j_1} 和 I_{j_2}，就可以利用上面的公式计算。

接下来，为了找出叶子节点 j 的最优分割条件，只需要对每个特征 x_p 遍历一次它在训练数据中所有可能的分割条件（即遍历阈值 t），然后找出使 gain 最大的数值特征 x_p 和 t。对离散型特征，也作类似的遍历，遍历所有可能的分割条件，找出 gain 最大的那个分割条件。

下面的例子展示了如何通过表 5.2 数据中的存储空间这一特征找出最优的分割阈值。

首先将数据点按照存储空间升序排序。由于这里只有 3 种不同的存储空间大小，在进行分割时，只需考虑两个可能的条件，即存储空间不超过 128GB 与存储空间不超过 256GB。通过分别计算出这两个条件下左右两个子节点的 y_i 之和及相应的分割增益的值，可以得到 128GB 是最优的分割阈值，见表 5.3。

表 5.3 寻找使用存储空间这一特征的最优分割条件

存储空间/GB	64	128	128	128	256
y_i/百元	48	50	32	44	72
子节点y_i之和	48	198			
gain	$\frac{48^2}{1}+\frac{198^2}{4}-\frac{246^2}{5}=1.8$				

存储空间/GB	64	128	128	128	256
y_i/百元	48	50	32	44	72
子节点y_i之和	174				72
gain	$\frac{174^2}{4}+\frac{72^2}{1}-\frac{246^2}{5}=649.8$				

5.3.3 决策树结构的选择

本节介绍如何构造一棵决策树。这个构造过程是一个自顶向下的过程，即从根节点开始，逐渐向下生长出整个决策树。在这个过程中，要利用前面讲的方法来对部分叶子节点进行分割。

具体来说，决策树的构造算法是一个迭代的过程。①一开始所有数据都落在根节点上；②在每一步的迭代中，选取一部分叶子节点，将它们按照 5.3.2 节中的方法进行分割，根据分割条件，一个叶子节点会长出 2 个叶子节点(原来的叶子就会变为内点)，而这个叶子对应的数据会根据分割条件分配给这 2 个新的叶子(即 5.3.2 节中的 I_{j_1} 和 I_{j_2})；③重复这一步骤直到决策树达到某些终止条件，终止条件将在 5.3.4 节进行介绍。

在步骤②中，叶子节点的选取方式有以下两种：

(1) 选取所有的叶子进行分割，这种方式被称为按层 (level-wise)训练。假设目前树有 k 层，第 k 层有 2^{k-1} 个叶子。将这些叶子全部分割后将得到 2^k 个新的叶子。这样构造出来的决策树是一个完全二叉树[①]。

(2) 仅选取最优分割增益最大的叶子进行分割(找到分割增益最大的叶子需要遍历目前所有的叶子)，这种方式称为按叶子(leaf-wise)训练。leaf-wise 训练出来的决策树未必是完全二叉树。

一般来说，在具有相同叶子数量的情况下，leaf-wise 训练能拥有的结构更加灵活，但也更容易过拟合训练数据。图 5.4 展示了二者的区别。

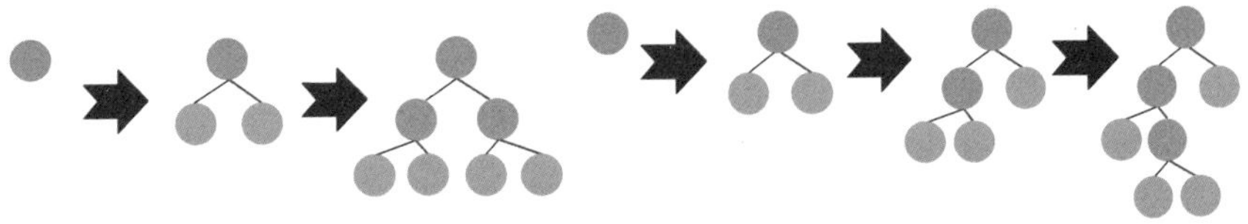

图 5.4 level-wise 训练和 leaf-wise 训练

① 一个有 k 层节点的完全二叉树，其叶子全部在第 k 层，且每个内点有 2 个子节点。很容易算出一个这样的完全二叉树有 2^k-1 个节点。

5.3.4 防止过拟合

前面已经介绍了通过迭代地分割叶子训练决策树的方法。那么,如何决定迭代的次数呢?或者说,什么样的决策树大小是合适的呢?

事实上,如果不对决策树的大小进行限制,我们可以很容易构造出一个训练误差非常小的决策树。例如,对于表 5.2 中的数据,图 5.5 中的决策树训练误差为 0。请读者思考一下为什么这样的决策树并不是我们想要的呢?因为它只是简单地记录了每种型号手机的价格,并没有学习任何手机定价的规律,因此也无法对新的样本进行预测。一般地,对于 N 个互不相同的训练数据,总是可以很容易地构造出一个有 N 片叶子的决策树,使每片叶子上仅包含一个数据,并且包含数据 x_i 的叶子输出的预测值就是其标签 y_i。这样的决策树训练误差为 0,但其过拟合情况非常严重:每片叶子的预测值仅仅取决于一个样本,严重缺乏代表性。

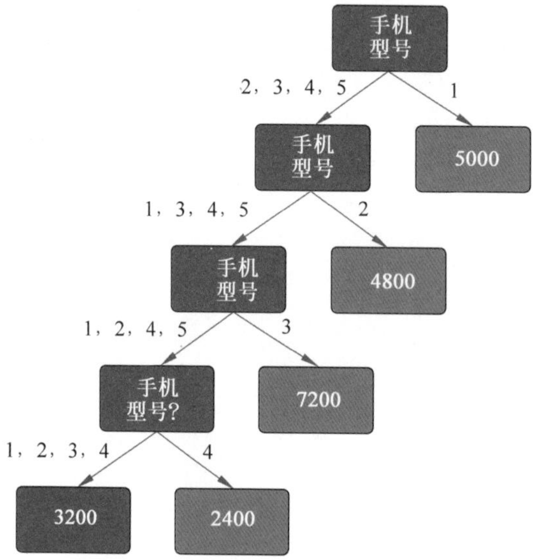

图 5.5 训练误差为 0 的决策树

为了防止这种情况出现,在实际的训练中,会通过牺牲一部分叶子节点分割带来的训练误差下降,保证决策树具备较强的泛化能力。这种做法被称为剪枝。剪枝的方法可分为两种:①在决策树的训练过程中加入限制条件,避免违反这些限制条件的分割。②先训练一个规模足够大的决策树,然后再删去多余的树分支。前者称为预剪枝,后者称为后剪枝。

在预剪枝中,常用以下几种限制条件:

(1) 限制树的最大深度。如果所有叶子都已经达到最大深度,将停止训练。

(2) 限制树的最大叶子数目。如果叶子数目达到这个上限,将停止训练。

(3) 限制每片叶子上最少的样本数。例如,规定每片叶子上至少有 10 个样本。如果一个分割条件会产生样本数少于 10 的叶子,该分割条件将不被考虑。

(4) 规定分割带来的训练误差下降的下限。比如,规定此下限为 0.3,那么将无视所有导致训练误差下降达不到 0.3 的分割条件。

(5) 利用验证集进行预剪枝。如果有验证集,可在决策树的训练过程中不断用验证集进行评估。如果一次分割无法降低验证集上的误差,该分割将不被进行。

后剪枝通常结合验证集来使用，即先将决策树训练到足够大之后，从决策树的底部开始，评估删除一个分割是否导致验证集误差下降。如果是，则删除该分割，即删除该分割产生的两个叶子节点，并将它们的父节点重新设为叶子节点；否则，保留该分割。该步骤将不断重复直到没有分割的删除能导致验证集误差下降为止。

预剪枝和后剪枝各有优劣。预剪枝相比后剪枝训练开销较小；但是后剪枝的眼光比较长远：有一些分割可能达不到被预剪枝保留下来的标准，但它们能因为产生的后续节点导致全局分割更好而被保留下来。

5.3.5 伪代码

下面给出按叶子 leaf-wise 分割，并且采用限制最大叶子数目和叶子上最小样本数的决策树训练算法的伪代码：

算法 15：决策树训练

输入：训练数据，决策树的最大叶子数目 T，每片叶子最小样本数 min_data_per_leaf。

输出：单个决策树。

1. 初始化所有的样本在根节点上。
2. 重复步骤 2.1 到步骤 2.2，直到决策树的叶子数目达到 T，或无可使用的分割为止。

2.1 对每片叶子 j 计算出最优的分割条件和对应的最大分割增益 gain_j^*。在计算中，忽略产生新叶子上样本数少于 min_data_per_leaf 的分割。

2.2 选择 gain_j^* 最大的一片叶子，按照其最优分割条件进行分割，并计算出新叶子节点的预测值。

5.3.6 缺失值处理

在实际任务中，训练数据不总是完整的。例如，某些数据点的某些特征值会有缺失的情况。如果处理这些缺失的数据，通常对最终模型效果有很大的影响。首先我们要想办法补全缺失的真实数据。在无法获取真实数据时，有一些常见的处理方法。对于类别特征，一种办法是把缺失值当成一种额外的类别来处理。对于数值特征，常用的方式是在训练之前进行填充，例如，用所有数据的平均值代替缺失值。如果数据是时间序列，那么可以利用数据间的一些关系通过机器学习模型对缺失的数据进行估计。这目前也是一个热点的研究问题。

在决策树构造算法中，在计算分割增益的步骤可以对缺失值进行特殊的处理。例如，在 C4.5 算法中，如果一个特征的数值在一半的样本中都是缺失的，那么在计算该特征分割增益的时候将其权重减半。CART 算法利用了一种称为替代划分的方法处理缺失值，但是该方法计算效率较低，在实际中使用不是很广泛，这里就不介绍了。其他处理缺失值的方法可以参考文献[6]。

5.3.7 离散型特征处理方法与特征工程

在 5.3.2 节中我们讨论了具有较少类别值的离散型特征的处理方法。还有一种比较常用的方式，是在训练之前通过一些编码方法将离散型特征转化成数值型特征。例如，对于一个有 m 种取值的离散型特征，可以用 m 个取值为 0/1 的数值特征来表示，如果一个数据的该离散型特征取值情况为第 k 种，则对应的数值特征的第 k 个取值为 1，其余取值全部为 0。

这种编码方式称为独热编码(one-hot encoding)。这种编码方式在 k 比较小的时候比较有效,但当 k 很大时会生成大量的数值型特征,且这些特征非常稀疏,不利于存储和模型训练。另外一种常用编码方式称为求和编码(sum encoding)。在求和编码中,将一个离散特征值编码成所有具有这个特征取值的样本对应标签的均值与所有样本的标签的均值之间的差。这类特征具有标签信息,因此相对比较容易产生过拟合现象,在实际应用中需要特别注意。

以上特征编码的过程属于特征工程的一种。特征工程(feature engineering)是将原始数据转化成机器学习算法更容易利用的特征的过程,是机器学习实践中的一个重要步骤。好的特征工程是很多场景下机器学习模型是否可以取得成功的关键。有效的特征工程通常需要对要解决的具体问题的理解。例如,本章开始的垃圾邮件分类问题,其中一个特征是"是否包含转账",这个特征是从邮件的原文中计算出来的。这个特征就是机器学习工程师根据问题的特点找到一个有效特征。在很多实际问题中,原始数据包含成千上万维度的信息,有些甚至有文本、图片等非结构化信息。因此,如何进行有效的特征工程是机器学习实践中的一个重要的课题。

本章总结

本章介绍了决策树模型及其构造算法。决策树模型是一类非常简单的机器学习模型。在相对复杂的任务中,决策树模型表现并不是最佳的。如果训练得到的决策树过于复杂,叶子过多,就很容易发生过拟合现象。但是如果叶子不多,又难以拟合训练数据,则发生欠拟合。但是,决策树的一个优势是其非常易于理解,且具有很强的可解释性。在第 6 章中,将介绍两个基于决策树的集成学习的模型——随机森林和梯度提升树。这两个模型是通过集成多个决策树来进行预测的,因此在复杂问题中具有更好的效果。

历史回顾

决策树是一个古老的模型,其历史可追溯到 1964 年 Morgan 和 Sonquist 的论文[1]。在多年的发展过程中,许多决策树的训练算法被提出,比较著名的包括 CART[2]、ID3[3]、C4.5[4]等。此外还产生了许多决策树模型的变种。决策树一开始是在统计学领域被提出,但是并没有引起广泛的注意,当时人们认为它容易过拟合。一直到后来,随着 CART 等具有剪枝的算法被提出,决策树才逐渐在机器学习领域被广泛使用。Wei-Yin Loh[5]对决策树几十年的发展历史做了详细的总结,并列出了在这个过程中决策树的各种变种。

习题

1. 继续完成 5.3.2 节中例子的训练,直到第 3 个决策树训练完毕。
2. 对于一些机器学习模型(例如,神经网络),对特征进行归一化(normalization)是一个有效的预处理操作。一个常见的归一化方式是对每一个特征数据，减去该特征的均值，然后除以该特征的方差。请回答，对于本章提到的基于决策树的一系列算法，归一化是否会影响训练结果？

3. 我们有5个决策树模型，它们的参数、训练和验证集误差如下表所示。请问你会选择哪个模型作为最终模型？为什么？

序号	深度	训练误差	验证集误差
1	2	100	110
2	4	90	105
3	6	50	100
4	8	45	105
5	10	30	150

4. 本章中展示算法使用的例子都是针对回归问题的。现在对单个决策树考虑一个二分类问题的例子。使用的数据集如下：

数据编号	0	1	2	3	4
特征1	0	1	1	2	2
特征2	1	1	0	1	2
标签	0	1	1	0	0

其中特征1和特征2均为数值类型特征。以最小化分类错误率为目标，即

$$\frac{1}{N}\sum_{i=1}^{N} l(\hat{y}_i, y_i) = \frac{1}{N}\sum_{i=1}^{N} I(\hat{y}_i \neq y_i)$$

在二分类问题中，决策树叶子的输出为0/1类别值。请说明在最小化分类错误率时如何选取最优分割条件，并训练一个决策树对以上数据进行分类(决策树可训练得足够大，直到分类错误率为0)。

5. 如果以最小化二分类错误率为目标，我们使用 $f_j = \sum_{i \in I_j} I(w_j^* \neq y_i)$ 来表示叶子 j 贡献的目标函数值，其中 w_j^* 为叶子 j 上数量最多的类别标签。则分类树的分割条件的评价指标为

$$\text{gain}(j, x_p, t) = \frac{1}{N}(f_j - f_{j1} - f_{j2})$$

然而，在一些经典的决策树算法中，训练二分类任务却常常使用基尼系数 $f_j = p_{j0}(1-p_{j0}) + p_{j1}(1-p_{j1}) = 2p_{j0}(1-p_{j0})$(其中 p_{j0} 和 p_{j1} 分别是叶子 j 上的正负样本比例，且 $p_{j0} = 1-p_{j1}$)代替 $f_j = \sum_{i \in I_j} I(w_j^* \neq y_i)$。注意到基尼系数仅仅与正负样本比例有关，因此使用它们做评价标准时需要考虑叶子上的样本量。故评价指标变为

$$\text{gain}(j, x_p, t) = \frac{1}{N}(|I_j| f_j - |I_{j1}| f_{j1} - |I_{j2}| f_{j2})$$

请思考使用基尼系数有何优势？

6. 决策树有许多变种，其中一种是用线性模型代替叶子上的常数预测值的回归树，称为分段线性树。普通的回归树对所有落在叶子 j 上的数据点都只提供一个相同的预测值 w_j。分段线性树则在每个叶子 j 上为数据点 x_j 提供预测值 $k_j^T x_j + b_j$。请思考在叶子上使用线性模型有何优缺点？

7. 在本问题中，我们详细探讨另一种处理有 m 种取值的离散型特征的分割方法。这里，允许如下形式的分割条件：从所有 m 个取值情况中选出一个子集 S，并以数据的该特征值是否在 S 中作为分割条件。这样做可以保持决策树是一个二叉树结构，但是要选出最优的集合 S 比较困难(最优指的是最大化分割增益)，因为一共需要遍历 $2^{m-1}-1$ 个可能的子集 S。幸运的是，对于最小化均方误差的回归树，可以利用一些统计量对特征的所有取值进行排序，然后快速地找出最优的 S。对于特征 p，按照以下统计量

$$s_k = \frac{\sum\limits_{i \in I_j} y_i I(x_{i,p} = k)}{\sum\limits_{i \in I_j} I(x_{i,p} = k)}$$

将它的所有取值排序。换言之，对于一个特征 p 的取值 k，s_k 是所有特征 p 取值为 k 的数据的标签的均值。请证明，一定存在一个 k^*，集合 $S^* = \{k \mid s_k \leqslant s_{k^*}\}$ 是所有 $2^{m-1}-1$ 个集合中最优的选择。

提示：假设存在 k_1, k_2, k_3，且 $s_{k_1} \leqslant s_{k_2} \leqslant s_{k_3}$，如果 $k_1, k_3 \in S, k_2 \notin S$，或者 $k_1, k_3 \notin S$，$k_2 \in S$，则一定可以通过调整 k_1, k_2, k_3 中某一个与 S 的隶属关系来获得相同或更大的分割增益。

(注：该习题来源于文献[7])

8. CART 采用一种叫 cost-complexity 剪枝的后剪枝方法。其目的是在训练得到决策树 T_0 之后，找到一个 T_0 的子树 T(我们称 A 是 B 的子树，如果 $B=A$ 或经过多步剪枝后可以得到 A)，最小化以下目标函数

$$C_\alpha(T) = R(T) + \alpha \mid T \mid$$

其中，$|T|$ 表示的是 T 的叶子节点数目，R 是决策树的训练误差，α 是一个超参数。Cost-complexity 剪枝从 T_0 出发，经过多步剪枝操作，直到只剩下根节点为止，这个过程中得到了一系列 T_0 的子树。其剪枝规则如下。假设第 n 步剪枝中，从 T_{n-1} 剪去以节点 t_n 为根节点的子树 T'_n，即将 T'_n 用其根节点 t_n 取代，得到 T_0 的子树 T_n，令 $\alpha_n = \dfrac{R(t_n) - R(T'_n)}{|T'_n| - 1}$，其中 $R(T'_n)$ 是 T'_n 所有叶子节点对训练误差的贡献之和，$R(t_n)$ 是剪枝之后 t_n 对训练误差的贡献。α_n 可以理解为 T'_n 中平均每片叶子对错误率减小的贡献。每一步选取令 α_n 最小的 t_n 进行剪枝。假设经 K 步之后决策树只剩下根节点，记为 T_K。可以证明，对任意的 $\alpha > 0$，$T_0, T_1, \cdots, T_K$ 中一定存在最小化 $C_\alpha(T)$ 的树。

下面举一个例子来说明 cost-complexity 剪枝的过程。假设一个二分类问题的训练数据有 20 个点，训练目标为最小化分类错误率，经过训练之后的决策树如下图中的 T_0 所示。用 a/b 来表示以一个节点为根的子树上有 a 个正样本，b 个负样本。则剪枝过程及每一步

中所有中间节点的 α_n 候选值(最小的用红色表示)如下图所示。

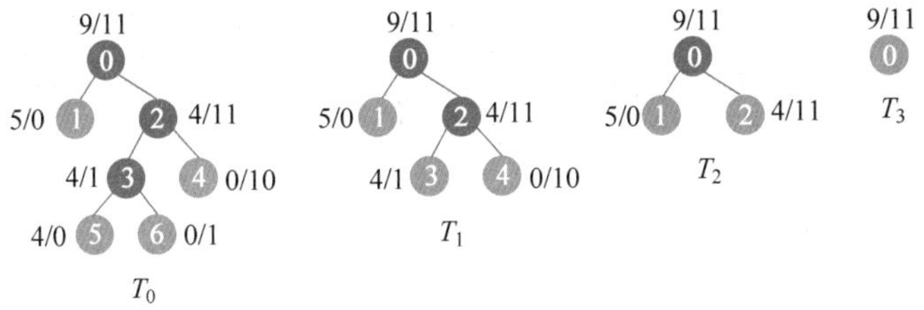

结点	α_1候选值	α_2候选值	α_3候选值
0	$\frac{\frac{9}{20}-0}{4-1}=\frac{3}{20}$	$\frac{\frac{9}{20}-\frac{1}{20}}{3-1}=\frac{1}{5}$	$\frac{\frac{9}{20}-\frac{4}{20}}{2-1}=\frac{1}{4}$
2	$\frac{\frac{4}{20}-0}{3-1}=\frac{1}{10}$	$\frac{\frac{4}{20}-\frac{1}{20}}{2-1}=\frac{3}{20}$	
3	$\frac{\frac{1}{20}-0}{2-1}=\frac{1}{20}$		

请证明以下结论:

(1) 对任意正整数 n,$\alpha_n \leqslant \alpha_{n+1}$;

(2) 对任意 $\alpha>0$,$T_0,T_1,\cdots,T_K$ 中一定存在最小化 $C_\alpha(T)$的 T_0 的子树。

(注:该习题来源于文献[8])

参考文献

[1] MORGAN J N,SONQUIST J A. Problems in the analysis of survey data,and a proposal[J]. Journal of the American Statistical Association,1963,58(302):415-434.

[2] BREIMAN L. Classification and regression trees[M]. Routledge & CRC Press,2017.

[3] QUINLAN J R. Induction of decision trees[J]. Machine Learning,1986,1(1):81-106.

[4] QUINLAN J R. C4.5:programs for machine learning[M]. Elsevier,2014.

[5] LOH W Y. Fifty years of classification and regression trees[J]. International Statistical Review,2014,82(3):329-348.

[6] FRIEDMAN J,HASTIE T,TIBSHIRANI R. The elements of statistical learning[M]. New York:Springer,2001.

[7] FISHER W D. On grouping for maximum homogeneity[J]. Journal of the American Statistical Association,1958,53(284):789-798.

[8] RIPLEY B D. Pattern recognition and neural networks[M]. Cambridge University Press,2007.

第6章 CHAPTER 6 集成学习

引言

在本章，我们将学习集成学习(ensemble learning)算法。集成学习简单来讲就是训练多个简单模型并将它们的预测结果集成起来得到最终的预测结果。“三个臭皮匠，顶一个诸葛亮”。如果将单个简单模型看成一个专家，那么集成学习可以理解为由许多专家组成的智囊团。这里的简单模型可以是在第5章中讲的决策树模型。在本章中，介绍两个基于决策树的集成学习模型——随机森林模型和梯度提升树模型。这两个模型在数据科学比赛(例如，Kaggle竞赛[①])和工业界中都有广泛的应用。同时集成学习的思想和技巧也在机器学习中有着广泛的应用。因此，集成学习也是机器学习领域的必备知识之一。

6.1 集成学习

在监督学习算法中，我们的目标是学习出一个稳定的且在各个方面表现都较好的模型。但很多机器学习模型表现不全面，或者比较简单、拟合能力不强，或者比较容易过拟合，或者只能抓住一部分特征等。集成学习通过组合多个基础模型(base model，或者称为子模型，或者弱模型 weak learner)以期得到一个表现更好、更全面的模型。

6.1.1 一个理想化模型

集成学习潜在的思想是集合一系列弱模型的预测结果，从而实现更稳定、表现更好的模型。我们思考一个比较理想化的二分类的例子：有5个基础的二分类模型，假设这5个基础模型每个可以以0.6的概率给出正确答案，并且这些模型的答案都是独立的。一个模型0.6的准确率并不高。但是如果把5个模型的答案集成起来，比如让集成模型最终输出的分类是这5个模型输出超过半数的分类。现在计算一下集成模型最终输出的准确率是

$$\binom{5}{3}0.6^3 0.4^2+\binom{5}{4}0.6^4 0.4^1+\binom{5}{5}0.6^5 0.4^0=0.68$$

可以看到这个准确率高于使用一个基础模型的准确率。当增加基础模型的个数 K 时，最后

① https://www.kaggle.com/，该网站上包含大量数据科学的在线竞赛和数据集。

的准确率可以写成

$$\sum_{i=\frac{K}{2}+1}^{K}\binom{K}{i}0.6^{i}0.4^{K-i}$$

当 K 增加时，这个数将越来越接近 1。以上这个简单的模型对理解集成模型很有帮助。首先，我们需要有一定预测能力的基础模型。如果以上的基础模型的输出准确率都是 0.5，那么最终的模型的准确率也是 0.5(不管 K 是多少)，并不能有提高。另外，在集成模型中，需要基础模型有一定的独立性。可以想象，如果大部分基础模型输出结果类似，那么对它们进行集成得到的增益也不大。

6.1.2 引导聚集方法

集成学习主要有两大类，一类是平行的集成方法，一类是顺序的集成方法。对于平行的集成方法，基础模型是独立训练的；而对于顺序的集成方法，基础模型是一个一个训练的，后一个的训练依赖以前基础模型的训练结果。

首先介绍平行的集成方法的一个典型——引导聚集方法(Bagging)。Bagging 是 bootstrap aggregating 的简称。这个方法最初是在统计里面提出用来估计一个样本的置信区间的。其具体步骤如图 6.1 所示：

(1) 从原始样本中(有放回抽样)抽取一定数量的样本；

(2) 根据抽出的样本应用某个基础机器学习算法训练一个基础模型；

(3) 重复前 2 步 K 次，得到 K 个基础模型(这 K 个模型可以并行训练)；

(4) 根据这 K 个基础模型的输出结果，通过投票(分类问题)或者取平均值(回归问题)得到模型的最终输出。

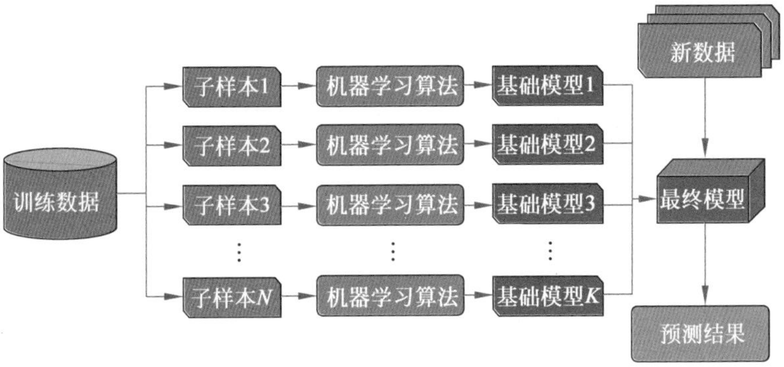

图 6.1 Bagging 算法

我们随后详细介绍的随机森林算法，就是基于 Bagging 算法的思想。

6.1.3 提升算法

下面介绍一个典型的串行的集成学习方法——提升算法(Boosting)。其大致流程如图 6.2 所示。

(1) 对原始样本中的每个数据给一个权重；

(2) 在复权的样本集合上应用某个基础机器学习算法训练一个基础模型；

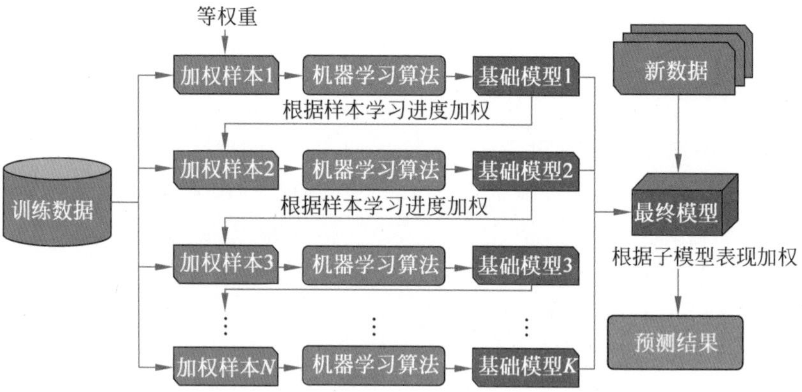

图 6.2 提升(Boosting)算法

(3) 根据基础模型的输出结果,重新复权(一般来说,对分类错误的样本,赋予更高的权重);

(4) 重复前 3 步 K 次,得到 K 个基础模型;

(5) 集成这 K 个基础模型的输出结果。

可以看到提升算法需要串行地训练基础模型。其大致思想主要体现在步骤(3)中:如果目前的模型对一个样本的预测效果不好,我们将提高该样本的权重,使未来训练算法对该样本给予更多的关注。提升算法的一个最典型的例子是著名的 Adaboost 算法,Freund 和 Schapire 于 1995 年提出。该算法在给样本复权时使用了一种特殊的复权方法,称为乘法权重调整方法(multiplicative weighting)。这个方法在机器学习的发展历史中起了重要的作用,启发了很多后续的算法设计。很多机器学习的基础教科书都可以找到这个算法的详细讲解,因此本书对 Adaboost 算法就不深入介绍了。

本书将在 6.3 节重点讲述由 Boosting 算法启发演化出的另一重要算法——梯度提升算法(gradient boosting)。实际上,梯度提升算法是 Adaboost 算法的一个推广(见习题 10:将梯度提升算法应用在指数损失函数上就得到了 Adaboost 算法)。我们还将详细讨论当基础模型是决策树模型时的梯度提升算法,称为梯度提升决策树 GBDT 算法(gradient boosting decision tree)。这个算法也是目前实际中最广泛使用的机器学习算法之一。

6.2 随机森林

随机森林是一种基于 Bagging 思想的以决策树为基础模型的集成学习模型。它通过训练多个决策树进行综合预测。在随机森林中,每个样本的预测值由这些决策树对该样本的预测值综合决定。对于回归问题,随机森林的预测输出为所有决策树预测的均值;对于分类问题,随机森林对所有决策树的预测类别进行投票,得票最高的类别作为最终的预测结果。

为避免在训练中多个决策树给出相同的预测,随机森林在训练每个决策树时会引入一定的随机性,包括以下两个方面:

(1) 从训练数据中随机采样一部分数据训练每个决策树。

(2) 在决策树训练中每次分割叶子节点时，随机选取特征的一个子集，仅从该子集中选取最优的分割条件。

下面以表 5.2 中的数据为例，介绍随机森林的训练过程，见表 6.1 和表 6.2。规定每个决策树使用随机选取的 80% 的训练数据进行训练，并且在分割叶子节点时，仅考虑随机选取的两个特征。在这个简单的例子中，规定每个决策树的最大深度为 1。

第一步：开始训练第一棵决策树。假设随机采样出手机型号为 1,2,3,5 的 4 条数据供第一棵树的训练。一开始这 4 个数据都在根节点上。假设根节点采样出的候选分割特征为内存和屏幕材质。按照 5.3 节选取最优分割条件的方法，求出对根节点最优的分割条件为“内存不超过 4GB”，并且计算出左右两个叶子节点的数据价格均值分别为 32 和 $\frac{170}{3}=56.7$，作为它们的预测值。至此完成了第一棵树的训练，见表 6.1。

表 6.1 随机森林第一个树根节点的分割增益计算

内存/GB	4	8	16	16
y_i/百元	32	48	50	72
子节点 y_i 之和	32	170		
gain	$\frac{32^2}{1}+\frac{170^2}{3}-\frac{202^2}{4}=456.3$			

内存/GB	4	8	16	16
y_i/百元	32	48	50	72
子节点 y_i 之和	80		122	
gain	$\frac{80^2}{2}+\frac{122^2}{2}-\frac{202^2}{4}=441.0$			

屏幕材质	LCD	OLED	OLED	OLED
y_i/百元	48	50	32	72
子节点 y_i 之和	48	154		
gain	$\frac{48^2}{4}+\frac{154^2}{4}+\frac{202^2}{4}=8.3$			

第二步：开始训练第二棵决策树。假设算法随机采样出手机型号为 2,3,4,5 的 4 条数据用于第二棵树的训练，并假设对根节点采样出的特征为存储空间和屏幕材质。通过计算可知，最优分割条件为“存储空间不超过 128GB”，且分割后左右两个叶子节点的预测值分别为 $\frac{126}{3}=42$ 和 72，如图 6.3 所示。至此完成了第二棵树的训练，见表 6.2。

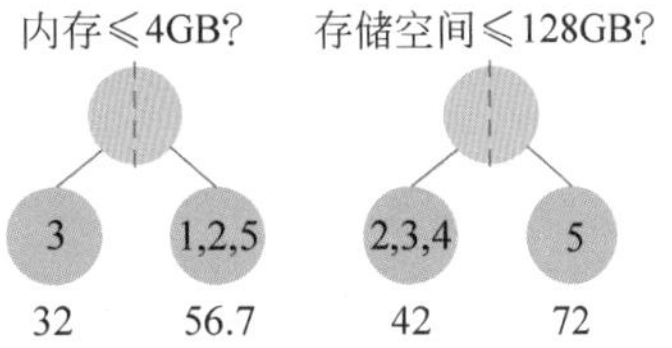

图 6.3 表 5.2 数据训练出的随机森林的前两棵决策树

表 6.2 随机森林第二棵树根节点的分割增益计算

存储空间/GB	128	128	128	256
y_i/百元	50	32	50	72
子节点 y_i 之和	126			72
gain	$\frac{126^2}{3}+\frac{72^2}{1}-\frac{198^2}{4}=675.0$			

屏幕材质	LCD	OLED	OLED	OLED
y_i/百元	44	50	32	72
子节点 y_i 之和	44	154		
gain	$\frac{44}{1}+\frac{154^2}{3}-\frac{198^2}{5}=40.3$			

重复以上步骤 N 次，得到 N 个决策树。

对于一个测试样本，最终模型的输出是 N 个决策树输出的平均值。

6.2.1 随机森林的算法描述

随机森林的伪代码总结如下：

算法 16：随机森林

输入：训练数据集。

超参数：数据采样率 α，每个节点采样特征数目 p，决策树数目 K。

重复以下步骤 K 次：

(1) 采样 α 的训练数据。

(2) 用 5.3 节中的决策树训练算法训练一棵决策树。对每个叶子节点，只考虑使用随机采样的 p 个特征，基于这些特征选取该叶子节点的最优分割。

最终模型输出：K 个决策树。在测试阶段，模型的输出由以下方法确定：

(1) 回归问题：对于测试数据点 x，输出为所有决策树的均值 $\frac{1}{K}\sum_{k=1}^{K} T_k(x)$；

(2) 分类问题：对于测试数据点 x，输出为所有决策树预测最多的类别 $\operatorname{argmax}_c \sum_{k=1}^{K} I[T_k(x)=c]$，其中 $I[T_k(x)=c]$ 当 $T_k(x)=c$ 时等于 1，否则为 0。

6.2.2 关于随机性的探讨

无论是训练中采样部分数据进行训练，还是在分割节点的时候仅考虑特征的子集，都会降低单个决策树的预测效果。但这样做增加了不同决策树之间的差异性。将许多这样的决策树以这种方式组合起来，通常能够得到比不引入随机性更好的单个决策树更优的效果。

总的来说，在集成学习中，整合差异较大、独立性较强的模型更能够得到超越单个模型较多的效果。这可以理解为差异较大的模型互相弥补了各自的短板。

6.3 梯度提升

梯度提升(gradient Boosting)是一种常用的串行的集成学习方法。梯度提升的基本想法是不断训练新的基础模型，以弥补已经训练好的基础模型的误差。

6.3.1 梯度提升的概念

下面来具体说明。假设有一个回归任务，目标是最小化误差

$$L = \min_G \frac{1}{2}\sum_{i=1}^{N}(G(x_i) - y_i)^2 \tag{6.1}$$

其中，$G(x_i)$是模型 G 在 x_i 点的预测输出。为了达到这个目标，梯度提升方法会采用以下的方法训练一系列基础模型 $F_1, F_2, \cdots$。假设目前已经得到了前 n 个基础模型 $F_1, F_2, \cdots,$

F_n,那么在训练第 $n+1$ 个基础模型 F_{n+1} 时,令 $G_n(x_i)=\sum_{j=1}^{n}F_j(x_i)$ 为前 n 个基础模型的预测结果,并采用如下的目标函数:

$$\min_{F_{n+1}}\sum_{i=1}^{N}(G_n(x_i)+F_{n+1}(x_i)-y_i)^2 \tag{6.2}$$

事实上,我们可以认为 F_{n+1} 是在数据集$\{(x_i,y_i-G_n(x_i))\}$上训练,即训练数据的标签变为前 n 步结果之和与标签的差值(称为残差)。如果将式(6.1)看作一个以 $G(x_1)$,$G(x_2)$,…$G(x_N)$为变量的多元函数,不难发现 $G_n(x_i)-y_i$ 就是函数 L 对 $G(x_i)$的导函数在 $G(x_i)=G_n(x_i)$处的取值。因此,F_{n+1} 是在拟合该多元函数在$(G_n(x_1),G_n(x_2),\cdots,G_n(x_N))$处的负梯度。

对于均方误差以外的训练目标函数 L,虽然不能直接将 F_{n+1} 理解为基于残差进行训练,但仍然可以通过拟合负梯度的方式来进行梯度提升。具体来说,令

$$g_{n,i}=-\left.\frac{\partial L}{\partial G(x_i)}\right|_{G(x_i)=G_n(x_i)}$$

这里将 L 理解成 G 的函数,$g_{n,i}$ 是 L 对 G 在 $G_n(x_i)$点的偏导数。如果 L 取式(6.1)的目标函数,则该负梯度 $g_{n,i}=G_n(x_i)-y_i$(这就是式(6.2)的形式)。对于一般的情形,算出 $g_{n,i}$ 后,第 $n+1$ 步的训练目标可以表示为

$$\min_{F_{n+1}}\sum_{i=1}^{N}(F_{n+1}(x_i)-g_{n,i})^2$$

在训练好 F_{n+1} 之后,会将它乘上一个较小的常数 η,再加到集成模型中,这是梯度提升中一种重要的防止过拟合的方法。也就是说 $G_n(x_i)=\sum_{j=1}^{n}\eta F_j(x_i)$。我们称 η 为缩减率,类比于梯度下降优化方法中的学习率。在很多实际任务中,应用比较小的缩减率能够获得比不用缩减率的模型更好的泛化能力。

梯度提升使用的子模型通常是类似决策树这样的简单模型。在实际应用中,即使每个子模型均为只有几片叶子的简单决策树,经过多轮梯度提升的训练之后,也能够取得不错的结果。由于这一方法的应用广泛,下面对具体的梯度提升决策树算法进行详细介绍。

6.3.2 梯度提升树

梯度提升决策树(gradient boosted decision trees,GBDT),简称梯度提升树,是基于决策树子模型的梯度提升算法,是当前最常用的一种机器学习算法之一,被广泛应用于广告点击率预测、网页排序等领域。GBDT 中决策树的训练与单独训练一棵决策树采用同样的算法。但如 6.3.1 节介绍,它们主要的不同在于 GBDT 中每个决策树使用的数据标签不同。例如,对于最小化均方误差的回归问题,第 $n+1$ 棵决策树的数据标签是前 n 个决策树拟合结果的残差,即 $y_i-G_n(x_i)$。

下面通过表 5.2 中的数据集来说明 GBDT(见图 6.4),并介绍 GBDT 的一些重要细节。以最小化均方误差为目标。为便于读者理解,在决策树的训练中,仅使用手机的内存、存储空间和屏幕材质三个特征。另外,使用按叶子 leaf-wise 训练并规定每个决策树最多有 3 个叶子节点(回忆一下,决策树的 leaf-wise 训练是每次找到分割增益最大的叶子

进行分割)。

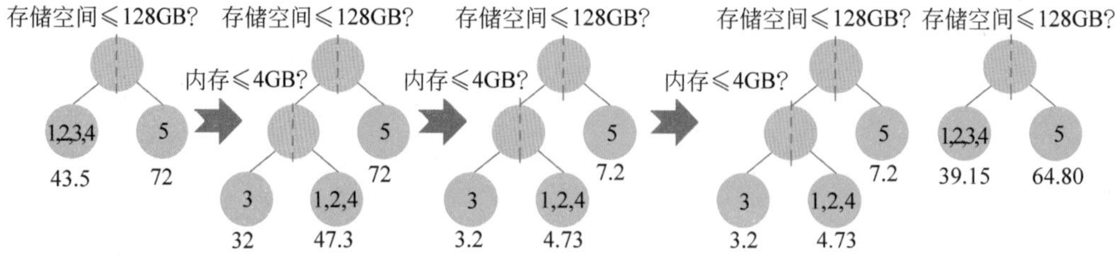

图 6.4 GBDT 在表 5.2 数据上的训练过程

第一步:刚开始所有数据点都落在根节点上。通过比较三个特征的所有阈值(表 6.3),可以发现以“存储空间是否超过 128GB”作为条件,分割增益最大。采用这个分割之后,左边的叶子节点有型号 1,2,3,4 四部手机,预测值为$\frac{50+48+32+44}{4}=43.5$。而右边的叶子节点只有型号 5 一部手机,预测值为 72。

表 6.3 三个特征所有阈值的评估(第一棵决策树,根节点)

存储空间

存储空间/GB	64	128	128	128	256
y_i/百元	48	50	32	44	72
子节点y_i之和	48	198			
gain	$\frac{48^2}{1}+\frac{198^2}{4}-\frac{246^2}{5}=1.8$				

存储空间/GB	64	128	128	128	256
y_i/百元	48	50	32	44	72
子节点y_i之和	174				72
gain	$\frac{174^2}{4}+\frac{72^2}{1}-\frac{246^2}{5}=649.8$				

内存

内存/GB	4	8	8	16	16
y_i/百元	32	48	44	50	72
子节点y_i之和	32	214			
gain	$\frac{32^2}{1}+\frac{214^2}{4}-\frac{246^2}{5}=369.8$				

内存/GB	4	8	8	16	16
y_i/百元	32	48	44	50	72
子节点y_i之和	124			122	
gain	$\frac{124^2}{3}+\frac{122^2}{2}-\frac{246^2}{5}=464.1$				

屏幕材质

屏幕材质	LCD	LCD	OLED	OLED	OLED
y_i/百元	48	44	50	32	72
子节点y_i之和	92		154		
gain	$\frac{92^2}{2}+\frac{154^2}{3}-\frac{246^2}{5}=34.1$				

第二步:由于右边的叶子节点仅剩一个样本,无法进一步分割,因此进一步分割左边的叶子节点,见表 6.4。这时,经过计算发现以“内存是否超过 4GB”作为分割条件最佳。此时左边子节点的预测值为 32,右边子节点的预测值为$\frac{48+44+50}{3}=47.3$。完成此次分割后,第一棵树已有 3 个叶子节点,达到了事先规定的叶子节点最大值,因此第一棵树训练完毕。

表 6.4 三个特征所有阈值的评估(第一棵决策树,左边子节点)

存储空间/GB	64	128	128	128
y_i/百元	48	50	32	44
子节点y_i之和	48	126		
gain	$\frac{48^2}{1}+\frac{126^2}{3}-\frac{174^2}{4}=27.0$			

屏幕材质	LCD	LCD	OLED	OLED
y_i/百元	48	44	50	32
子节点y_i之和	92		82	
gain	$\frac{92^2}{2}+\frac{82^2}{2}-\frac{174^2}{4}=25$			

内存/GB	4	8	8	16
y_i/百元	32	48	44	50
子节点y_i之和	32	142		
gain	$\frac{32^2}{1}+\frac{142^2}{3}-\frac{174^2}{4}=176.3$			

内存/GB	4	8	8	16
y_i/百元	32	48	44	50
子节点y_i之和	124			50
gain	$\frac{124^2}{3}+\frac{50^2}{1}-\frac{174^2}{4}=56.3$			

第三步:接下来,训练第 2 棵树。首先,计算第 1 棵树拟合的残差。如果不进行缩减,通过计算发现 $y_i-G_1(x_i)$的值非常小(见表 6.5 左表)。在这种情况下,后面的树起的作用将微乎其微。正如在 5.3.1 节中介绍的,为了给后续的训练留下更多的调整空间,GBDT 会在每个决策树训练完成之后,使用缩减率缩小树的输出值。使用缩减率 $\eta=0.1$ 对决策树进行缩减。

表 6.5 第二棵树拟合的残差(第一棵树进行缩减前后)

手机型号	1	2	3	4	5
y_i	48	50	32	44	72
$G_1(x_i)$	47.3	47.3	32	47.3	72
$y_i-G_1(x_i)$	0.7	2.7	0	−3.3	0

手机型号	1	2	3	4	5
y_i	48	50	32	44	72
$G_1(x_i)$	47.3	4.73	3.2	4.73	7.2
$y_i-G_1(x_i)$	43.27	45.27	28.80	39.27	64.80

第四步:利用第三步算出的残差求出第二棵树根节点的最优分割条件为"存储空间是否超过 128GB",见表 6.6。这时左边子节点的预测值为$\frac{43.27+45.27+28.80+39.27}{4}=39.15$,右边子节点的预测值为 64.80。

表 6.6 三个特征所有阈值的评估(第二棵决策树,根节点)

存储空间/GB	64	128	128	128	256
y_i/百元	43.27	45.27	28.80	39.27	64.80
子节点y_i之和	43.27	178.14			
gain	$\frac{43.27^2}{1}+\frac{178.14^2}{4}-\frac{221.41^2}{5}=1.3$				

存储空间/GB	64	128	128	128	256
y_i/百元	43.27	45.27	28.80	39.27	64.80
子节点y_i之和	156.61				64.80
gain	$\frac{156.61^2}{4}+\frac{64.80^2}{1}-\frac{221.41^2}{5}=526.2$				

内存/GB	4	8	8	16	16
y_i/百元	28.80	43.27	39.27	45.27	64.80
子节点残差之和	28.80	192.61			
gain	$\frac{28.80^2}{4}+\frac{192.61^2}{1}-\frac{221.41^2}{5}=299.6$				

内存/GB	4	8	8	16	16
y_i/百元	28.80	43.27	38.27	45.27	64.80
子节点残差之和	111.34			110.07	
gain	$\frac{111.34^2}{3}+\frac{110.07^2}{2}-\frac{221.41^2}{5}=385.4$				

续表

屏幕材质	LCD	LCD	OLED	OLED	OLED
$y_i - G_1(x_i)$	43.27	39.27	45.27	28.80	64.80
子节点残差之和	82.54		138.87		
gain	$\frac{82.54^2}{2}+\frac{138.87^2}{3}-\frac{221.41^2}{5}=30.2$				

第二棵决策树完成训练之后，仍然会进行缩减并加入到当前预测结果中，然后计算新的残差并开始第三棵树的训练。如此往复直到训练完预定数目的树为止。

GBDT 训练算法的伪代码如下：

算法 17：梯度提升树(GBDT)

输入：训练数据集 $D=\{(x_i, y_i)\}_{i=1}^{N}$。

超参数：决策树数目 K，缩减率 η。

1. 重复以下步骤 K 次，对 $k=1,2,\cdots,K$：

1.1. 利用当前每个数据点的预测值和标签计算负梯度

a. $g_{k,i}=-\dfrac{\partial l(\widehat{y_i^{k-1}}, y_i)}{\partial \widehat{y_i^{k-1}}}$

b. 其中，$\widehat{y_i^0}=0$；当 $k>1$ 时，$\widehat{y_i^{k-1}}=\sum_{j=1}^{k-1}\eta T_j(x_i)$ 为前 $k-1$ 个决策树的预测值。

1.2. 将数据集 D 的标签 y_i 替换为 $g_{k,i}$，训练出决策树 T_k。

最终模型输出：N 个决策树。在测试阶段，模型的输出由以下方法确定：

a. 回归问题：对于测试数据点 x，输出 $\sum_{k=1}^{K}\eta T_k(x)$；

b. 分类问题：对于测试数据点 x，输出为所有决策树预测最多的类别 $\underset{c}{\operatorname{argmax}}\sum_{k=1}^{N} I[T_k(x)=c]$，其中 $I[T_k(x)=c]$ 当 $T_k(x)=c$ 时等于 1，否则为 0。

6.3.3 GBDT 中的防过拟合方法

与逻辑回归和神经网络(第 7 章)等方法一样，GBDT 的一个防过拟合的措施也是在损失函数中加入正则项。具体来说，在第 $n+1$ 轮的损失函数中，加入一项 $\Omega(T_{n+1})$ 表示决策树 T_{n+1} 的复杂度。此时，式(6.1)中的损失函数变为

$$L(T_{n+1})=\frac{1}{2}\sum_{i=1}^{N}(G_n(x_i)+T_{n+1}(x_i)-y_i)^2+\Omega(T_{n+1})$$

$\Omega(T_{n+1})$ 有多种选择，其中一个常见的形式为

$$\Omega(T_{n+1})=\alpha\mid T_{n+1}\mid+\beta\sum_{j\in T_{n+1}}w_j^2+\gamma\sum_{j\in T_{n+1}}\mid w_j\mid$$

这里第一项表示 T_{n+1} 中叶子的数目(通过前面的讨论，我们知道过多的叶子数是比较容易产生过拟合的)，第二项和第三项控制了每片叶子上预测值的大小，类似于第 4 章中 Ridge 回归和 Lasso 回归中的 L2 和 L1 正则。

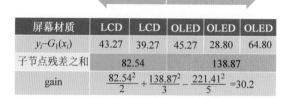

在前面已经提到，当决策树叶子上的样本数目过少时，很容易导致过拟合。GBDT 通常会给每片叶子上的样本数目加一个下限。如果某一个分割会导致新的叶子节点上的数据量小于此阈值，则该分割将不被考虑。这一点在单个决策树的预剪枝策略中也有提及。

GBDT 也可以采用随机森林中的样本采样(Bootstrap)和特征采样方法，即每个决策树只使用随机选取的部分数据与部分特征进行训练。最后，缩减率也能起到防止过拟合的作用。它能减小每个单独决策树的作用，避免 GBDT 在迭代的前几轮过快地收敛到次优的结果。

6.3.4 GBDT 的高效开源实现

GBDT 是当前除深度神经网络外使用最广泛的机器学习模型之一。目前使用最广泛的 GBDT 的高效开源实现包括 XGBoost、LightGBM 和 CatBoost。其中 XGBoost 开源于 2015 年，利用二阶导数信息进行更快速的迭代，并支持快速和分布式训练大规模数据。LightGBM 开源于 2017 年，相比于 XGBoost 更加注重速度和内存使用的优化，因此训练速度更快。CatBoost 开源于 2017 年，它修改了传统的梯度提升过程，进一步控制了过拟合。此外，CatBoost 还利用标签信息将离散型变量编码为数值型变量，并自动对多个特征进行组合得到新的交叉特征。例如，对于一个有 m 种取值的离散型特征，可以用 m 个取值为 0/1 的数值特征来表示，如果一个数据的该离散型特征取值情况为第 k 种，则对应的数值特征的第 k 个取值为 1，其余取值全部为 0。这种编码方式称为独热编码(one-hot encoding)。此外，还有一些基于数据标签的编码方式，CatBoost 非常好地支持了这种编码。因此在不进行额外特征工程的情况下，CatBoost 往往能取得相对准确的预测结果。以上提到的正则项，每个叶子的样本数下限以及随机采样等都可以在以上的开源版本中进行选择和设定。

进阶知识点及相关阅读材料

堆叠法(stacking)

除了 Bagging 和 Boosting 方法，还有一种更复杂的集成学习的方法，称为堆叠法(stacking)。该方法通常考虑的是异质基础学习模型(不同种类的基础模型)，并行地学习它们，然后通过训练一个“元模型”(meta-model)将基础模型组合起来，根据基础模型的预测结果输出一个最终的预测结果。

例如，对于分类问题来说，首先并行地独立训练如下三种分类模型：KNN 分类器、logistic 回归和 SVM 作为基础模型。在第二阶段，选择用神经网络(将在第 7 章介绍神经网络)作为元模型。我们将把三个基础模型的输出作为神经网络的输入，用真实的标签作为监督信息来训练这个神经网络。通常第一阶段和第二阶段使用不同的训练数据。

随机森林

对随机森林理论上的理解涉及偏差-方差分解(bias-variance decomposition)。一个模型的产生涉及一些随机性，例如，训练集的采集其实是从数据的实际分布中进行随机采样，同时算法本身也可能具有一定的随机性。偏差指的是一个模型在这些随机性之下输出的期望值与数据标签真实值的差距。方差指的是模型在这些随机性之下输出的变化程度。偏差-方差分解的思想是一个模型的泛化误差可分解为偏差与方差之和。可以证明，随机森林通过综合许多差异较大的决策树降低了模型整体的方差，进而得到了良好的泛化性能。

梯度提升树模型 GBDT

本章仅介绍了使用一阶梯度信息的 GBDT 算法。目前主流的 GBDT 工具都使用了二阶梯度信息，由于这涉及函数的泰勒展开，本章不做介绍。有相关基础知识的读者可阅读 XGBoost 的论文[6]，其中有对使用二阶梯度的 GBDT 的详细介绍。

由于 GBDT 需要训练较多的决策树，目前主流 GBDT 工具都会采用一些方法对决策树的训练过程进行加速。在决策树的训练中，主要的时间开销在分割条件的评估上。假设有 N 个数据点，对于数值类型的特征，或是使用某些编码方式的类别特征，很容易就会有接近 N 种不同的取值情况。如果一一考虑所有可能的分割点，假设决策树按层训练，那么每训练一层就要完整地扫描一遍数据。一种常用的加速方法是对特征构建直方图。例如，一个数值型特征的范围是[0,1]，那么可以按照某种方式把这[0,1]的区间分成若干个子区间，然后只考虑子区间的边界值作为候选的分割点。每个子区间需要累积一些统计值来帮助对分割条件进行评估。一般来说，子区间的数目不需要太多，几十个就能取得不错的效果。关于直方图加速的细节可以参考 LightGBM 的论文[7]。

除了普通的用于随机森林的等概率采样，近几年有一些针对 GBDT 的采样方式被提出。这些方法利用数据的梯度信息来估算样本的重要性，从而决定了每个样本的采样概率，这些采样方法可以允许 GBDT 在比较低的数据采样率之下(如 0.2)仍然保持较好的准确率，从而可以较大程度加速 GBDT 的训练。有兴趣的读者可阅读相关论文[7]。

GBDT 在很多表格类型的数据上的性能领先于神经网络。但是它也有一些缺陷，例如，它不能很自然地处理离散型特征(即使利用 Catboost)，需要通过一些统计信息，或是手动的编码。而神经网络可以通过嵌入(embedding)的方式学习出离散型特征每一个类别值的向量表示。GBDT 不能很好地处理图像、文本等具有空间或者序列依赖性的数据，而深度神经网络在这些方面效果要好得多。

此外，当有新的训练数据出现时，GBDT 还不能很方便地进行在线更新，因为决策树的结构一旦训练好就被固定下来。而神经网络的参数可以通过梯度回传对新数据进行微调。针对这些缺陷，近些年出现了许多将决策树、GBDT 与神经网络结合，或是试图使用决策树构建深度模型的新算法(参见文献[12]～文献[14])。

本章总结

本章介绍了集成学习的基本概念，以及基于决策树的两种集成学习算法：随机森林和梯度提升树。关于随机森林，需要理解如何利用随机性在同一个训练集上训练出多个不同的决策树，并通过整合这些决策树的结果达到超过单个决策树的效果。然后介绍了梯度提升算法，通过拟合已有基础模型的结果相对于数据标签的残差或负梯度来训练新的基础模型，不断提升集成模型总体的效果。最后介绍了基于决策树的梯度提升算法，即梯度提升树。

历史回顾

Bagging 算法是由 Breiman 在 1996 年提出的[1]。其中的抽样方法又称为自助抽样(bootstrap sampling)。该抽样方法是由 Efron 和 Tibshirani 在 1993 年提出的[2]。

Boosting 算法源于 Kearn 和 Valiant 在 1989 年提出的一个学习理论问题：一个问题存在弱学习算法(weak learner)和强学习算法(strong learner)，是否等价？Schapire 在 1990 年提出了 Boosting 算法，正面回答了这个问题，即将一系列弱学习算法集成，即可得到一个强学习算法。著名的 Adaboost 算法(adpative boosting 的简称)由 Freund 和 Schapire 于 1995 年提出[3]，这篇论文也在 2003 年获得了著名的哥德尔奖(Godel Prize)。

随机森林是由 Breiman 和 Cutler 在 2001 年提出的，并将 RandomForests 注册了商标[4]。梯度提升算法由 Friedman 在 1999 年提出[5]。被广泛应用的梯度提升树模型的开源版本 XGBoost 的作者是 Guestrin 和陈天齐[6]，开源于 2015 年，并被迅速应用在各种机器学习和数据挖掘的竞赛中，很多高排名的解决方案都是利用 XGBoost 模型。此后，该模型得到了更广泛的应用。LightGBM 由微软亚洲研究院的研究人员开发，并开源于 2017 年[7]。CatBoost 开源于 2017 年，它对类型类特征的处理更有优势[8]。

经典的机器学习理论认为模型复杂度越高，模型越容易过拟合。当 Adaboost 算法(或者其他的集成算法)不断迭代时，模型将集成越来越多的基础模型，因此复杂度也越来越高。但是在实际中此类算法并不易过拟合。于是计算机科学家和统计学家们试图探究 AdaBoost 及其相关的集成模型泛化能力背后的理论原理。目前一个比较有说服力的理论解释被称为间隔分布(margin distribution)理论(参见文献[9]和文献[10])。关于集成学习的其他相关算法与理论，有兴趣的读者可以参阅周志华的专著[11]。

习题

1. 假设已经在同一个训练集上训练了 10 个不同的模型，并且它们都达到了 90%的准确率。你是否有办法在此基础上进一步提高准确率？该怎么做？在什么情况下准确率难以进一步提高？

2. 简述随机森林模型中随机性的作用。

3. 简述 Bagging 和 Boosting 方法的异同。

4. 如果发现你的梯度提升树模型有过拟合现象，你应该提升还是降低学习率？

5. 假设我们要在梯度提升树模型使用类似随机森林的样本采样，即单个树使用的训练样本是全体样本的一个子集。考虑当单个树使用的训练样本比例减少时，为了达到相同的训练误差，所需要的迭代次数(树的个数)应当如何变化。

6. 简述随机森林中的训练样本为什么要做有放回的抽样(如果是无放回抽样，不同的决策树用到的样本就是完全不同的)。

7. 尽管均方损失 MSE 是个非常常用的回归问题损失函数，但是研究者发现 MSE 对异常值过于敏感，即一个或几个显著偏离正常值的数据点可能会极大地影响整个损失函数。

你能想一些损失函数,使其对异常值没有 MSE 那么敏感吗?

8. 列出你能想到的防止 GBDT 模型过拟合的方法。

9. GBDT 模型中树的训练是有顺序的,因此前面的树往往起到决定性的作用。如果前面几个树没有生成好,会对模型有较大影响。请想办法尝试改进这个问题。

10. 对于二分类问题,推导梯度提升算法在指数损失函数(exponential loss)时,每一步迭代训练基础模型的目标函数。这里指数损失函数定义为

$$L=\frac{1}{N}\sum_{i=1,2,\cdots,N} \mathrm{e}^{-y_iG(x_i)}$$

其中,$(x_i,y_i)_{i=1,2,\cdots,N}$ 为训练数据集,$G(x_i)$为模型对于 x_i 的输出。

(注:经过推导后可以发现,每次迭代的目标函数实际上是一个对样本复权的指数损失函数,即我们要解决一个样本复权的分类问题。事实上,这个复权方法正好和 Adaboost 算法的复权方法是一样的。因此对于二分类问题,梯度提升算法应用在指数损失函数上就特殊化为 Adaboost 算法。因此,梯度提升算法可以看成 Adaboost 算法的一个推广)。

参考文献

[1] BREIMAN,LEO. Bagging predictors[J]. Machine Learning,1996,24 (2): 123-140.

[2] EFRON B,TIBSHIRANI R J. An introduction to the bootstrap[M]. Chapman and Hall,New York.

[3] FREUND Y, SCHAPIRE R E. A decision-theoretic generalization of on-line learning and an application to boosting[J]. Journal of Computer and System Sciences,1997,55(1): 119-139.

[4] BREIMAN L. Random forests[J]. Machine Learning,2001,45(1): 5-32.

[5] FRIEDMAN J H. Greedy function approximation: A gradient boosting machine[J]. Annals of Statistics,2001: 1189-1232.

[6] CHEN T,GUESTRIN C. Xgboost: A scalable tree boosting system[C]//Proceedings of the 22nd acmsigkdd international conference on knowledge discovery and data mining. ACM,2016: 785-794.

[7] KE G,MENG Q,FINLEY T,et al. Lightgbm: A highly efficient gradient boosting decision tree[C]//Advances in Neural Information Processing Systems. 2017: 3146-3154.

[8] PROKHORENKOVA L, GUSEV G, VOROBEV A, et al. CatBoost: Unbiased boosting with categorical features[C]//Advances in Neural Information Processing Systems. 2018: 6638-6648.

[9] GAO W,ZHOU Z H. On the doubt about margin explanation of boosting[J]. Artificial Intelligence, 2013,203: 1-18.

[10] GRØNLUND A,KAMMA L,LARSEN K G,et al. Margin-based generalization lower bounds for boosted classifiers[C]//Advances in Neural Information Processing Systems. 2019: 11963-11972.

[11] ZHOU Zh-H. Machine learning[M]. Springer,2021.

[12] KE G,XU Z,ZHANG J,et al. DeepGBM: A deep learning framework distilled by GBDT for online prediction tasks[C]//Proceedings of the 25th ACM SIGKDD International Conference on Knowledge Discovery & Data Mining. 2019: 384-394.

[13] TANNO R,Arulkumaran K,Alexander D,et al. Adaptive neural trees[C]//International Conference on Machine Learning. PMLR,2019: 6166-6175.

[14] ZHOU Z H,FENG J. Deep forest: Towards an alternative to deep neural networks[C]//Proceedings of the 26th International Joint Conference on Artificial Intelligence. 2017: 3553-3559.

第7章 CHAPTER 7 神经网络初步

引言

在第 4 章中，我们学习了线性回归/线性分类算法。但线性函数只能表示线性关系，无法处理更加复杂的输入和输出之间的非线性关系。为了解决这个问题，人们做过各种各样的尝试。其中比较成功的是神经网络，它可以用来表示非常复杂的函数。神经网络的应用十分广泛，例如，可以用来做人脸识别、下围棋（著名的 AlphaGo 就使用了神经网络）、机器翻译、自动驾驶等。可以预见，未来人们将会用它做越来越多的事情。

在本章中，将学习神经网络的概念。我们先从深度线性网络谈起，理解为什么简单叠加多层线性网络对于函数表达能力毫无提升，因此需要在网络中加入非线性的元素，以得到更强的表达能力。具体来说，我们会介绍激活函数的概念，它们就是神经网络中的非线性元素。神经网络的优化算法仍然是梯度下降法。相比于线性模型，神经网络的导数计算更为复杂。具体来说，它采取的导数计算方法称为反向传播，其核心思想是通过多次使用求导的链式法则得到导数。

7.1 深度线性网络

首先介绍神经网络最简单的形式——深度线性网络。所谓的深度线性网络，就是将许多线性回归函数叠加到一起之后得到的函数。具体来说，将之前使用的线性回归的权值 $\boldsymbol{w}\in\boldsymbol{R}^d$ 记为一个矩阵 $\boldsymbol{W}_1\in\boldsymbol{R}^{1\times d}$。这样，普通的线性回归可以写成 $f_{\boldsymbol{W}_1}(x)=\boldsymbol{W}_1x$。进一步地，可以定义两层的线性网络，即 $\boldsymbol{W}_1\in\boldsymbol{R}^{1\times d_1}$，$\boldsymbol{W}_2\in\boldsymbol{R}^{d_1\times d_2}$，$f_{\boldsymbol{W}_1,\boldsymbol{W}_2}(x)=\boldsymbol{W}_1\boldsymbol{W}_2x$。图 7.1 给出了 $f_{\boldsymbol{W}_1,\boldsymbol{W}_2}(x)$的示意图。注意到，这里的 $d_1=5$，$d_2=4$，即输入为 4 维的向量，通过一个参数矩阵之后，得到一个 5 维的向量；然后再通过一个线性回归，得到最终 1 维的结果。

沿着这个思路，可以定义 k 层的线性网络，分别有 $d_0=1,d_1,d_2,\cdots,d_k$，与参数矩阵 $\boldsymbol{W}_1,\boldsymbol{W}_2,\cdots,\boldsymbol{W}_k$，使得 $\boldsymbol{W}_i\in\boldsymbol{R}^{d_{i-1}\times d_i}$，并且 $f_{\boldsymbol{W}_1,\boldsymbol{W}_2,\cdots,\boldsymbol{W}_k}(x)=\prod_{i=1}^{k}\boldsymbol{W}_ix$。换言之，这是 k 个大小合适的矩阵连续作用在输入 x 上。虽然这个多层函数看起来非常复杂，但它的表达能力与普通的线性回归完全一样。这是因为矩阵满足结合律：假如定义 $\boldsymbol{W}=\prod_{i=1}^{k}\boldsymbol{W}_i\in\boldsymbol{R}^{1\times d_k}$，即

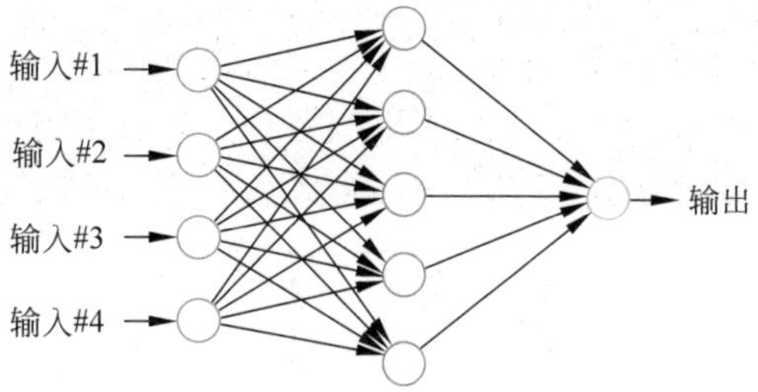

图 7.1　2 层线性网络

红色指向蓝色的线性层为网络的第一层，使用一个 $d_1 \times d_2$ 的 $\boldsymbol{W}_2$ 矩阵；
蓝色到绿色的线性层为第二层，使用一个 $1 \times d_1$ 的矩阵

所有参数矩阵的连乘，那么可以得到 $f_{\boldsymbol{W}_1,\boldsymbol{W}_2,\cdots,\boldsymbol{W}_k}(x)=\prod_{i=1}^{k}\boldsymbol{W}_i x=\boldsymbol{W}x=f_{\boldsymbol{W}}(x)$。因此 k 层的线性网络退化成了普通的线性回归。

从这个例子可以看出，我们无法通过单纯叠加网络的层数得到一个比线性回归更加复杂的模型。我们还需在网络中增加非线性元素，否则新模型除了增加运算量之外与线性函数并无二致。

7.2　非线性神经网络

本节将学习非线性神经网络。首先介绍激活函数的概念。最常用的激活函数叫做 ReLU 函数(rectified linear units)。如图 7.2 所示，它的形式非常简单。

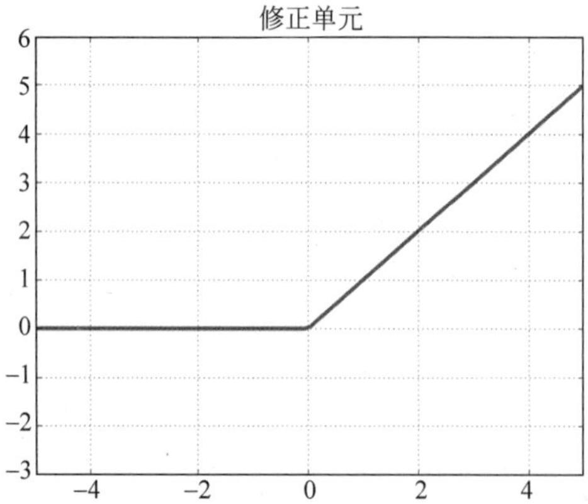

图 7.2　ReLU 函数示意图

具体来说，ReLU 单元的输入是一个实数。如果该实数大于等于 0，则输出为该实数；否则，输出为 0。换言之，ReLU 将所有的负数变成 0，非负数保持不变。很明显，这个函数不是线性函数，因为无法用一条直线表示该函数。通过将这样的非线性元素引入神经网络的线性层中，能有效地避免多个线性层无意义叠加。

图 7.3 给出了一个引入 ReLU 单元后的神经网络的例子，即在每个线性层之后，对输出进行一个非线性的操作。

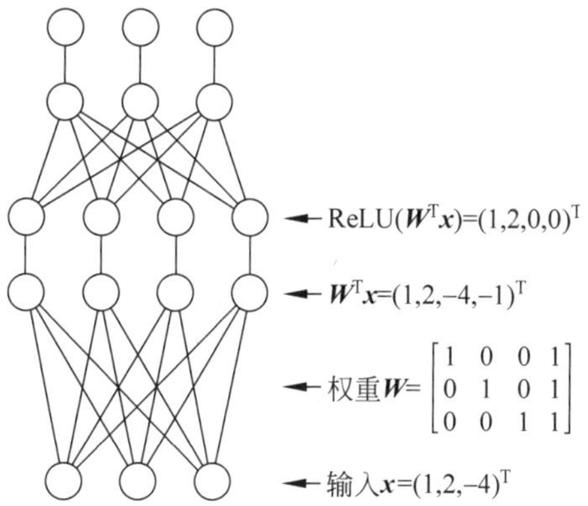

图 7.3 非线性网络示意图

右边是数值的例子

图 7.3 中附上了数值的计算。例如，如果第一层得到的结果是(1，2，−4，−1)，那么通过 ReLU 层之后，可以得到(1，2，0，0)，即把其中的负数部分清零。图 7.3 中的网络结构是最简单的非线性神经网络。我们将这样的网络称为全连接网络(fully connected network)或者多层感知机(multi-layer perceptron)。

除了 ReLU 外，还可以使用其他激活函数。例如，第 4 章中介绍的 Sigmoid 函数 $S(x)=\frac{1}{1+\mathrm{e}^{-x}}=\frac{\mathrm{e}^{x}}{\mathrm{e}^{x}+1}$，这个函数保证了最后得到的结果一定是在[0，1]这个范围。Sigmoid 函数也能提供足够的非线性元素，让神经网络拥有强大的表达能力。事实上，早在 20 世纪 90 年代，人们就证明了足够宽的两层神经网络可以用来近似任何连续函数。不过，由于 Sigmoid 函数在计算导数的时候容易出现离 0 点越远，导数越小的问题，因而影响神经网络的优化。因此，在很多实际应用中，人们会优先选择 ReLU 等其他激活函数。常用的其他激活函数还包括 Leaky-ReLU，tanh 等激活函数，如图 7.4 所示。

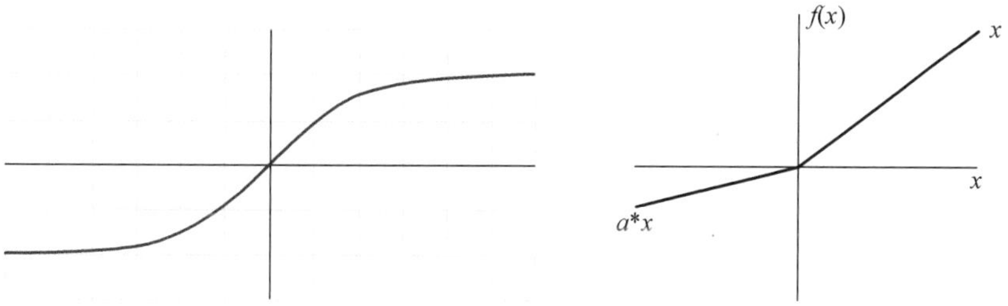

图 7.4 tanh 函数与 Leaky-ReLU 函数示意图

7.3 反向传播计算导数

在 7.2 节中，介绍了神经网络的基本组成。本节将说明如何使用梯度下降法对神经网络参数进行优化。

在梯度下降法中，需要计算损失函数对神经网络参数的导数，然后使用这个导数对参数进行迭代优化。在计算导数的过程中，需要采用链式法则。简单来说，一个复合函数 $f_1(f_2(f_3(x)))$ 的导数，可以写成 $\nabla f_1 \cdot \nabla f_2 \cdot \nabla f_3$ 的形式。下面通过一个例子来说明如何计算导数。

假设损失函数是平方函数，即 $L=\frac{1}{2}(f(x;w)-y)^2$。其中 w 表示 f 所有的参数，x 表示输入，y 表示正确的输出，$f(x;w)$ 表示参数为 w 的神经网络针对输入 x 的输出。那么，可以得到损失函数针对 $\partial f(x;w)$ 的导数为 $\frac{\partial L}{\partial f(x;w)}=f(x;w)-y$。但仅仅得到这个导数是不够的，我们需要得到 L 关于不同参数 w 的导数。考虑到神经网络的层级结构，下面用 $x_i^{(j)}$ 代表神经网络第 j 层的第 i 个输出。注意到 $f(x;w)$ 是神经网络最后一层的唯一一个输出，而且我们已经计算出了损失函数对该层输出的导数 $\frac{\partial L}{\partial f(x;w)}$。

假设已经计算出了 $\frac{\partial L}{\partial x_i^{(l+1)}}$，即损失函数关于第 $l+1$ 层输出的导数，则可以通过图 7.5 所示的反向传播算法计算损失函数关于第 l 层输出的导数 $\frac{\partial L}{\partial x_i^l}$。

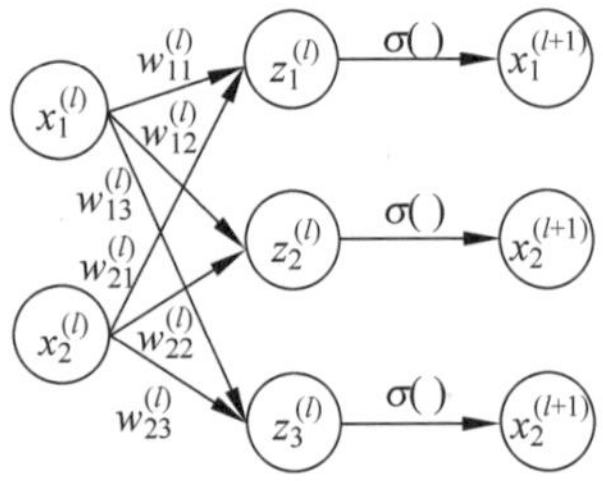

图 7.5　反向传播算法

具体来说，记 $z_i^{(l)}$ 为没有通过第 l 层激活函数的结果，并首先计算 $\frac{\partial L}{\partial z_i^{(l)}}=\frac{\partial L}{\partial x_i^{(l+1)}}\frac{\partial x_i^{(l+1)}}{\partial z_i^{(l)}}$。根据链式法则，它可以被拆分成两项的乘积，即 $\frac{\partial L}{\partial x_i^{(l+1)}}\frac{\partial x_i^{(l+1)}}{\partial z_i^{(l)}}$。其中，第一项是已经得到的导数，而第二项是关于激活函数的导数。以 ReLU 激活函数为例，它的导数形式十分简洁，如果 $z_i^{(l)}\geqslant 0$，那么导数就等于 1，否则就是 0。将两项得到的结果相乘，便可得到 $\frac{\partial L}{\partial z_i^{(l)}}$。接下来，再次使用链式法则，得到 $\frac{\partial L}{\partial x_i^{(l)}}=\sum_k \frac{\partial L}{\partial z_k^{(l)}}\frac{\partial z_k^{(l)}}{\partial x_i^{(l)}}$。其中，由于 $z_k^{(l)}=\sum_t w_{tk}^{(l)}x_t^{(l)}$，有 $\frac{\partial z_k^{(l)}}{\partial x_i^{(l)}}=w_{ik}$。通过这样的方式，便计算得到 $\frac{\partial L}{\partial x_i^{(l)}}$，即损失函数对于第 l 层输出的导数。可以重复这个步骤继续向前传播，直到第一层（输入层），便可得到 $\frac{\partial L}{\partial x}$。

在向前传播的过程中，还可以使用链式法则计算出损失函数针对参数 w 的导数。仍然以图 7.5 为例，可计算得到 $\frac{\partial L}{\partial w_{ij}^{(l)}}=\frac{\partial L}{\partial z_j^{(l)}}\frac{\partial z_j^{(l)}}{\partial w_{ij}^{(l)}}$。这里，$\frac{\partial z_j^{(l)}}{\partial w_{ij}^{(l)}}$ 表示 $z_j^{(l)}$ 对于 $w_{ij}^{(l)}$ 的导数，由于 $z_j^{(l)}=\sum_k w_{kj}^{(l)}x_k^{(l)}$，其值等于 $x_i^{(l)}$。

上述导数的计算是从后向前逐层计算的，所以这个算法被称为反向传播。目前，反向传播在主流的神经网络平台中都已经自动化实现了，因此不需要用户手动实现。

下面来看一个反向传播的具体例子。网络的具体参数如图 7.6 所示。

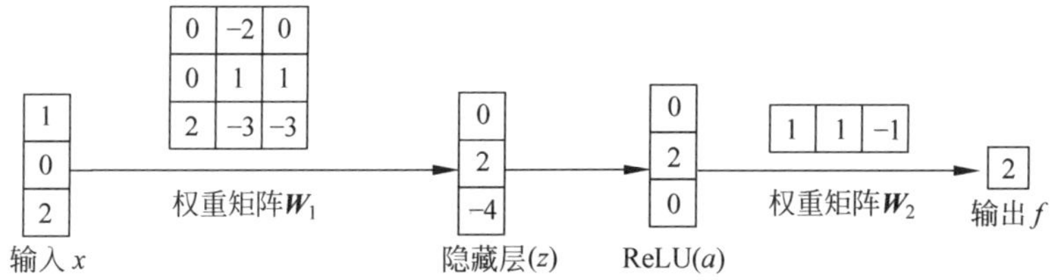

图 7.6 反向传播例子

针对这个例子,如何计算下面的两项导数呢?

(1) $\frac{\partial f}{\partial \boldsymbol{W}_2}$;

(2) $\frac{\partial f}{\partial \boldsymbol{W}_1}$。

根据之前介绍的反向传播的算法,可以得到如下的结果:

$$\frac{\partial f}{\partial \boldsymbol{W}_2}=\boldsymbol{a}^{\mathrm{T}}=(0,2,0)$$

同理,

$$\frac{\partial f}{\partial \boldsymbol{W}_1}=\frac{\partial f}{\partial z}\frac{\partial z}{\partial \boldsymbol{W}_1}=\begin{pmatrix}0&0&0\\1&0&2\\0&0&0\end{pmatrix}$$

为了求得 f 关于 $\boldsymbol{W}_1$ 的导数,我们使用链式法则,先计算$\frac{\partial f}{\partial z}=(0,1,0)^{\mathrm{T}}$,然后计算$\frac{\partial z}{\partial \boldsymbol{W}_1}=(1,0,2)$。这两个向量相乘就可以得到矩阵$\begin{pmatrix}0&0&0\\1&0&2\\0&0&0\end{pmatrix}$。为什么是这样的结果呢?$\frac{\partial f}{\partial z}=(0,1,0)^{\mathrm{T}}$ 比较好理解,因为我们知道把 $\boldsymbol{a}$ 和 $\boldsymbol{W}_2$ 两个向量相乘得到了 f,即 $\boldsymbol{W}_2\boldsymbol{a}=f$,所以$\frac{\partial f}{\partial \boldsymbol{a}}$是 $\boldsymbol{W}_2^{\mathrm{T}}=(1,1,-1)^{\mathrm{T}}$。而$\frac{\partial f}{\partial z}=\frac{\partial f}{\partial \boldsymbol{a}}\frac{\partial \boldsymbol{a}}{\partial z}=(1,1,-1)^{\mathrm{T}}*(0,1,0)$,这里的乘号表示按位相乘,而不是向量的内积,所以可以得到$(0,1,0)^{\mathrm{T}}$。而 $z=\boldsymbol{W}_1x$,所以$\frac{\partial z}{\partial \boldsymbol{W}_1}=(1,0,2)$,表示在神经网络计算过程中,矩阵中的每一行需要作出什么样的改变,才能够最大程度地影响 z 的取值。把两个向量相乘,得到了最后的矩阵。

7.4 优化器

在 7.3 节中,介绍了如何使用梯度下降法得到损失函数相对于每个参数的导数,本节将会介绍一些用于参数更新的优化器。优化器的选择会在很大程度上影响模型的收敛速度和收敛结果。

1. 小批次梯度下降

随机梯度下降(stochastic gradient descent)是最常见和常用的优化器,具体实现中,人们常常使用小批次梯度下降(mini-batch gradient descent)。具体来说,在每一个批(batch)反向传播后,就对参数直接进行更新:

$$\theta=\theta-\alpha\ \nabla J(\theta;\{x(i),y(i)\})$$

其中,∇J 是导数组成的矩阵,$\{x(i),y(i)\}$是一个批中的数据,α 是优化器更新的学习率。小批次梯度下降通过平均批内的导数,保证了在不同更新步骤中梯度的方差不会太大;此外也避免了经典梯度下降算法中计算整个数据集的梯度的需要。

2. 带动量的随机梯度下降

为了进一步减少随机梯度下降中梯度的变化和稳定模型的训练,人们提出了动量(momentum)方法。它通过计算前几步梯度的滑动平均来计算动量,然后用于当前步的更新。动量的大小由超参数 γ 决定:

$$v(t)=\gamma v(t-1)+\alpha\ \nabla J(\theta)$$
$$\theta=\theta-v(t)$$

人们在实践中发现,动量的方法可以有效地提升模型收敛的速度。

3. Nesterov 加速的梯度下降

动量方法尽管很好,但有时候如果动量过大,优化会错过一个最优值。为了解决这个问题,Nesterov 提出了一种前瞻(lookahead)算法。我们如果用动量 $\gamma v(t-1)$来更新模型,那么 $\theta-\gamma v(t-1)$就会是参数更新后的大概位置。因此我们可以不算当前位置的梯度,而计算这个大概位置的梯度。于是表达式变为

$$v(t)=\gamma v(t-1)+\alpha\ \nabla J(\theta-\gamma v(t-1))$$
$$\theta=\theta-v(t)$$

4. 自适应梯度 Adagrad

前面讲到的算法都对一个大的神经网络里的所有参数使用了相同的学习率,在 Adagrad 算法中,人们对每个参数的学习率进行不同的动态改变。具体来说,首先得到每个参数的梯度 $g_{t,i}$:

$$g_{t,i}=\nabla J(\theta_{t,i})$$

在更新时,将学习率除以一个正则项:

$$\theta_{t+1,i}=\theta_{ti}-\frac{\alpha}{\sqrt{G_{t,ii}+\varepsilon}}g_{t,i}$$

其中,分母中的 $G_{t,ii}$ 是参数 θ_i 在训练中到 t 时刻的累计平方和,ε 是一个很小的平滑项以防止分母变为 0。

5. 自适应动量 Adam

顾名思义,自适应动量 Adam 算法不仅对梯度进行自适应调整,同时也对动量进行自适应调整。分别用 m_t 和 v_t 来表示梯度和梯度的方差的滑动平均,它们具体的更新方式如下:

$$m_t=\beta_1 m_{t-1}+(1-\beta_1)g_t$$
$$v_t=\beta_2 v_{t-1}+(1-\beta_2)g_t^2$$

然后根据这两者进行参数更新:

$$\theta_{t+1}=\theta_t-\frac{\alpha}{\sqrt{v_t+\varepsilon}}m_t$$

在实际使用中，Adam 是一种非常强大的优化器，能够有效帮助模型收敛。

7.5 权值初始化

尽管神经网络有着强大的数据拟合能力，但它的优点也带来了过拟合（overfitting）这个常见的问题。在接下来几节中，将介绍一系列的防止神经网络过拟合的实用方法。

上文提到，神经网络通过反向传播和更新权值来进行模型的迭代，属于典型的优化算法。对于非线性优化算法来说，优化起始点至关重要。对于神经网络来说，不恰当的权值初始化可能增大优化过程的难度，甚至会导致无法收敛。

举个例子，如果一个神经网络每一层的输出的方差都是输入的 1.1 倍，那么对于一个 100 层的神经网络来说，第 100 层的输出会是第 1 层方差的 10 000 倍以上。在这种情况下，进行反向传播优化时，很容易出现梯度爆炸。反之，如果每一层的输出的方差都是输入的 0.9 倍，那么第 100 层的输出会是第 1 层方差的不到 1/10 000，在优化时会出现梯度消失。

模型权值初始化的基本原则是在初始化的时候就保证，数据在每一层中的输入和输出有着恒定的统计量，包括均值和方差。两种常用的初始化方式是 Xavier 初始化和 Kaiming 初始化。

7.5.1 Xavier 初始化

Xavier 初始化的发明人为 Xavier Glorot，基本假设为网络没有激活函数，或者激活函数为 tanh。略去推导，直接给出结论。要保证前向传播的统计量不变，则

- 若权值服从正态分布，则 $W^k \sim N\left(0,\frac{1}{n_k}\right)$；
- 若权值服从平均分布，则 $W^k \sim \mathrm{Unif}\left(-\sqrt{\frac{3}{n_k}},\sqrt{\frac{3}{n_k}}\right)$。

要保证反向传播的统计量不变，则

- 若权值服从正态分布，则 $W^k \sim N\left(0,\frac{1}{n_{k+1}}\right)$；
- 若权值服从平均分布，则 $W^k \sim \mathrm{Unif}\left(-\sqrt{\frac{3}{n_{k+1}}},\sqrt{\frac{3}{n_{k+1}}}\right)$。

这里 n_k 表示的是第 n 层的权值数量。在实际中，除非前后层权值数量一致，我们没有办法严格地保证前向和后向传播均满足条件，人们一般选择其中一种分布就能达到足够好的效果。

7.5.2 Kaiming 初始化

Kaiming 初始化的发明人为何恺明，基本假设为网络的激活函数是 ReLU。略去推导，直接给出结论。要保证前向传播的统计量不变，则

- 若权值服从正态分布，则 $W^k \sim N\left(0, \frac{2}{n_k}\right)$；
- 若权值服从平均分布，则 $W^k \sim \text{Unif}\left(-\sqrt{\frac{6}{n_k}}, \sqrt{\frac{6}{n_k}}\right)$。

要保证反向传播的统计量不变，则

- 若权值服从正态分布，则 $W^k \sim N\left(0, \frac{2}{n_{k+1}}\right)$；
- 若权值服从平均分布，则 $W^k \sim \text{Unif}\left(-\sqrt{\frac{6}{n_{k+1}}}, \sqrt{\frac{6}{n_{k+1}}}\right)$。

7.6 权值衰减

在神经网络的训练过程中，过拟合通常也伴随着权值数值的不断增加。具体的原因在于，拟合一对神经网络的输入输出可以有无数组解，那么同时增大多项权值也会得到数值上正确的结果。实际操作中，直接对模型参数进行 L_2 正则化，并将其加在损失函数上让优化器进行优化，具体来说，加上权值衰减后的损失函数变为

$$L'(\theta) = L(\theta) + \frac{\beta}{2} \|\theta\|_2^2$$

其中，β 为系数。可以推导证明，对模型参数进行 L_2 正则化，等价于在每一次参数更新过程中，都以恒定速率缩小权值的大小，即

$$\theta_{t+1} = \theta_t - \eta \nabla_\theta L(\theta)$$
$$\theta_{t+1} = (1-\beta)\theta_t$$

7.7 权值共享与卷积

在 7.5 节和 7.6 节中讲到的全连接网络是由多个非线性层堆叠起来的深度神经网络，它对很多实际问题都通用，但是也存在一系列问题，其中最主要的问题就是参数量(parameters)过大，模型容易过拟合。

以图像为例，一张 1080p 的图像包含 1920×1080≈200 万个像素值。如果使用一个包括 1000 个神经元的全连接隐藏层来处理图片，那么仅这一层便包含 20 亿个参数；以文本为例，如果一个句子的长度为 50 个中文字，而中文字库的大小是 20 000，那么表示这句话的输入就有 100 万个数值，如果使用一个包括 1000 个神经元的全连接隐藏层来处理这个句子，那么仅这一层便包含 10 亿个参数。

根据机器学习理论，对模型进行一定的压缩可以帮助提升模型的泛化性。其中权值共享(weight sharing)是最常见的方法，本节将介绍卷积神经网络的卷积层，7.8 节将介绍循环神经网络的循环层。

对于图片来说，人们通常使用二维卷积层(convolution layer)来代替全连接层。如

图 7.7 所示，卷积层的具体实现是对输入图像进行二维滑动窗口(如 3×3 窗口)的遍历，对于遍历得到的每个图像块，都使用一组相同的参数(参数大小与窗口大小一致，如 3×3)来进行线性乘法操作，并且分别得到输出。我们把这组共享的权重称为卷积核(kernel)。输出的数据仍然保有二维的结构，称为特征图(feature map)。

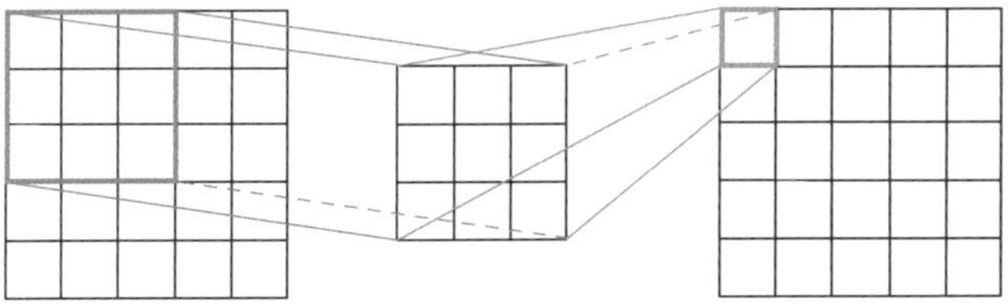

图 7.7 二维卷积层用于处理图像

通常我们会使用许多组卷积核对图像进行操作，假设选取 64 组 3×3 大小的卷积核，输出 1000 个神经元，对于无论多大的输入图像，都只需要 3×3×64×1000≈50 万个参数，远小于全连接网络的 20 亿个参数。可以看到，通过共享权重，可以成百上千倍地减少模型的参数量。

同样地，可以使用卷积层处理文本，主要的区别在于，文本是一维数据，因此使用一维卷积层进行处理，如图 7.8 所示。

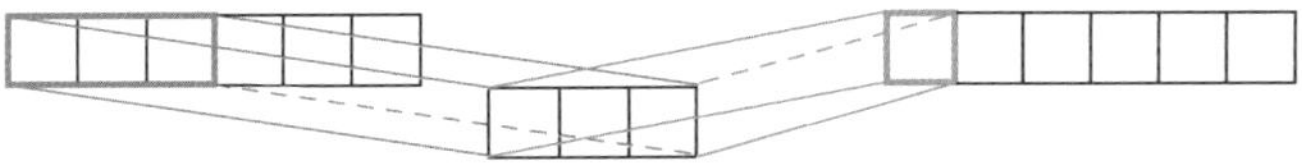

图 7.8 一维卷积层用于处理文本

更多具体的卷积神经网络的操作和应用将在第 8 章介绍。

7.8 循环神经网络

对于文本、声音、视频等序列数据来说，理解每一个词或者每一帧的意义需要前文或者历史信息。而在上文提到的网络模型中，全连接网络参数量过大，实用性不佳；而卷积神经网络的卷积核往往比较小，如 3、5、9 等，不能得到太长的历史信息。循环神经网络(recurrent neural network)的出现保证了在模型参数不大的情况下，有效利用序列中的历史信息。

首先，循环神经网络的模型参数量不大，主要是通过权值共享来实现的。来看一个具体的例子，图 7.9 展示了用全连接网络来处理序列数据的方法。其中(h_0,h_1,h_2,h_3)都是序列中不同位置的隐藏层特征，每个隐藏层都包含对应的权重($W_{t,x},W_{t,h},b_t$)，隐藏层的特征可以表示为

$$h_t=\tanh(W_{t,x}x_t+W_{t,h}h_{t-1}+b_t)$$

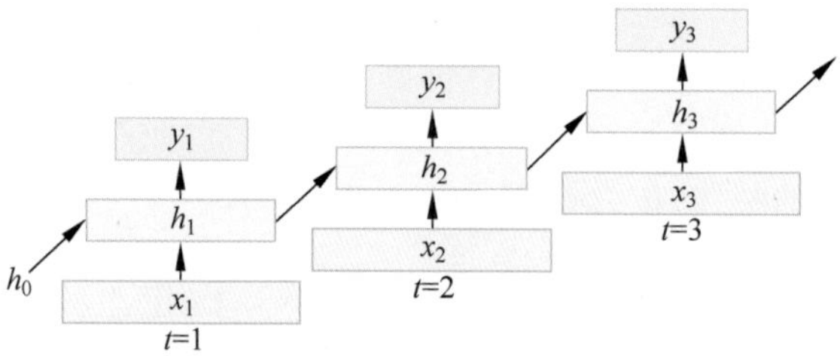

图 7.9　用全连接网络处理序列数据

循环神经网络尝试将在不同时间位置上的参数权值进行共享来实现，使权重不再依赖于时间 t。具体见下式：

$$h_t = \tanh(W_x x_t + W_h h_{t-1} + b)$$

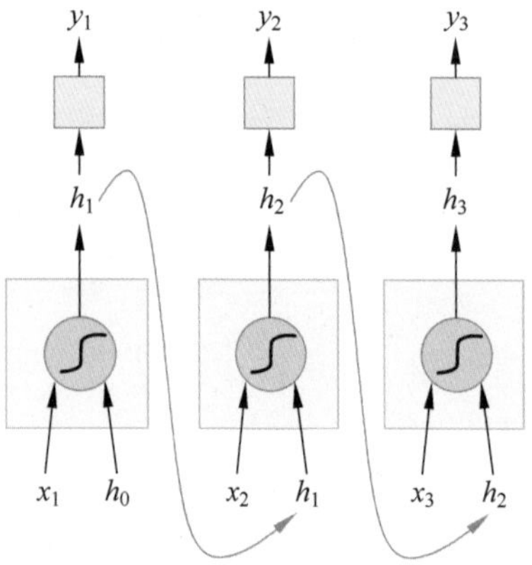

图 7.10　用循环神经网络处理序列数据

如图 7.10 中循环神经网络所示，绿色的框为最基本的循环神经单元，内部权重共享。上一个时间点的隐藏层特征都会输入到下一个时间点的循环神经单元中，这样模型理论上可以存下所有历史信息，用于当前时间点的任务。这就是最简单的循环神经网络结构。

但是在很多实践中，人们发现简单的循环神经网络在信息记忆方面的能力差强人意。为此，Hochreiter 和 Schmidhuber 提出了长短记忆（long short-term memory，LSTM），它是一种特殊的 RNN，主要是为了解决长序列训练过程中的梯度消失和梯度爆炸问题。简单来说，相比普通的 RNN，LSTM 能够在更长的序列中有更好的表现。

接下来讲一讲经典的 LSTM 的内部结构。首先 LSTM 有一个额外的单元状态（cell state）c_t，如图 7.11 所示。不同于隐藏特征，它携带的是记忆单元本身的信息，它会根据上个时间点的单元状态 c_{t-1} 以及当前的输入进行更新。

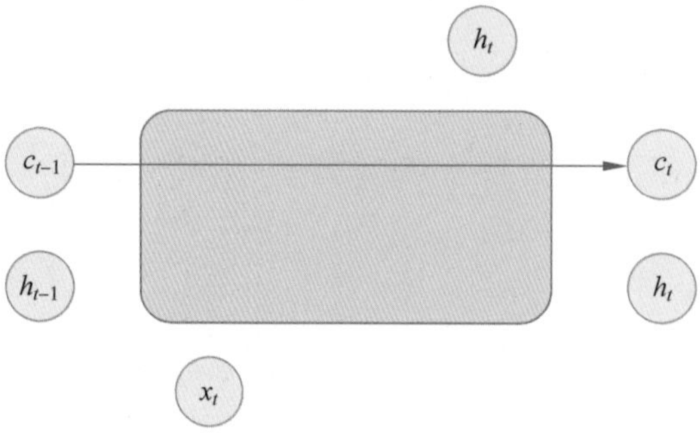

图 7.11　LSTM 中的细胞状态

其次，LSTM 中有一个遗忘门（forget gate），如图 7.12 所示，它决定了上一时刻哪些单元状态里的信息会被遗忘或舍弃，以及哪些信息会被传到下一个时刻。它具体通过一个线性层和一个 Sigmoid 函数来实现：

$$f_t = \sigma(W_{xf}x_t + W_{hf}h_{t-1} + b_f)$$

这个数值若为 0，则表示完全舍弃；若为 1，则为完全保留。

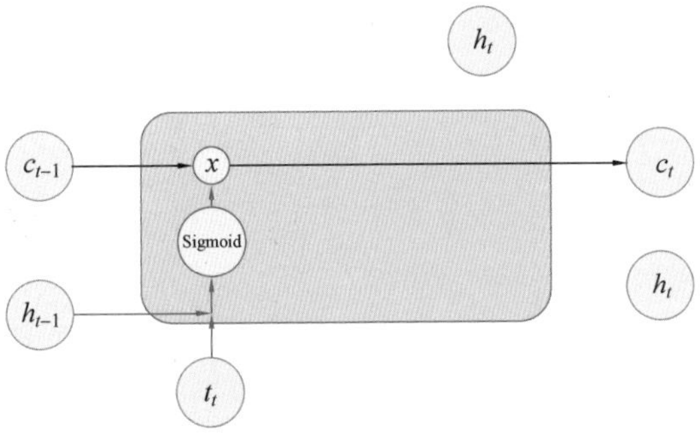

图 7.12 LSTM 中的遗忘门

LSTM 里还有一个输入门(input gate)，如图 7.13 所示，它决定了这一时刻的信息有多少能够输入当前单元状态里。具体来说，它由两个部分相乘得到，一个部分通过线性层和 Sigmoid 函数决定信息保留多少，另一个部分对输入信息进行变换：

$$i_t = \sigma(W_{xi}x_t + W_{hi}x_i + b_i) * \tanh(W_{xc}x_t + W_{hc}x_i + b_c)$$

更新后的单元状态即为过去保留的信息和新输入的信息的加和：

$$c_t = c_{t-1} * f_t + i_t$$

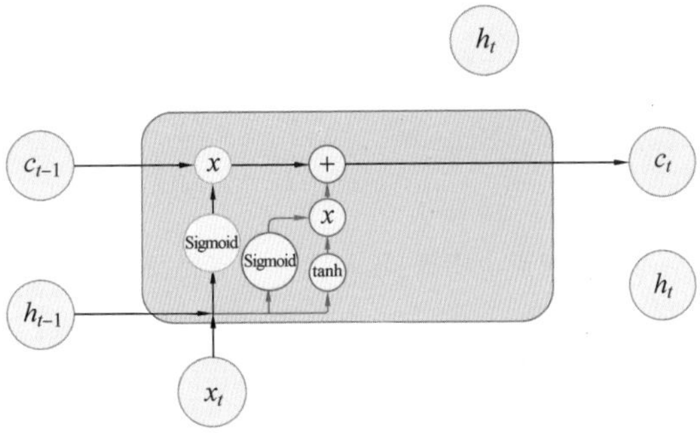

图 7.13 LSTM 中的输入门

最后，LSTM 还有一个输出门来决定隐藏层的特征输出，如图 7.14 所示，它主要由更新后的单元状态、上一时刻隐藏层特征和当前输入决定：

$$h_t = \tanh(c_t) * \sigma(W_{xo}x_t + W_{ho}h_{t-1} + b_o)$$

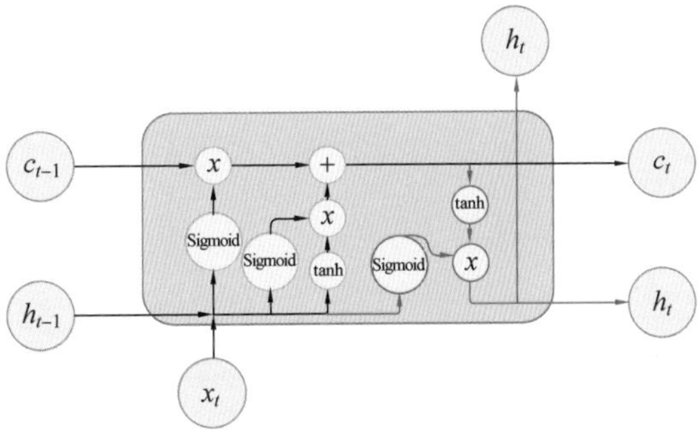

图 7.14 LSTM 中的输出门

由此可见,通过精巧的设计,LSTM 实现了选择性地保留和遗忘信息。更多具体的循环神经网络在文本上的应用将在第 8 章介绍。

本章总结

本章从线性网络谈起,说明需要使用激活函数来定义非线性网络。然后,介绍了常用的激活函数,包括 ReLU 函数与 Sigmoid 函数等。接着,介绍了反向传播算法,用于在优化神经网络的过程中计算导数。此外,讨论了一些常见的优化神经网络的方法,包括初始化、权值衰减等。最后,初探了神经网络权值共享的最常见结构——卷积神经网络和循环神经网络。

历史回顾

神经网络的名称早在 1943 年就被 Warren McCulloch 与 Walter Pitts 提出。但早期的神经网络与现在的很不一样,优化也非常困难。反向传播算法大大改进了神经网络的优化,它是 David Rumelhart 等在 1986 年提出来的。George Cybenko 在 1989 年证明足够宽地使用 Sigmoid 激活函数的两层神经网络可以用来近似任何连续函数。Yann Lecun 等于 1989 年提出使用反向传播算法与卷积网络学习手写字符,这一方法成为了现代计算机视觉的基本方法。

习题

1. 神经网络有非常广泛的应用。现有一神经网络,可根据一位同学的三个特征指标来判断该同学的心理健康程度。若已知网络结构为

输入层参数:特征 1、特征 2、特征 3

第一层(线性层)参数:$\boldsymbol{W}_1=\begin{pmatrix}3 & 2 & 0\\1 & 4 & 2\\0 & 2 & -5\end{pmatrix}$

第二层(线性层)参数:$\boldsymbol{W}_2=\begin{pmatrix}1\\-0.5\\2\end{pmatrix}$

现在小明的三个特征指标为 $\boldsymbol{X}=\begin{pmatrix}7\\5\\6\end{pmatrix}$,请计算小明的心理健康程度。

参考答案:

$$\boldsymbol{W}_1^{\mathrm{T}}\boldsymbol{X}=\begin{pmatrix}26\\46\\-20\end{pmatrix}$$

$W_2^T(W_1^T X) = -33$

2. 如果在第1题中，在第一层与第二层计算后附加了ReLU激活函数，结果是怎样的？

参考答案：

$$\mathrm{ReLU}(W_1^T X) = \begin{pmatrix} 26 \\ 46 \\ 0 \end{pmatrix}$$

$\mathrm{ReLU}(W_2^T(\mathrm{ReLU}(W_1^T X))) = 3$

3. 小明听说学校人工智能社训练了一个浅层神经网络，通过输入(体重、本月饮食消费、性别)三个特征，就可以预测长胖的概率。

非常具有钻研精神的小明既想看看这个网络的准确性，也因为自己这个月吃了太多而不好意思公开测试，就向该社团团员要来了神经网络的结构和参数，如下：

输入层：体重(kg)、本月饮食消费(元)、性别(男女分别用0和1表示)

第一层参数：$W_1 = \begin{pmatrix} 4 & 7 & 1 \\ 2 & 5 & 9 \\ 3 & 8 & 6 \end{pmatrix}$

第二层参数：$W_2 = \begin{pmatrix} 0 \\ -0.0001 \\ 0.0002 \end{pmatrix}$

第二层之后的激活函数为Sigmoid，即$\dfrac{1}{1-e^{-x}}$

其中第一层和第二层之间无激活函数。

已知小明体重为70kg，本月饮食消费为2000元，性别为男(即为0)。让我们来帮小明算一算他会不会变胖吧！

$$\left(\text{注：公式为 Sigmoid}(W_2^T(W_1^T X)),\ X = \begin{pmatrix} 70 \\ 2000 \\ 0 \end{pmatrix}\right)$$

参考答案：

$$W_1^T X = \begin{pmatrix} 4280 \\ 10\,490 \\ 18\,070 \end{pmatrix}$$

$W_2^T(W_1^T X) = 2.5650$

$$\mathrm{Sigmoid}(W_2^T(W_1^T X)) = \frac{1}{1+e^{-2.5650}}$$

(至此满分)

小数结果为0.928 574 787 442 404 8。

4. 请从优化的角度谈谈，为什么在实际应用中，人们会优先选择ReLU作为激活函数，而不是Sigmoid？请谈谈你的理解。

答：神经网络主要靠反向传播进行优化，而反向传播需要求导数，Sigmoid函数在远离0点的时候导数非常小，影响优化；而ReLU的梯度非常容易求，对于优化是非常方便的。

5. 考虑一个已经训练好的神经网络 f，一个图片 x，该图的类别为 y。通过优化以下式子来得到一个 δ

$$\max_{\delta} l(f(x+\delta),y)$$

注意，限制 δ 的取值在一个很小的范围，使图片 $x+\delta$ 与图片 x 在视觉上相差无几，几乎一样。不妨定义 $x'=x+\delta$。

这种精心构造的 x' 与 x 十分相像，但是 f 却认为 x' 的 label 不应当是 y，如果认为 x' 的 label 是 y，则损失函数很大。你是否认为存在这种精心构造能破坏神经网络准确度的 x' 是神经网络的弊端？谈谈你的理解。

答：是弊端，如在无人驾驶应用时，如果有人在标示牌做手脚，会影响无人驾驶汽车的决策；如果有人穿的衣服是被精心设计过的，甚至可能出现严重事故。如果谈不是弊端，可以言之成理也行。

6. 深度线性网络在表达能力上强于一个线性回归模型。

参考答案：错。深度线性网络在表达能力上相当于一个线性回归模型。

7. 请简述在什么情况下神经网络会退化成 Logistic 回归。

参考答案：当神经网络只有一层且激活函数为 Sigmoid 函数时，则退化为 Logistic 回归。

第8章 CHAPTER 8 计算机视觉

引言

视觉是人类智能的一个重要组成部分。我们通过视觉系统实时、精确地获取大量的信息。一个人工智能系统也需要具备视觉感知的能力。对于人类而言，视觉仿佛是天生的：从记事开始，我们好像就可以轻易地通过视觉感知周围的世界。但对机器而言，这样的任务是难以完成的。在过去几十年的研究过程中，人们发明了许多方法让计算机去理解图像。在 2012 年，Alex Krizhevsky 提出了一种多层的卷积神经网络，在图像识别任务上取得了长足的进步，后来人们常常将其称为 AlexNet。这是深度学习中一个里程碑式的成果。而后，人们不断改进深度学习模型，并且将其应用到更广泛的应用中，也在许多任务上取得了很好的效果，如物体检测、图像分割等。当中很多方法现在已经达到可以广泛实际应用的程度，这也是为什么我们在生活中见到越来越多的计算机视觉应用。

在本章中，将介绍计算机视觉的一些基础知识。首先宏观地介绍什么是计算机视觉，并且列举一些重要的计算机视觉任务。接下来，介绍模拟、数字图像的概念，以及图像的获取。我们还将介绍图像的线性滤波，也称为卷积。它是图像处理中贯穿许多算法的一个核心概念。然后以边缘检测为例，介绍一个具体的图像处理应用。最后，介绍卷积神经网络，它也是深度学习的重要基础知识之一。本章旨在介绍计算机视觉中最基础的概念，同时简述许多重要的计算机视觉任务的定义，供感兴趣的同学自行探索。

8.1 什么是计算机视觉

计算机视觉是一个研究如何让计算机理解图像与视频中高层次语义信息的学科。具体来讲，计算机视觉从现实世界的图像信息中提取数字式或符号式的信息，例如，用自然语言表达图像中包含什么样的物体或是从视频信息中输出自动驾驶的决策。

在进一步介绍计算机视觉之前，我们先来理解一下图像是怎么形成的。

图像是光线与物理世界中的物体作用之后的平面投影。

光线在物理世界中传播的过程中，会与物体产生镜面反射、漫反射、折射等复杂的相互作用。在三维空间中的某个观察点，人眼或者照相机可以将这些光线通过投影在一个二维平面上记录下来，这个记录也就是我们常说的图像。

在上述过程中，我们将图像形成的过程叫做前向模型(forward model)。前向模型包括的内容非常广泛：从刚体的运动，如物体坠落，到人类多关节的行为，如行走和奔跑，再到非牛顿流体的运动，如蜂蜜的流动等。在这些包罗万象的物理过程中，光线将每一个时刻的状态通过光与场景中物体的相互作用通过图像记录下来。所以整个图像形成过程包括两个相对独立的步骤：一个是场景中物体之间通过物理规律的交互，另一个是光与场景中物体的相互作用。

人类视觉和计算机视觉都是求解这个前向模型的逆：从一个二维的图像观测中去还原物理世界中物体的位置、运动、相互作用和对应的场景语义信息。以图 8.1 为例，人类可以很轻松地理解这幅图像的内容：图中有一些游客，在沿着一个森林中的小径前行；他们或许是看到了一些有趣的景色，纷纷不约而同地拿起了手机朝着左侧拍照；这些人分成了若干组，离我们最近的两个人仿佛是一起游玩的，再往前有一个背着登山包的家庭带着三个小孩；他们左侧的一位女士靠在栏杆上，仿佛是在等人。在这里，我们识别出了图片中的物体：多个游客、树木和栏杆。我们也仅仅通过一张图片，就判断出图中人物运动的方式。最后，我们还可以在语义层面上知道他们在这个场景中的行为，猜测出图片外有一些有趣的东西。

图 8.1　从二维图像中理解物理世界

在这个图像理解的过程中，我们尝试用二维的信息去还原三维的场景。我们知道图像是二维的，它包含的信息要少于原有的三维世界，因为前向模型是一个有信息损失的过程，例如，物体的三维结构就不直接呈现在二维图像中。这导致图像理解是需要先验知识的，因为如果没有先验知识，理解一个图像就会有大量的歧义。这好比求解一个带有 100 个变量但只有 10 个约束条件的线性方程组，我们会得到许多满足条件的解。

我们已经知道了图像理解的输入是一幅图像，但什么是一个图像理解算法的输出呢？对于人类来讲，视觉系统的输出是我们与世界的交互。比如我们看到一个杯子因此拿起了它；或者看到门口有一个障碍物因此绕过它并开门走出去；或者看到一个朋友之后开始与她/他说话。然而，人类这样的反应不仅仅是视觉理解，还包括动作(拿杯子)、语言(与朋友讲话)等一系列因视觉理解而发生的其他行为。一个详尽的视觉理解输出可能包括非常多的信息：整个场景的三维信息，在三维场景中哪些部分构成一个物体，每个物体是何种物体、可以被如何操作、可以用于何种用途，物体之间的关系是什么等。上述每个部分可能都是非常复杂的。比如描述一个物体可以被如何操作，便包含许多信息。

因此，为了准确描述视觉识别算法的输出，人们定义了许多更为具体的视觉识别任务，如图 8.2～图 8.11 所示。

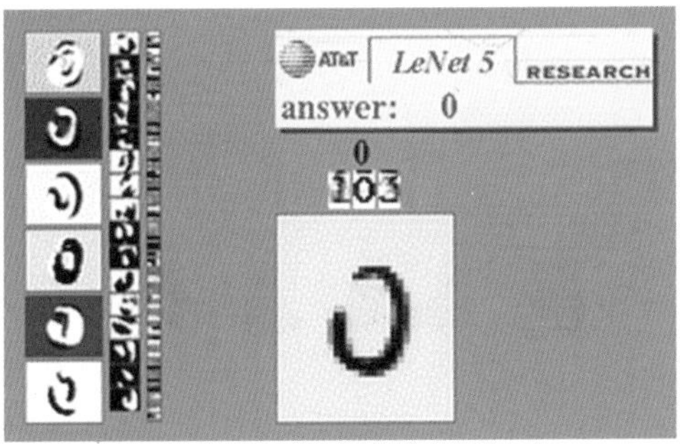

图 8.2 光学字符识别(OCR) LeNet

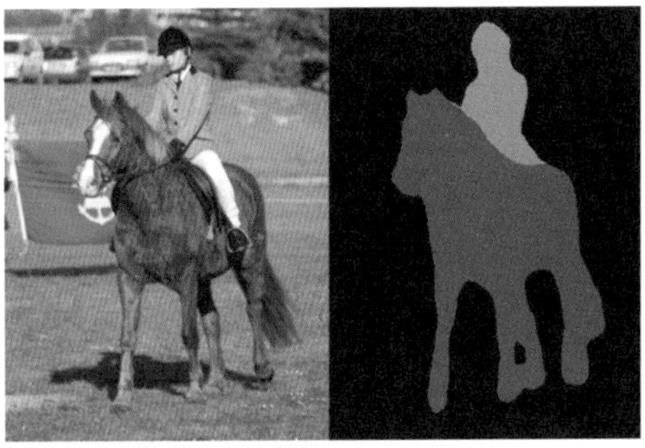

图 8.3 语义分割 FCN

图 8.4 物体分类 AlexNet

图 8.5 物体检测 Faster-RCNN

图 8.6 光流估计 FlowNet2

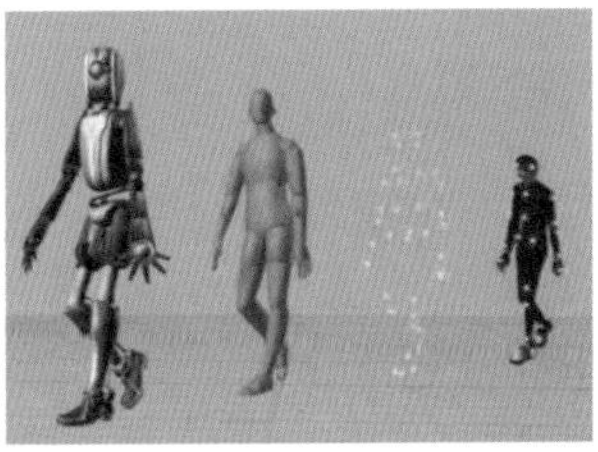

图 8.7 运动捕捉(Mocap)用于电影制作

- 光学字符识别(optical character recognition，OCR)：从图片中识别字符，包括但不限于数字、英文字符、汉字等。
- 语义分割 (semantic segmentation)：将图片中每个像素对应的物体标注出来，在右边输出图像中，不同类别对应于不同的颜色。在此例子中，用深粉色代表马，用浅粉色代表人，用黑色表示背景。

图 8.8　摄影旅行(photo tourism)

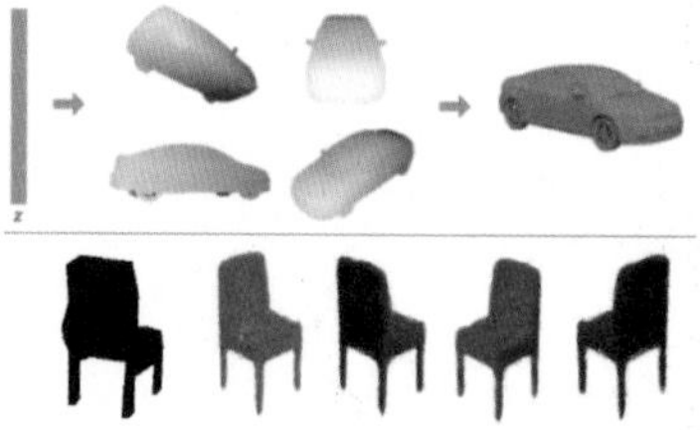

图 8.9　三维场景重建

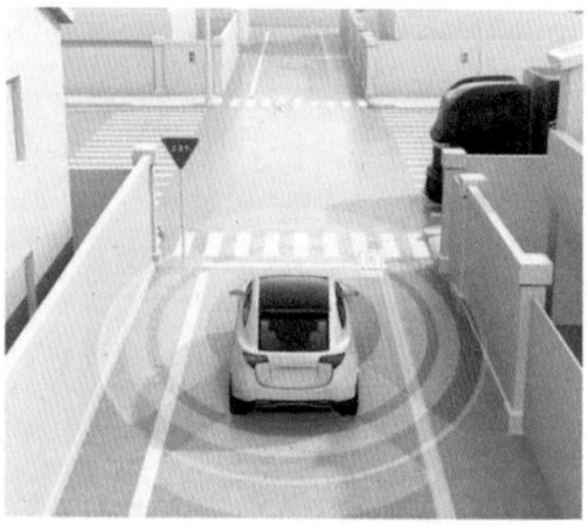

图 8.10　自动驾驶

图像　莫奈　梵高　塞尚　浮世绘

图 8.11　图片风格变换(CycleGAN)

- 物体分类 (object classification)：识别图片中的主体物体。在此例子中，图片中有一匹豹(leopard)。图像分类算法也给出了其他可能的类别，如美洲虎(jaguar)。
- 物体检测(object detection)：识别图片中每个物体，并用长方形框起来。在这幅图中，算法框出了人、马、狗和小汽车。
- 光流估计(optical flow)：通过两帧时间上相邻的图片，估计图像中物体的运动。在这幅图中，上半部分是两张图片的叠加，可以看见一些因为人物移动而产生的重影；下半张图是光流估计算法估计出来的每个像素的移动方式。不同颜色代表了不同的移动方向。
- 运动捕捉 (motion capture，MOCAP)：通过在演员身上安装传感器等方式，捕捉演员的行为，并通过计算机生成虚拟形象对应的动作。
- 摄影旅行(photo toursim)：通过一个旅游景点大量不同角度拍摄的照片，三维重建该场景，并在该场景中自由地穿梭。
- 三维场景重建 (3D scene reconstruction)：通过照片或者深度相机等传感器，重建场景的三维模型。

- 自动驾驶(autonomous driving)：通过大量传感器，如激光雷达、照相机、毫米波雷达、超声波雷达等感知周围场景，并自动地在城市、高速公路上行驶。
- 图片风格变换(image stylization)：将一幅图片的风格进行转换。例如，图中将照片分别变成莫奈、梵高、塞尚、浮世绘风格的画作。

在本章中，主要介绍计算机视觉中比较基础的概念和方法，例如，小孔相机模型、线性滤波、卷积神经网络等。对其他相关应用感兴趣的同学可以参考相应的文献。

8.2 图像的形成

8.2.1 小孔相机模型

我们在生活中随处可以看见二维的平面图像。然而，现实世界是三维的。为了更好地理解计算机视觉算法面临的挑战，我们在本节中介绍三维的世界是如何映射到二维的图像。我们用“相机模型”指代二维图像形成的过程。

在本节，我们介绍一个简化的相机模型——小孔相机模型(pinhole camera model)。图 8.12 展示了小孔相机模型：一支蜡烛通过一个小孔成像。从蜡烛不同部分发射出来的光线射到小孔的部分，通过小孔投影在底片上，形成了一个左右相反、上下颠倒的影像。小孔相机模型是一个理想的模型，小孔是一个无限小的孔洞，物体上每个点发出的所有光线中，只有一条光线可以通过小孔，并且在底片上成像。

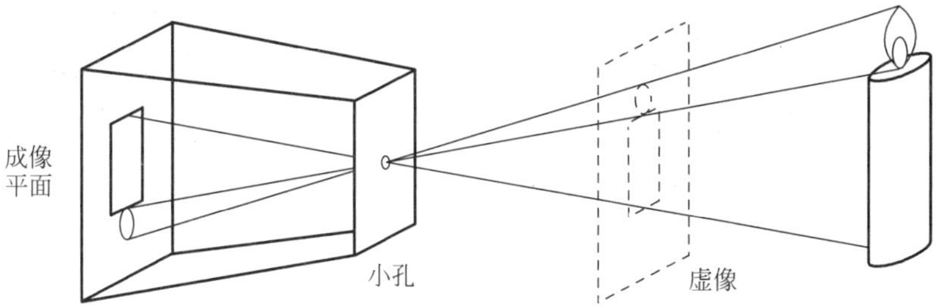

图 8.12 小孔相机模型

这时，建立一个以小孔为原点、垂直相机平面为 z 轴的三维坐标系(见图 8.13)。那么对于三维空间任何一点(X,Y,Z)，它投影到相机成像平面的坐标都可以通过相似三角形的知识计算出来：

$$x=-f\frac{X}{Z}$$

$$y=-f\frac{Y}{Z}$$

其中，f 是小孔到成像平面的距离，也被称为焦距；(x,y)是该三维空间点对应的二维成像平面点坐标。

小孔相机模型可以用来近似人眼和相机系统。开普勒在 1604 年第一次注意到小孔相机模型的成像是上下颠倒、左右互换的。在实际中的相机和人眼的成像并不是这样的，因为相机和人眼会自动地把图片纠正回来。因此，为了方便起见，我们引入虚拟成像面的概念，

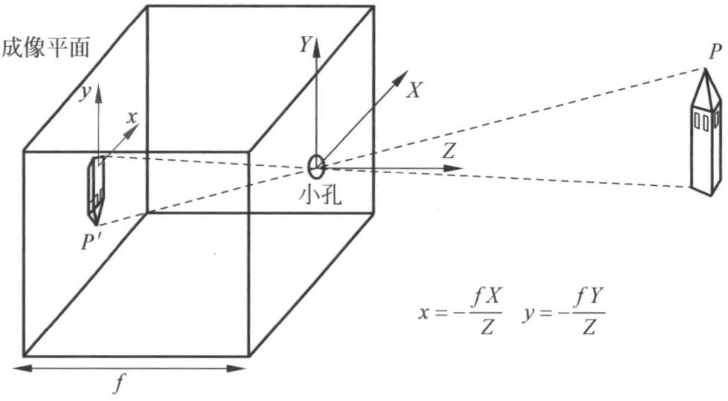

图 8.13 小孔相机成像坐标变换

其原理如下：想象小孔前面有一个与底片相对小孔对称的成像平面，在图中用虚线表示（见图 8.12），光线射过该平面所成的像就是虚拟成像面上的虚拟成像了。注意到，在实际中物体距小孔的距离可以小于焦距 f，这时候虚拟成像就是小孔和物体上发光点连线的延长线与虚拟成像面的交点了。在虚拟成像面中，物体不再上下颠倒和左右互换了。

在现实中，也可以根据小孔成像原理制作一个简易相机。图 8.14 展示了一个用纸盒制作的小孔相机。图 8.15 展示了用该相机拍摄的户外场景。

图 8.14 简易小孔成像相机（来源 A. Torralba）

图 8.15 图 8.14 简易小孔相机所成的像

该图是投影在小孔对面的“底片”上的图像

8.2.2 数字图像

在传统的胶片相机中，底片通常是一片涂满光敏材料的基片，如溴化银。根据光照强度的不同，溴化银被不同程度地分解为银和溴。被曝光过后的底片再经过显影的过程就可以输出为肉眼可见的照片。现代相机大多是数码相机，其原理与传统的胶片相机类似，不过底片从化学的光敏材料被替换为电子感光元件，这些感光元件可以将光子转化为电子。常用的感光元件包括光感应式的电荷耦合器件(CCD)和互补金属氧化物半导体(CMOS)。

图 8.16 展示了数码相机成像的过程：首先底片被划分为若干小格子，每一个格子有一个透镜，将该位置的光转化为平行光；平行光通过一个红、蓝、绿交替排列的二维滤波器，射到最下层的光感原件，将光强度转化为电信号输出；最后，每个格子中的光强会被照相机中的闪存记录下来。这种记录的方式被称为相片的 RAW 格式，即原始格式，它完整地记录了感光元件的输出，是一种无损的格式。但由于每个相机的滤波器排布可能不同，输出光强度的范围也可能不同，并且 RAW 格式一般数据量比较大，导致在日常使用中 RAW 格式不是特别方便。因此，大多数相机会默认将 RAW 格式转化为一种设备无关的压缩图片格式输出，例如，JPEG 格式。

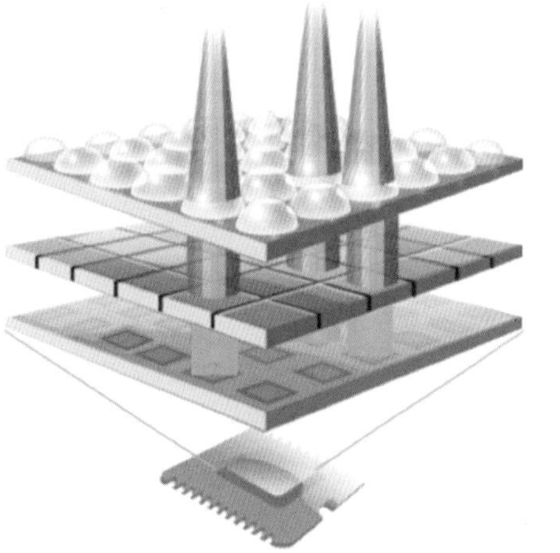

图 8.16 数码相机感光元件原理

上面讲述了成像的物理过程。从算法角度来讲，数码相机成像过程中包含两个离散化的过程：空间离散化和光强离散化(见图 8.17)。在物体成像过程中我们提到感光元件将成像平面划分为许多小格子，这些小格子就是对空间的离散化。我们生活中常常听到的 4K 视频就是指视频每一帧对空间的划分粒度。例如，4K 指的是每一帧有 3840×2160 个像素，其中 3840 为宽度的像素数目，2160 为高度的像素数目。

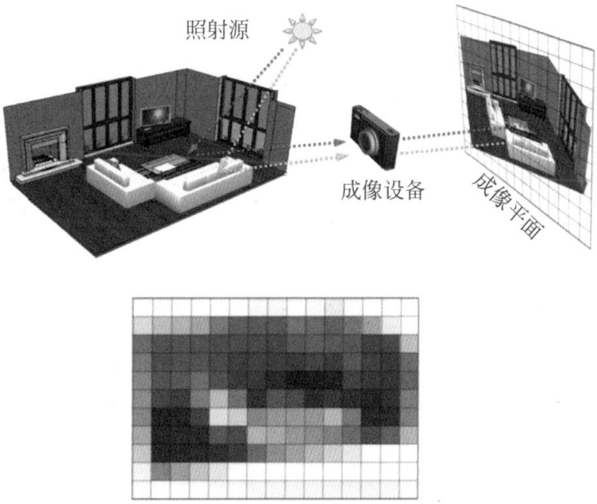

图 8.17 数码相机感光过程

在进行了空间的离散化之后，每一个格子会记录一个光强的值，这个值一般是一个连续的量。但由于计算机只能记录离散的值，我们需要将光强的值离散化。在大多数图片中，每个像素被分成红(R)、绿(G)、蓝(B)三个颜色分量，每个分量的光强值用0～255之间的一个整数描述，数值越大代表光强越大。例如，RGB=(0,0,0)代表黑色，(255,255,255)代表白色，(255,0,0)代表纯红色。在这种表示下的颜色空间一共有 $256^3=16\,777\,216$ 种可能的颜色。在计算机中，一般用一个三维 8bit 无符号整型数组表示一张图片，这个三维数组的大小是 $H\times W\times 3$，其中 H 和 W 分别表示图片的高度和宽度的像素数目，3 代表了 RGB 三个颜色分量。

8.3 线性滤波器

在本章开头，我们介绍了什么是计算机视觉及其典型的应用。那么计算机到底是如何完成这些任务的呢？在本节，我们会介绍计算机视觉中最基本的操作之一——线性滤波器。让我们以一个故事开始吧！

图 8.18 小黄人凯文(Kevin the Minion)

小黄人凯文(见图 8.18)长得和其他小黄人几乎一模一样。如果我们想在一个充满小黄人的舞台下(见图 8.19)找到凯文，人类会怎样做呢？人类会拿着凯文的照片从图像一角开始一个个小黄人去比对，直到找到凯文为止。但是因为图片中有太多小黄人了，这样的工作很枯燥。我们可以设计一个计算机程序来帮我们做这件事情。计算机的做法是类似的：设置一个滑动窗口并依次将其中的图像与要找的凯文图像作比较。这种操作叫做滑动窗口模板匹配(sliding window template matching)。这种通过滑动窗口在图像局部做运算的方法在计算机视觉十分常见，称为滑动窗口滤波(sliding window filtering)。这里滤波是一个信号处理的术语，其本意是移除信号中不想要的部分。在计算机视觉领域中，滤波是一个广义的概念，许

图 8.19 小黄人们

多非信息移除的操作也统称为滤波。我们一般会将所有窗口滤波的结果拼接成一个图片，即滑动窗口的输出是一张图片。在接下来的介绍中，我们会看到在寻找凯文的例子中，滑动窗口滤波的结果图中每一个点代表原图对应窗口图片与凯文匹配的程度。

如果在滑动窗口滤波中的计算是一个关于图像线性的操作，则称为线性滤波。线性滤波是图像处理中最基本、用途最广的方法。非线性滤波可以对图像进行更加复杂的操作，也可以在很多任务上获得比线性滤波更好的效果。为了简明起见，本节主要介绍各种线性滤波的方法。

线性滤波器可以用一个尺寸较小的图片来表示。如图 8.20 所示，假设可以用一个大小为 5×5 的图片来表示线性滤波器 F。

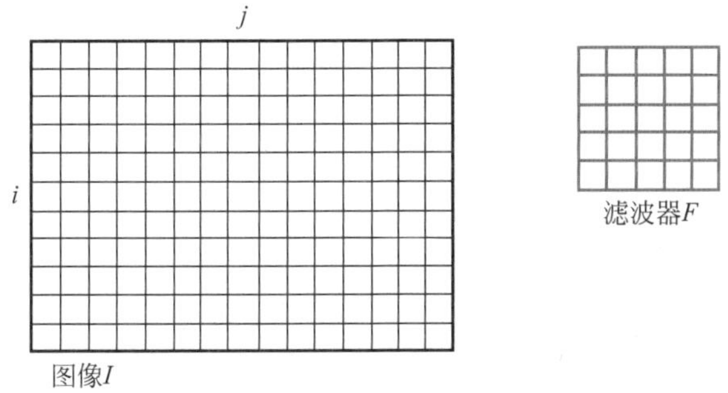

图 8.20 线性滤波器的输入

给定一个输入图像 I（为方便起见，假设该图片为灰度图，即每一个像素只用一个数值代表黑白深浅，而不像一般图像那样用三个数值代表红、绿、蓝三个颜色的强弱。灰度图可以用一个 $H \times W$ 的二维数组表示）和对应的滤波器 F。线性滤波器 F 作用于图片 I 是一个滑动窗口并取向量点积的过程。下面以图 8.21 为例来说明。具体来说，将滤波器 F 与输入图像中的目标位置一一对齐；然后计算输入图像中对应的 25 个元素与滤波器 25 个元素对应的向量点积，即 $\sum_{i=1}^{25} x_i y_i$，其中 x_i 为输入图像的值，y_i 为滤波器的值；最后将该点积写到输出图像中对应位置，就完成了滤波的计算。

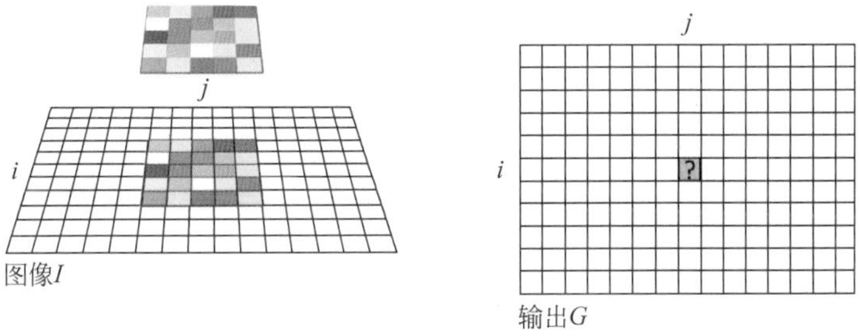

图 8.21 线性滤波的过程

图中颜色代表输入图像当前窗口和滤波器值的对应关系

图 8.21 中颜色代表输入图像当前窗口和滤波器值的对应关系式(线性滤波)：

$$G(i,j) = \sum_{u=-k}^{k} \sum_{v=-k}^{k} F(u,v) \cdot I(i+u,j+v)$$

在上面的例子中，边界可以采用第7章神经网络中介绍的填充方法进行处理。具体来说，在上述流程中，为了计算向量的点积，滤波器对应的原图不能超出原图的边界，因此输出的图像会比原有输入图像要小。但在有些情况下，我们希望输出图像和原图一样大，或者尽可能大，以尽量保留原图的信息。为此，可在图像的外界补充一圈0元素，这样可以允许在滤波计算的过程中，一部分滤波器不对应于原图。图8.22展示了三种填充0的方法：①完整填充(full padding)：填充最多的0，使滤波器在与原图计算的过程中覆盖尽量大的范围，同时计算过程中滤波器至少对应一个原图像的元素；②保持图像大小填充(same padding)：使得滤波的输出和原图具有相同的大小；③合法填充(valid padding)：不填充任何0，使得滤波器的计算过程中仅仅与原图的元素计算。举例来说，假设原图的大小是10×10，滤波器的大小是3×3，那么完整填充会在图像四个边缘的每一个边界上填充宽度为2的0元素。使用完整填充会使得最终参与卷积运算的图大小为14×14，结果的图像大小则为12×12。保持图像大小填充则会在原始图像每一个边界填充宽度为1的0，这样填充后的图像大小为12×12，结果图像的大小为10×10，和原有图像一致。合法填充则不填充任何元素，参与运算的图像就是10×10的大小，结果图像的大小为8×8。

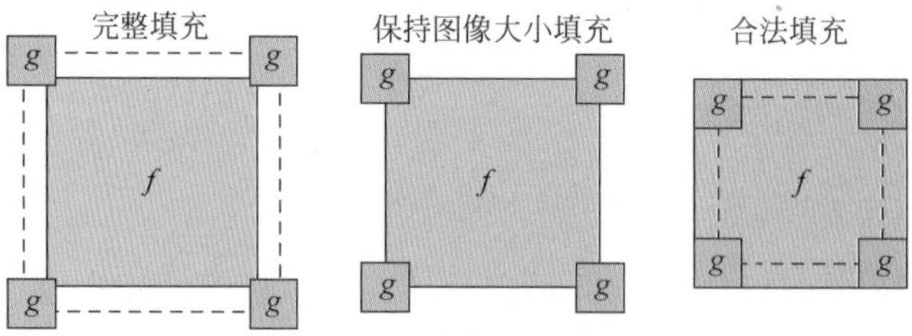

图8.22　三种图像填充方法

其中虚线指的是输出图像的大小

在上面的介绍中，滤波器 F 可以根据需要选为不同的5×5的矩阵。那么，不同的滤波器 F 对应什么样的对图片的操作呢？下面通过举几个例子来说明。

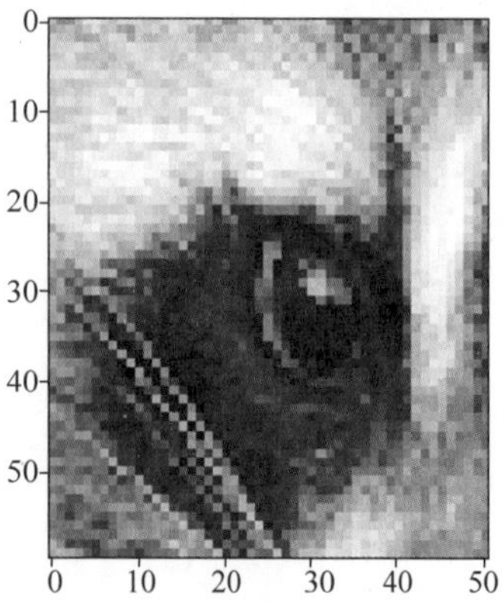

图8.23　输出图像与输入图像相同

第一个例子是 $\boldsymbol{F}=\begin{bmatrix}0 & 0 & 0\\0 & 1 & 0\\0 & 0 & 0\end{bmatrix}$。如果将此滤波器应用到图8.23表示的一只浣熊的眼睛上，那么输出的图像就和输入的图像一模一样，因为如果将上述线性滤波公式展开，就会发现输出和输入完全相同。因为内积的结果就等于该滤波器覆盖的图片中心位置的值(见图8.23)。

现在考虑 $\boldsymbol{F}=\begin{bmatrix}0 & 0 & 0\\0 & 0 & 1\\0 & 0 & 0\end{bmatrix}$。因为每次内积的结果等于该滤波器覆盖的图片右边位置的值，这个滤波器会将图像整体向左移动一格。图8.24给出了这个滤波器产生的效果。最右面一列是因为补零而产生的一列黑条。

如果 $F=\frac{1}{9}\begin{bmatrix}1&1&1\\1&1&1\\1&1&1\end{bmatrix}$,我们发现输出的图像的每一个像素都是周围像素的平均值。这个滤波器使输出的图像更加平滑(见图 8.25)。

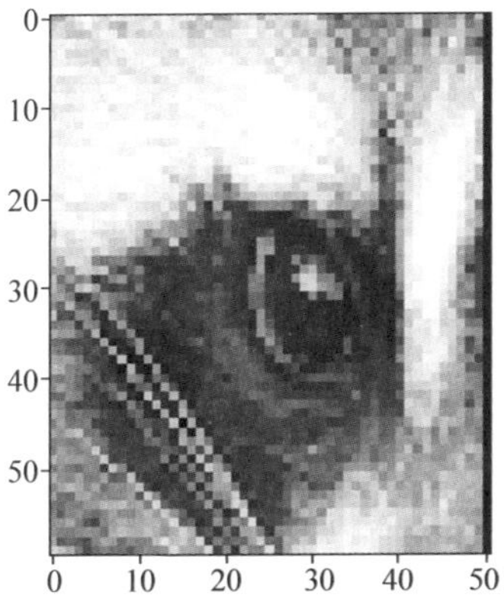

图 8.24 输出图像左移一格

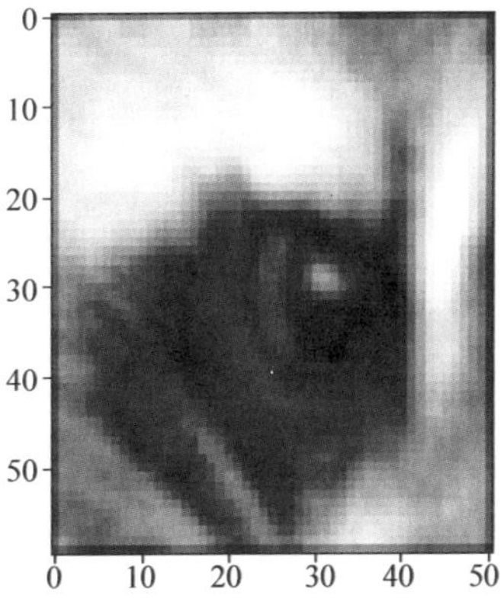

图 8.25 平均滤波器使输出图像更加平滑

现在,如果令 $F=\begin{bmatrix}0&0&0\\0&2&0\\0&0&0\end{bmatrix}-\frac{1}{9}\begin{bmatrix}1&1&1\\1&1&1\\1&1&1\end{bmatrix}$,我们发现输出的图像(见图 8.26)要比原图像更加锐利。直观来讲,这个滤波器可以理解为将当前像素放大两倍(第一个矩阵),同时减掉周围像素的平均值(第二个矩阵),从而可以放大每个像素的独特的部分。从视觉上来看,整个图像的锐度就被增加了。

接下来考虑 F 是一个二维高斯分布的形式,即

$$F_{\sigma}(i,j)=\frac{1}{\sigma^2\sqrt{(2\pi)^2}}e^{-\frac{i^2+j^2}{2\sigma^2}}$$

取 $i=-1,0,1$,$j=-1,0,1$ 和 $\sigma=1.0$,并且将离散化的高斯滤波器归一化,即使 F 中所有元素的和为 1,得到 $F=\begin{bmatrix}0.075&0.12&0.075\\0.12&0.204&0.12\\0.075&0.12&0.075\end{bmatrix}$。应用此高斯滤波器,得到输出图像如图 8.27 所示。我们发现该输出与平均滤波器输出大致相同。

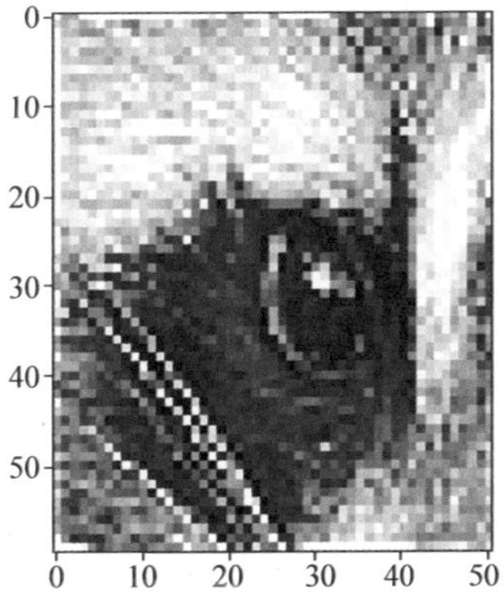

图 8.26 增加图像锐度滤波器的输出

如果将滤波器 F 的大小变为 5×5,输出的图像(见图 8.28)并没有太大变化,这是因为此时

$$F=\begin{bmatrix}0.003&0.013&0.022&0.013&0.003\\0.013&0.060&0.098&0.060&0.013\\0.022&0.098&0.162&0.098&0.022\\0.013&0.060&0.098&0.060&0.013\\0.003&0.013&0.022&0.013&0.003\end{bmatrix}$$

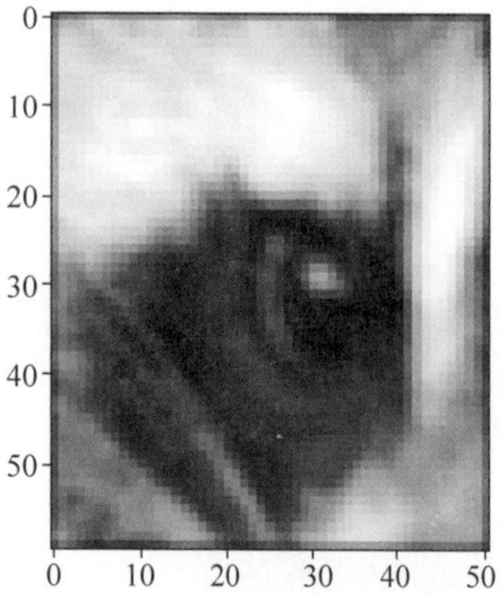

图 8.27　高斯滤波器的输出

多增加出来的一圈数字的值都很接近 0，因此实际上不会产生太大影响。

如果仍然使用 5×5 的滤波器，但是将 σ 变成 2.0，会发现输出图像更加平滑（见图 8.29）。这是由于滤波器 $\boldsymbol{F}$ 在更大范围内做平均，使得每个像素的值都与其他像素值更为接近。

高斯滤波可以当作一种基本的图像降噪方式。在图 8.30 中，左图带有许多噪点。在使用高斯滤波处理之后，可以得到右边的图像。右图的噪点没有左图那么明显，不过右图也丢失了一些细节信息。

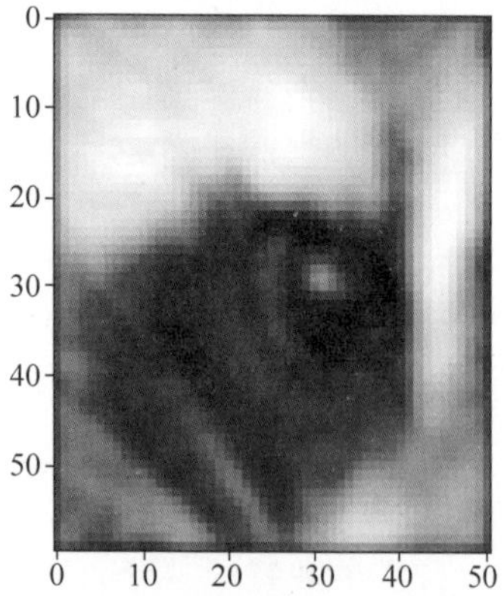

图 8.28　5×5 高斯滤波器的输出

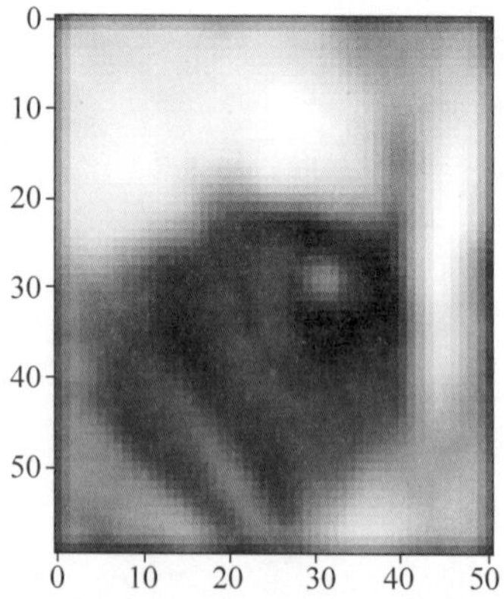

图 8.29　标准差为 2 的高斯滤波器输出

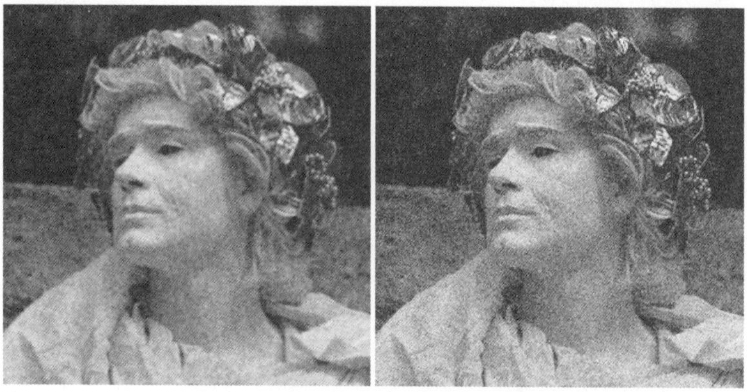

图 8.30　使用高斯滤波器降低图像噪声

左图是有噪声的图像，右图是高斯滤波之后的图像

如果将上述两个滤波器相减，即把 $\boldsymbol{F}_{\sigma=1}-\boldsymbol{F}_{\sigma=2}$ 当作一个新的滤波器，并作用在原图上，就会得到图 8.31。可以发现输出图像大致是原图中的边缘，我们把这个滤波器叫做高斯差（differential of Gaussians）滤波器。高斯差滤波器经常被用于边缘检测任务。

最后，回到本节开始时寻找小黄人的任务。如果已知图 8.32 中凯文的样子，那可以用这张图本身当作一个滤波器。此时，当输入图片和滤波器完全相同的时候，滤波器会有最大的输出。通过用这个滤波器对原图进行滤波，得到如图 8.33 所示的输出。

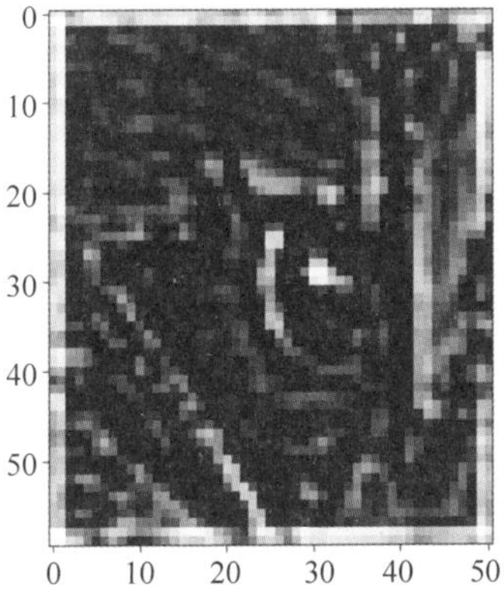

图 8.31 高斯差滤波器的输出

图 8.32 凯文的样子

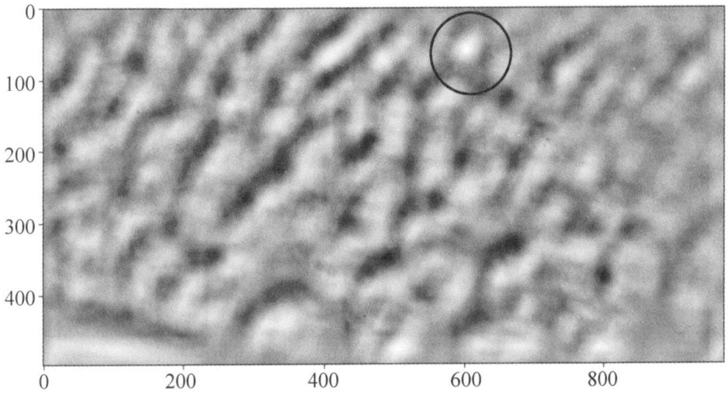

图 8.33 使用凯文的样子作为滤波器、原图作为输入时滤波器的输出
黑圈的位置就是被检测到的凯文的位置

在图 8.33 中可以看到图像中(50,650)附近的亮度最高，即滤波器在该点的输出最大，再回头看原图，就可以确认凯文就在那个位置了。这个任务被称作模板匹配(template matching)。

在本节介绍了线性滤波器的定义和常用的线性滤波器。通过上述例子可以看到，依据滤波器的设计的不同，它们可以完成许多不同类型的任务，比如图像降噪、图像边缘增强、图像边缘检测、模板匹配等。

8.4 边缘检测

一幅图像中可能包括很多信息，而人类对图像的理解很大程度上依赖于图像中比较关键的点和边缘信息。例如，人类可以不依赖图像细节，从简笔画中识别出很多种物体。图像边缘是一个对图像更加紧凑的表示方式，在理想情况下图像的边缘不会随着光照、颜色等因素变化。因此，边缘检测是一个对图片更加精简的表示，有着广泛的应用。例如，工业测量中经常需要先检测出物体的边缘，再对物体的大小进行估计等。边缘检测也是诸多其他视觉任务的第一步。

在本节中，将会阐述什么是图像的边缘、图像的边缘怎么形成以及如何在一个图像中检测边缘。

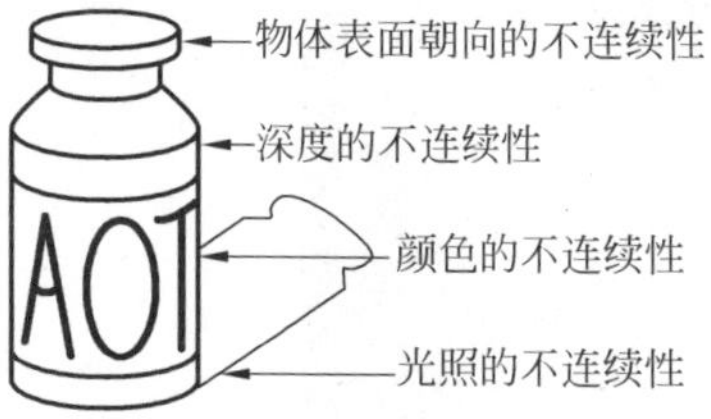

图 8.34 图像边缘形成的原因

图 8.34 展示了图像边缘形成的原因。具体来说，图像边缘是由 3D 世界中物体表面朝向的不连续性(surface normal discontinuity)、场景深度的不连续性(depth discontinuity)、颜色的不连续性(color discontinuity)以及光照的不连续性(illumination discontinuity)形成。举例来说，图 8.34 中字母 AOT 颜色是黑色的，而背景是白色的，在 AOT 字母边缘的颜色从黑色变成了白色，这就是颜色的突变。上述因素(物体表面、场景深度、颜色、光照等)共同形成了图像每个像素的光强信息(image intensity)。从数学上讲，图像的边缘是图像光强突变的地方。

那么给定一张图像，如何检测其中的边缘呢？根据定义，图像边缘是光强突变的位置。因此，可以通过计算图像上的导数，并检测其中导数较大的位置来确定图像中边缘的位置。具体来说，将图像看作一个二维函数 $f(x,y)$，其中的 x 和 y 是图像的宽度和高度的索引，$f(x,y)$是像素(x,y)的光强值。那么图像对点(x,y)的偏导数为 $\left[\frac{\partial f}{\partial x},\frac{\partial f}{\partial y}\right]^{\mathrm{T}}$。于是可以用这个偏导数的 ℓ_2 范数，也即$\sqrt{\left(\frac{\partial f}{\partial x}\right)^2+\left(\frac{\partial f}{\partial y}\right)^2}$，表示该点的光强突变程度。最后，可以通过设定一个光强突变程度的阈值以及二值化来获得边缘的具体位置。

图 8.35 展示了对两个理想图片进行边缘检测的结果。

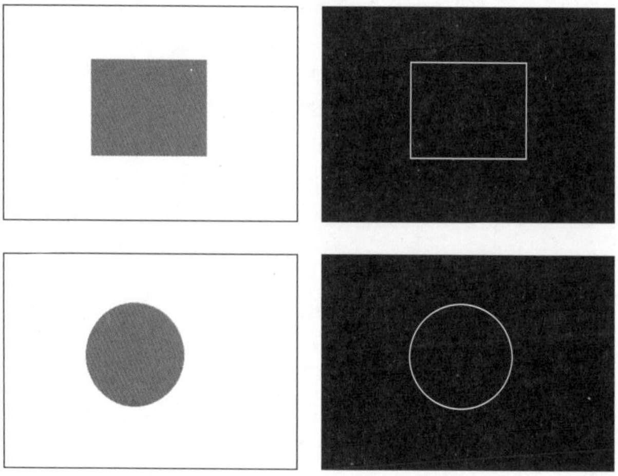

图 8.35 图像边缘检测的结果

从算法上来说，图像边缘的具体计算如下。

算法 18：图像边缘

```
filter_x = np.array([[1,0,-1]])
filter_y = filter_x.T
```

```
der_x = signal.correlate2d(image,filter_x,mode='same')
der_y = signal.correlate2d(image,filter_y,mode='same')
intensity = np.sqrt(np.power(der_x,2) + np.power(der_y,2))
```

上述代码中，第一行定义了一个行向量，代表图片 x 方向的求偏导数的滤波器。第二行定义了一个列向量，代表图片 y 方向求偏导数的滤波器。第三行和第四行通过卷积操作，求得了 x 和 y 方向的偏导数。最后一行通过计算两个偏导数的平方和的平方根，得到了图像每一点光强突变的程度。

如果将 8.3 节中的浣熊眼睛图像作为算法输入，可以得到如图 8.36 所示的边缘结果。这其中有许多值比较低的点。为了得到一个二值化的边缘图像，我们尝试不同阈值，并发现 75 是一个比较合适的值。在二值化之后，得到了如图 8.37 所示的边缘图像。

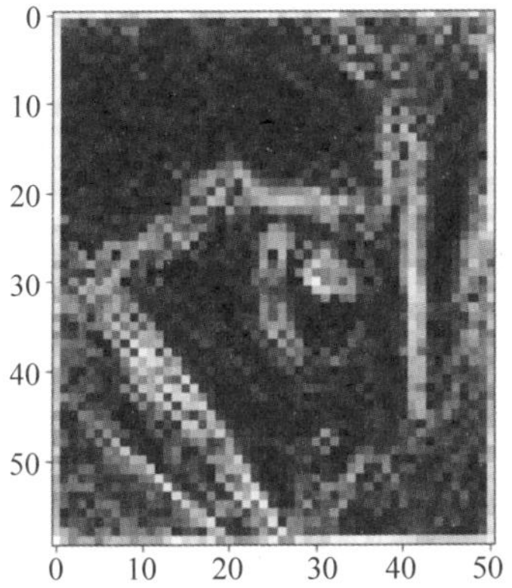

图 8.36 浣熊图像边缘检测的结果

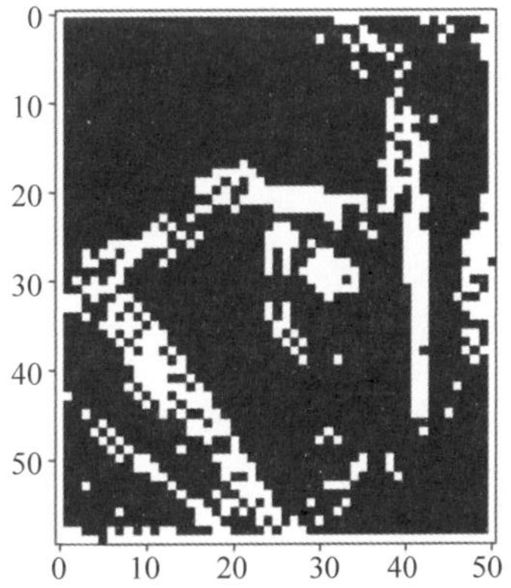

图 8.37 浣熊图像边缘检测加二值化的结果

可以看到上述边缘检测的结果有比较多的噪点，即在许多事实上非边缘的位置上出现了被检测到的边缘。下面用一个一维数据的例子作为类比，来解释为什么上述算法会导致许多噪点。图 8.38 展示了一个带噪声的函数和其导数。可以看到，尽管原函数大体上是常

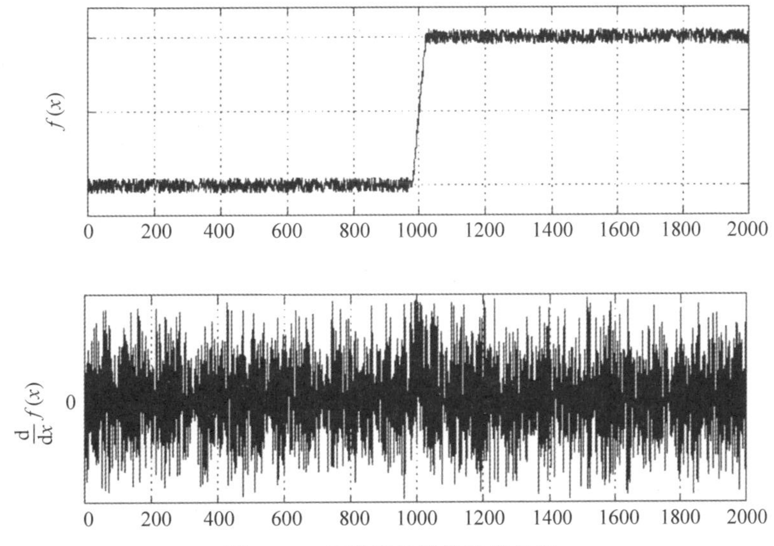

图 8.38 有噪声的函数和其导数

量，但其导数却常常不为 0。

为解决这个问题，可以首先用高斯滤波器平滑（smooth）原函数，然后在平滑之后的函数上求导。这么一来，函数的导数就基本为 0 了（见图 8.39）。

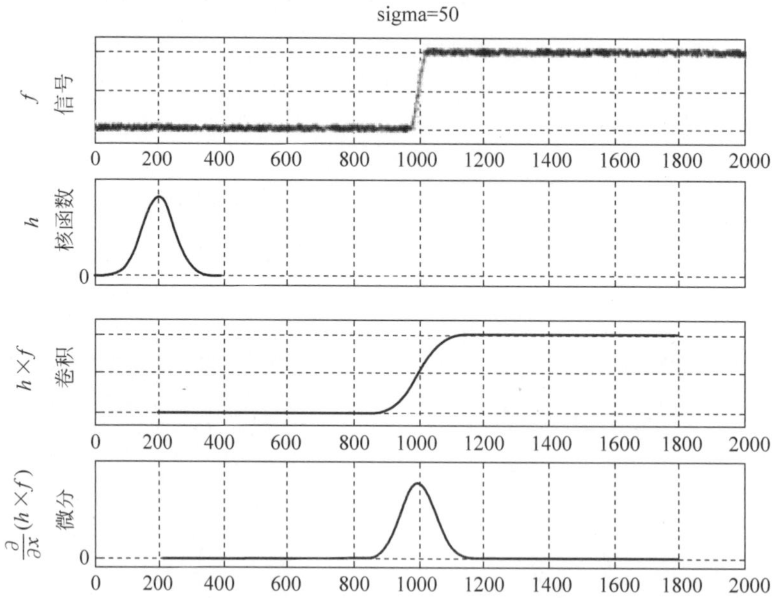

图 8.39 高斯滤波之后的函数和其导数

同样地，由于图像本身也有很多噪声，因此其导数同样有很多噪声。为了将它们去掉，可以在计算图像强度函数之前，用高斯滤波器将其平滑化。图 8.40 是原图经过一个 $\sigma=0.75$ 的高斯滤波器之后的图像强度函数。

我们发现它的噪点少了很多。通过尝试不同阈值，发现采用阈值 30 可以得到如图 8.41 所示的图像边缘。它比未经高斯滤波的边缘更加连续，也更符合原图中的边缘。

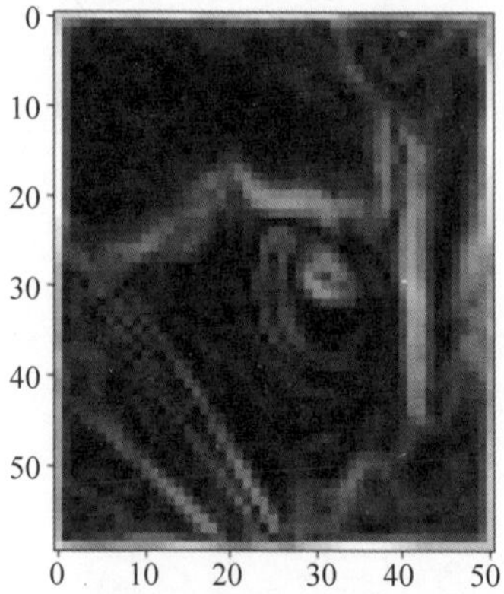

图 8.40 高斯滤波之后的浣熊图像中被检测出来的边缘

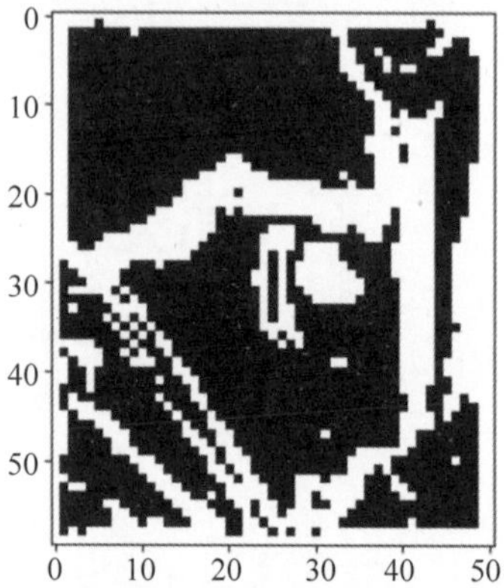

图 8.41 高斯滤波的浣熊图片边缘检测加上二值化的结果

8.5 立体视觉

在上面的内容中，我们尝试从一张图片中识别信息。在自然界中，大多数动物都有两只眼睛。两只眼睛一方面可以降低一只眼睛受损对于个体的影响，另一方面可以让个体具有立体的视觉能力。如图 8.42 所示，从单张图中获得一个像素点的 3D 位置是从理论上具有歧义的，因为从相机中心到像素点 P 直线上所有 3D 世界的点都可能投影到该像素。

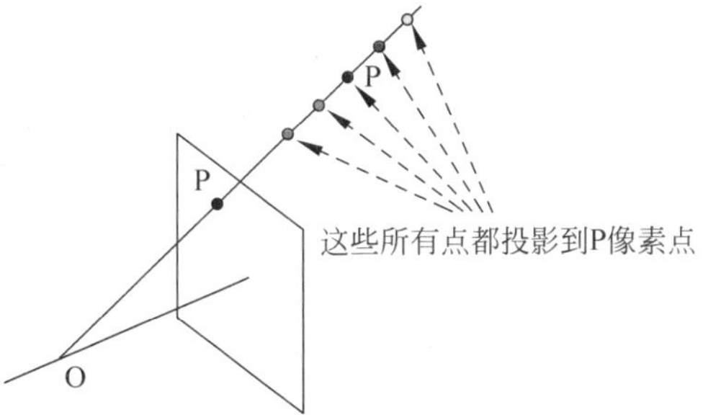

图 8.42 从单个图片中得到像素点的 3D 位置是本质具有歧义的

本节通过引入两个相机来让计算机获得识别物体三维结构的能力，即双目视觉。如图 8.43 所示，如果有两个相机从不同角度看同一个场景，世界中点 P 的位置可以通过观察另一侧相机中 P 点被投影的位置而唯一确定下来，即点 P 的位置从一条射线上被固定到一个点上，解决了单相机 3D 位置歧义的问题。图 8.44 展示了在找到匹配像素点之后，三维空间定位的方法。

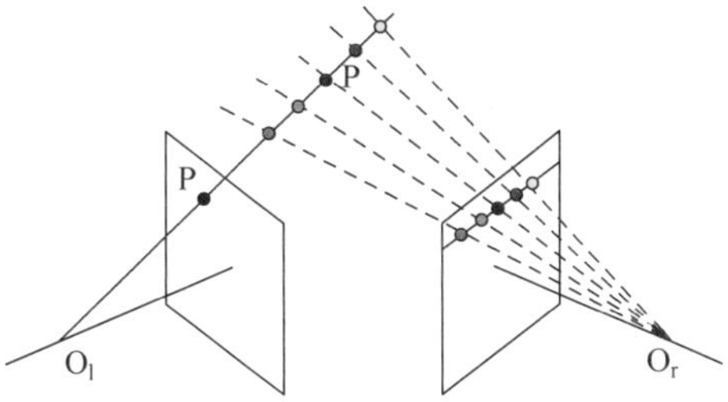

图 8.43 双相机可唯一地确定一个像素点的 3D 位置

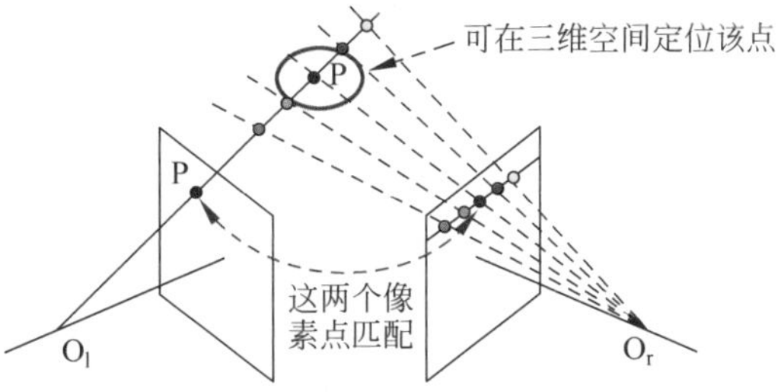

图 8.44 有了像素间对应关系，就可以找到 3D 点位置

上述过程从直观上描述了如何寻找一个像素点对应于3D世界的位置。不过具体来讲，还需要解决：① 对于左相机任何一个像素点，如何寻找右相机中对应的像素点；②有了两个对应的像素点之后，如何计算3D世界中该像素的位置，并且在这个过程中，需要假设何种已知量。

为了简化我们的数学推导，假设两个相机是平行的，并且仅仅沿着 x 轴有一个平移量 T，即 $t=[T,0,0]$。对于更加一般的相机间相对位置，以及如何从数据中回复相机之间的相对位置，请参考文献[6]。如图8.45所示，称两个相机之间的相对距离 T 为基准距离(baseline)。左边相机中心点用 O_l 表示，右边的用 O_r 表示。

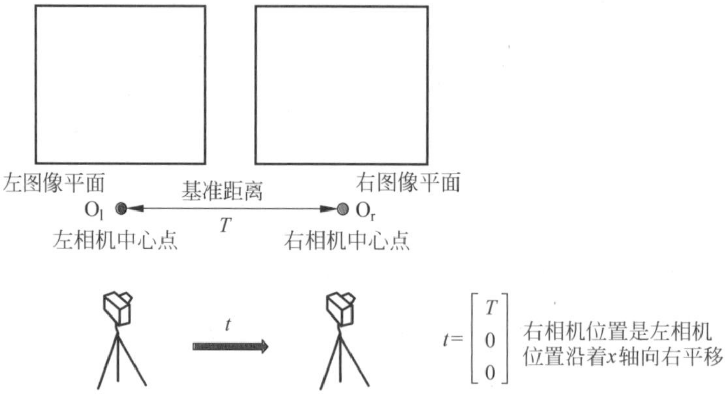

图 8.45 相机间相对位置

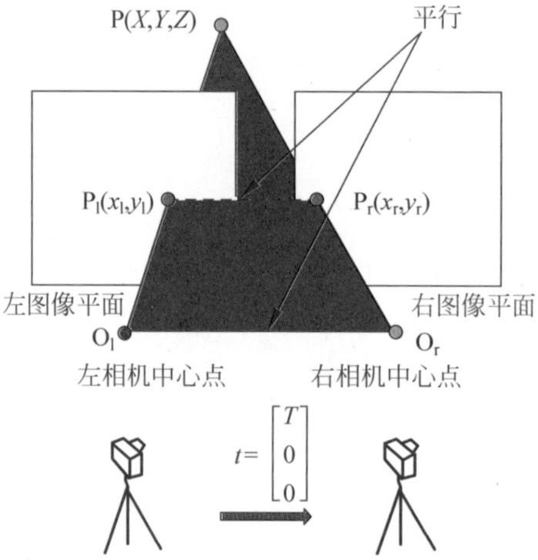

图 8.46 一个3D点在两个相机平面上的投影

假设一个三维空间中的点 $P(X,Y,Z)$ 在两个相机平面上的投影分别为 $P_l(x_l,y_l)$ 和 $P_r(x_r,y_r)$，如图8.46所示。它们分别是 PO_l 和 PO_r 与左右相机平面的交点。因为假设两个相机平面是平行的，并且仅仅沿着 x 方向有一个平移，所以 P_lP_r 与 O_lO_r 是平行的。由此可以得出 $y_l=y_r$，即物体空间的一个点的两个投影的纵坐标是一致的。这为我们从一个图中寻找另一个图中对应点的位置提供了方便。我们在后面会再一次用到这个性质。图8.47展示了这个性质，即左图中一个像素点可能对应的是一条射线上所有的3D位置，这条射线在右图中的投影是一条与左图同高度的水平线。

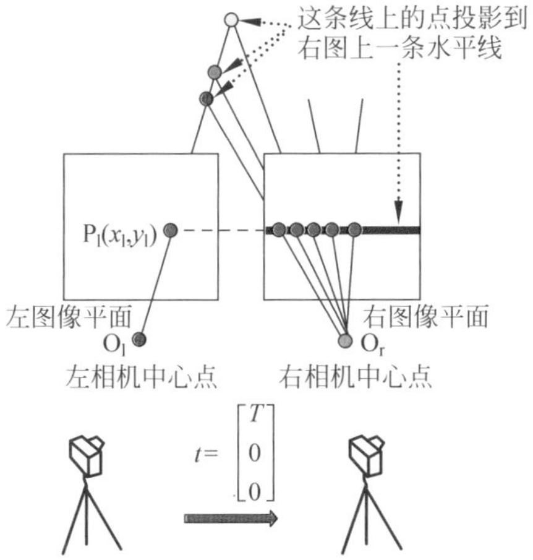

图 8.47　一个相机中的点对应于另一个相机中的一条水平线

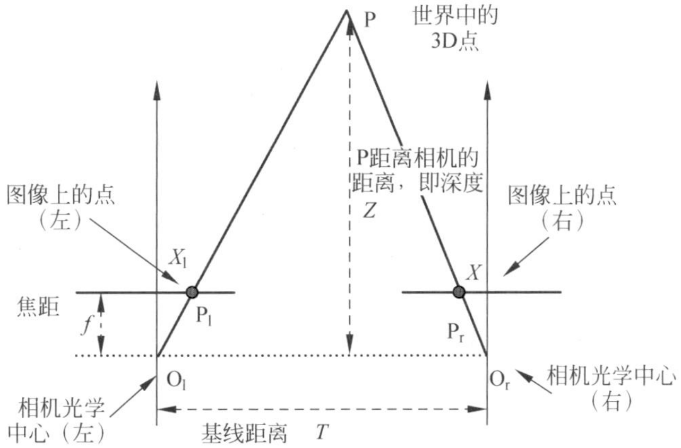

图 8.48　双目摄像机俯视图

假设已经知道了与 P_l 对应的 P_r 点，那么只需要关注 O_lO_rP 这个平面，因为 P_l 与 P_r 也在这个平面上。图 8.48 展示了我们关注的这个 2D 平面。我们发现这个平面中 PP_lP_r 三角形与 PO_lO_r 三角形是一对相似三角形(见图 8.49)。由相似三角形性质可以得出：

$$T/Z=(T+x_r-x_l)/(Z-f)$$

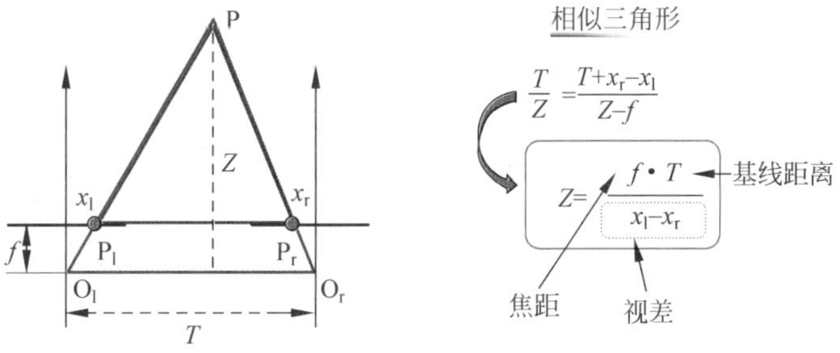

图 8.49　双目摄像机中的相似三角形

即两个三角形的底边与高度之比是相等的。其中 T 是基线距离,即两个相机中心的距离。Z 是该三维世界的点与相机中心点平面的距离。f 是焦距,即相机中心点到成像平面的距离。x_l 和 x_r 分别是 P_l 和 P_r 的 x 坐标。根据上述公式,可以求解出 Z:

$$Z = fT/(x_l - x_r)$$

在这个公式中,等式右边的值都是可以提前测量的或者计算的。例如,焦距和基线距离是可以根据两个相机的内部性质和相对位置得到的。x_l 和 x_r 现在假设是已知的,在下文会详细阐述如何得到对应的 x_l 和 x_r。也就是说该公式中唯一的变量是 $x_l - x_r$,即一个三维实体点的距离与该点在两个相机投影的横坐标的差成反比。因为这个差的重要性,我们给予它一个名字视差(disparity)。当我们知道了一个点的深度信息 Z,也可以唯一地确定该点在射线上的位置,因而确定其三维坐标。

根据上述公式,现在只需要确定左相机中一个点 P_l 对应的右相机的坐标 P_r 即可。更进一步地,我们知道 P_l 和 P_r 有一样的纵坐标。图 8.50 展示了一个样例,我们希望找到左图中汽车右下角的红点对应于右边图片中哪个像素。我们已经知道了两个像素一定是在相同的高度上,也就是说,只要在右图中的蓝色线上搜索即可。我们称这条线为红点对应的扫描线(scan line)。

左图
右图
匹配点将会在这条水平线上(y坐标相同)。
请注意,这仅仅对平行相机成立

图 8.50　左右相机对应点匹配

为了寻找红点对应的点,可以在左图中以红点为中心截取一个窗口,寻找右图中与这个窗口最接近的像素区域(见图 8.51)。最直接的方式就是计算两个图像小区域之间的 L2 距离,即对应像素差的平方和(sum of square distance,SSD)。如图 8.52 所示,计算红点区域与右侧图像的每一个候选区域的 SSD,并且选择其中最低的为匹配像素点即可。

$$\mathrm{SSD}(\mathrm{patch}_l, \mathrm{patch}_r) = \sum_y \sum_x (I_{\mathrm{patch}_l}(x,y) - I_{\mathrm{patch}_r}(x,y))^2$$

有多相似
左图
右图

图 8.51　在扫描线上匹配以关键点为中心的区域

图 8.52 距离的平方和

虽然距离平方和可以处理很多情况，但是距离平方和对光照的变化比较敏感。因为不同光照往往会使像素的具体数值有较大的变化，从而导致 SSD 不能反映两个图像区域之间的相似性。而归一化相关性（normalized correlation）可以解决此问题。归一化相关性将图像区域的绝对强度信息去掉，仅保留非强度相关的信息（见图 8.53）。

$$\mathrm{NC}(\mathrm{patch}_l,\mathrm{patch}_r)=\frac{\sum_{y}\sum_{x} I_{\mathrm{patch}_l}(x,y)\cdot I_{\mathrm{patch}_r}(x,y)}{\| I_{\mathrm{patch}_l}\| \cdot \| I_{\mathrm{patch}_r}\|}$$

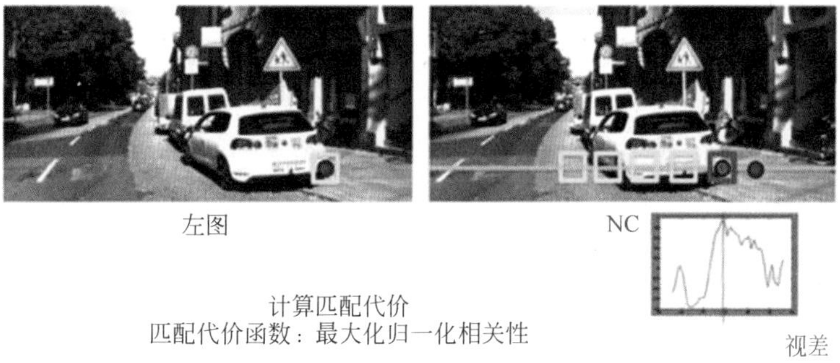

图 8.53 归一化相关性

至此，可以通过归一化相关性，将左图中每一个点的最相似右图中的点寻找到，从而可以计算视差，更进一步得到该点对应的深度以及完整的三维坐标。

8.6 卷积神经网络

前面介绍了以线性滤波器为基础的一些基本图像操作，如图像降噪、边缘强化、边缘提取等，其中一个核心步骤是设计一个可以完成目标操作的线性滤波器。也展示了如何通过手工设计滤波器来完成某些操作。但是，当目标操作更为复杂的时候，如识别物体等，由于参数过多，非常难以单纯靠手工设计。

在本节中，将介绍如何将线性滤波器、简单的非线性函数与机器学习结合起来，以完成像物体分类和语义分割等更加复杂的图像识别任务。

首先，回顾一下在第 7 章中介绍的神经网络模型。如图 8.54 所示，神经网络将输入的特征通过若干层线性变换和激活函数，将输入映射到输出。

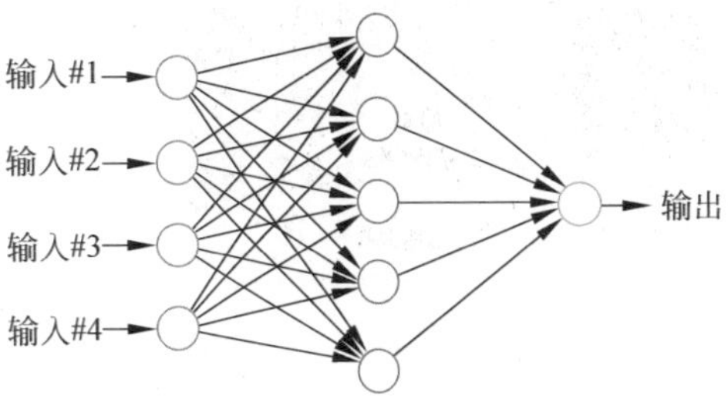

图 8.54　神经网络

由于图像通常包含大量的像素，如果将全连接神经网络用于图像处理，神经网络将需要大量的参数。举个例子，一张 1080p 的彩色图像包含 $1920\times1080\times3\approx6.22\times10^6$ 个像素值。如果一个全连接隐藏层包括 1000 个神经元，那么仅这一层便包含 62 亿个参数。如果这些参数用 32bit 浮点数表示，那么光是存下来这一层的参数就需要 23GB 的存储空间。从理论上讲，全连接神经网络可以近似任何函数，但是从实用角度讲，用全连接神经网络处理图像不能达到比较好的效果。往往需要根据具体问题，对网络结构进行修改和调整，以取得好的效果。

我们在前面介绍了用线性滤波器对图像进行处理。如果将线性滤波器本身当作一个可以被训练的参数(parameters)，即不人工指定线性滤波器每一个值，而是通过将其当作一个未知的参数，并从数据中进行学习，那么可以将对于输入特征的线性变换替换为对图像进行线性滤波。

下面，将对灰度图像的线性滤波拓展至彩色图。如果一个彩色图像用 $H\times W\times3$ 的矩阵表示，那么对应的滤波器的大小为 $H_f\times W_f\times3$。滤波的过程与灰度图像的处理基本相同，除了在每一个位置上的计算不再是大小为 $H_f\times W_f$ 的向量之间的点积，而是大小为 $H_f\times W_f\times3$ 的向量之间的点积。与灰度图处理相同的是，彩色图像的滤波输出是一张灰度图，因为点积操作的输出是一个标量值。一个滤波器通常只能对应于一种操作，如图像平滑或者边缘提取等。为了完成更加复杂的操作，可能需要同时利用多种滤波器。我们可以同时对一张图片应用 K 个线性滤波器，并且把每个线性滤波器输出的灰度图像在色彩维度上叠加在一起，形成一个形状为 $H_{out}\times W_{out}\times K$ 的输出。我们称这个操作为神经网络中的卷积操作(convolution operator)，如图 8.55 所示。

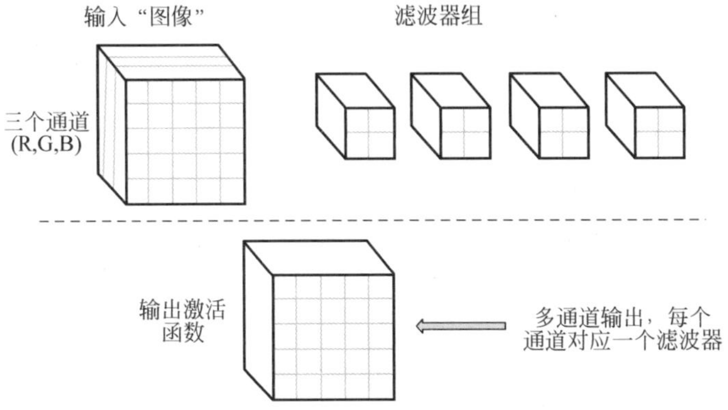

图 8.55　使用滤波器组对一张图片进行滤波

举一个具体的例子。假设输入的图像是一个高度为 3、宽度为 3 的彩色图像：

$$\boldsymbol{I}=\left[\begin{bmatrix}1&2&3\\4&5&6\\7&8&9\end{bmatrix},\begin{bmatrix}1&0&1\\0&1&0\\1&0&1\end{bmatrix},\begin{bmatrix}1&2&1\\2&1&2\\1&2&1\end{bmatrix}\right]$$

这里三个二维的矩阵分别代表这张图像的 RGB 颜色通道。用一个高度为 2、宽度为 1 的如下滤波器对这张图进行滤波：

$$\boldsymbol{F}=\left[\begin{bmatrix}1\\2\end{bmatrix},\begin{bmatrix}3\\4\end{bmatrix},\begin{bmatrix}5\\6\end{bmatrix}\right]$$

具体的滤波计算过程如下。首先假设滤波操作使用合法填充，即不在原图周围填充 0 元素。那么这个图像滤波之后的大小为 2×3×1，即高度为 2，宽度为 3，颜色维度为 1。以输出图像 O 中第一个元素为例，即 O[1,1,1]，展示如何进行卷积操作。首先取输入图像中左上角大小为滤波器大小，也就是 2×1×3 的子矩阵：

$$\boldsymbol{I}_{0,0}=\left[\begin{bmatrix}1\\4\end{bmatrix},\begin{bmatrix}1\\0\end{bmatrix},\begin{bmatrix}1\\2\end{bmatrix}\right]$$

然后，对 $\boldsymbol{I}_{0,0}$ 和 $\boldsymbol{F}$ 做点积操作，即对应元素相乘，再将结果相加：

$$1\times1+2\times4+3\times1+4\times0+5\times1+6\times2=29$$

这样，得到了输出图像中的第一个元素 O[1,1,1]=29。其余的输出元素可以用类似的方法计算。

更广义的卷积操作可以采用一个形状为 $H_{\text{in}}\times W_{\text{in}}\times K_{\text{in}}$ 的矩阵，通过 K_{out} 个大小为 $H_{\text{f}}\times W_{\text{f}}\times K_{\text{in}}$ 的滤波器，输出一个 $H_{\text{in}}\times W_{\text{in}}\times K_{\text{out}}$ 大小的矩阵。我们称这 K_{out} 个滤波器为这个卷积操作的滤波器组(filter bank)，或更简单地称为卷积操作的参数，并用一个四维数组 $H_{\text{f}}\times W_{\text{f}}\times K_{\text{in}}\times K_{\text{out}}$ 表示这些参数。我们称输入和输出矩阵中的 K_{in} 和 K_{out} 为通道(channel)，比如 RGB 图像通道数目就是 3。

在图 8.55 中，展示了对于一张图片，一组滤波器和对应的输出数组。其中输入图片的大小为 5×5×3，3 代表 3 个颜色通道，即 $H_{\text{in}}=5, W_{\text{in}}=5, K_{\text{in}}=3$。采用四个滤波器，每个滤波器大小为 2×2×3，也即 $H_{\text{f}}=2, W_{\text{f}}=2, K_{\text{out}}=4$。通过一个保持大小填充(same padding)的卷积，这个操作输出的大小是 5×5×4，其中每一个滤波器对应于一个输出的通道。

卷积操作是线性滤波在多输入颜色维度、多滤波器方面的自然扩展。这个操作解决了神经网络线性变换的多个问题。其中重要的一点是卷积操作的参数量与图像大小无关，且通常为较小的值。例如，一个 $H_{\text{f}}\times W_{\text{f}}\times K_{\text{in}}\times K_{\text{out}}=3\times3\times512\times512$ 的卷积操作仅有 240 万个参数，要远远少于全连接层需要的参数数量。同时它也保持了图像本来的二维平面结构——卷积操作的输出也可以看作一个广义图像。在实际应用中，我们发现在图像识别领域，卷积神经网络效果要远好于全连接神经网络。

与滤波操作一样，卷积操作具有平移不变性(translation invariance)：无论一个物体在图像中哪一个地方，同一个卷积操作对于它们的输出都是一样的。这个性质是由卷积操作的定义而自然成立的。这是卷积操作对于二维图像性质的先验(prior)。先验在这里指的是对所有图片都成立的一些准则。正是由于这种先验，卷积神经网络才可以在图像中具有更好的泛化性能(generalization capability)。

卷积操作的输出“图像”和输入图像在二维尺度上 $H\times W$ 是一样的(假设使用保持图像大小填充)。但如果最后需要将图片分类，如识别手写数字 0～9，则需要一种方法减小输出图像的二维尺度。一种常用的方法是首先将一个大小为 $H\times W\times K$ 的数组划分为 $\frac{H}{2}\times$

$\frac{W}{2}\times K$ 个 2×2 的格子,然后取 2×2 矩阵中最大元素为输出,从而形成一个 $\frac{H}{2}\times\frac{W}{2}\times K$ 的输出数组。当然划分成 2×2、3×3、4×4 的格子都是可以的,这个大小的选择是一个可以调节的超参数。我们称这个操作为最大池化操作(max pooling)。图 8.56 展示了一个 3×3 的最大池化操作示意图。

$$O(i,j) = \max_{\substack{k\in\{i-1,\,i,\,i+1\}\\ l\in\{j-1,\,i,\,i+1\}}} O(k,l)$$

最大池化操作:对于每一个输入的局部,取所有元素的最大值作为对应的输出。

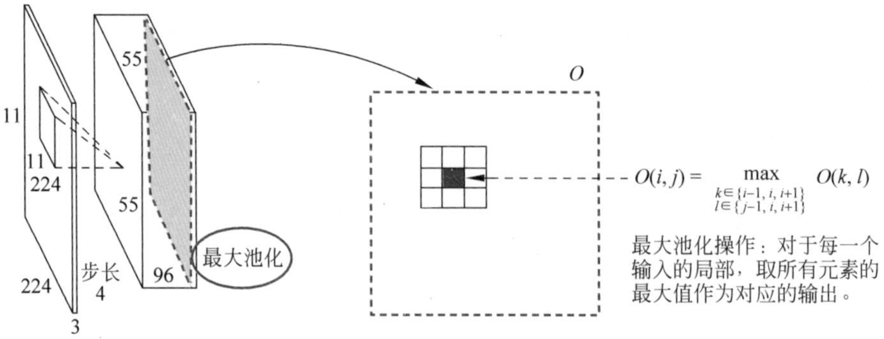

图 8.56　最大池化操作

举个例子,假设有如下图片:

2	3	4	5	6	7
1	0	1	0	1	0
3	3	3	3	3	3
9	8	7	6	5	4
1	3	5	7	9	1
2	4	6	8	0	2

那么通过一个 3×3 的最大池化操作之后,输出的图片是

4	7
9	9

其中第一个元素是从原图片左上角的子矩阵中取最大值而计算出来的:

2	3	4
1	0	1
3	3	3

通过计算这 9 个数字中的最大值,得到了 4,即输出中的第一个值。

有了卷积和最大池化操作,就可以交替使用两者构建神经网络。图 8.57 以经典的 LeNet 神经网络为例,展示了神经网络的构造过程。假设输入是一张 32×32 的手写数字图片。首先,通过 $5\times 5\times 1\times 6$ 的一个无填充(valid padding)的卷积操作,得到了一个 $28\times 28\times 6$ 的矩阵,称为特征图(feature map)。接下来,通过一个 2×2 的最大池化操作,得到一个

14×14×6 的特征图。然后，再经过一个 5×5×6×16 的卷积和一个 2×2 的最大池化操作，得到了 5×5×16 的特征图。再将其当作一个向量，通过三层全连接，映射到 120，84 和 10 个单元。最后，用 Softmax 归一化和交叉熵损失函数（Softmax with cross entropy）监督这 10 个输出单元，分别对应手写数字 0～9。

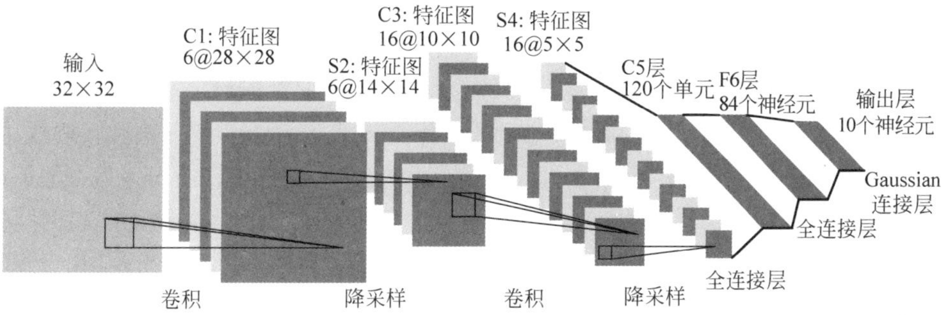

图 8.57　LeNet 网络结构

在 LeNet 中，卷积操作是一个带参数的操作，它起到了自适应的滤波作用并可用后向传播算法训练（见第 7 章）。最大池化操作令整个网络对手写数字的较小的空间位移不敏感，并逐步降低图像分辨率，有利于后续的分类操作。第二层卷积由于有了前一层的最大池化操作，每一个 5×5 滤波器对应原图更大的部分，从而可以捕捉图像中更大范围的概念，即有更大的感受野。我们称可以影响一个神经元的输入区域为这个神经元的感受野（receptive field）。当经过神经网络第四层池化之后，特征图的空间维度只有 5×5，已经具有比较少的空间信息，因此将其展平（flatten）为一个向量。后面的部分就是一个正常的两个隐层的神经网络了。

LeNet 是一个对于手写数字识别比较成功的卷积神经网络。在 2012 年，Alex Krizhevsky，Ilya Sutskever，Geoffrey E. Hinton 将类似的技术应用在 1000 类物体识别的任务上，取得了高达 62.5%的准确率。这项工作让大家意识到卷积神经网络的巨大潜力，并引领了后续的深度学习研究工作。Alex 等的卷积神经网络有七层，被称为 AlexNet。

为了更好地理解卷积神经网络内部学习到参数的含义，Zeiler 等可视化了 AlexNet 在 ImageNet 上学习到的内容（见图 8.58），允许人们看到卷积神经网络在不同层之间学习到不同的信息。在较低的层，AlexNet 学习到了各种朝向的边缘检测滤波器和不同的颜色滤

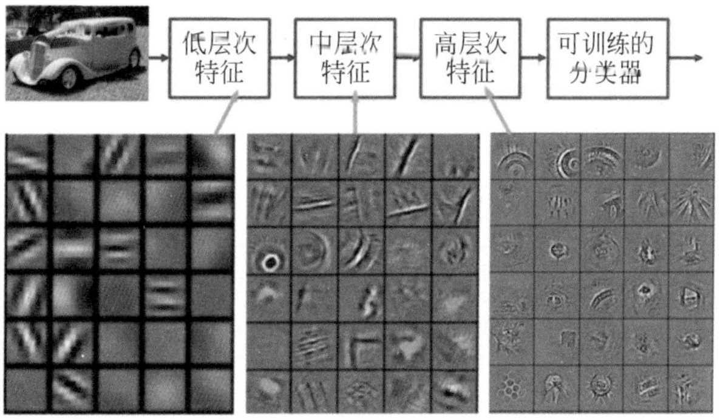

图 8.58　AlexNet 网络中间层可视化

波器，在中层则学习到了网状、平行的边缘等稍微复杂的模式，在高层则学习到了鸟类、车轮和蜂巢等高层次概念。这些结果表明，仅仅根据图像物体标签卷积神经网络可以在不同的卷积层上学习到不同语义层的概念。

在 AlexNet 之后，人们提出了更深的神经网络，如 VGG(19 层)、ResNet(152 层)和图状连接的神经网络如 DenseNet。这些更复杂的神经网络已经可以在 ImageNet 1000 类物体分类的基准比赛上达到 79.2%的准确率，如果允许猜测 5 个结果的话，这个准确率已经达到了 94.7%，基本和人类的水平一致了(94.9%)。

卷积神经网络不仅在物体识别领域达到了很高的准确率，还在很多其他的计算机视觉任务上取得了巨大的提升，如语义分割(semantic segmentation)、物体检测(object detection)、光流估计(optical flow)、对抗图片生成(generative adversail image generation)等。

8.7 物体检测

卷积神经网络为物体分类开启了一个新的篇章。很多时候我们希望的不仅仅是识别图片中主要的物体，而是识别图像中所有的物体。如图 8.59 所示，这幅图中我们关注其中三个主要的物体，分别是狗、自行车和一辆汽车。在物体检测任务中，我们希望计算机可以告诉我们图像中在何处有何种物体。具体来讲，用一个矩形框来代表何处，用该矩形框内部的物体类别来代表何种物体。可以说物体检测任务是物体分类任务在空间与数量上的扩展。

图 8.59 物体检测任务

Ross Girshick 等在 2014 年提出了 RCNN 算法[7]，将深度学习用于物体检测，并且取得了远超前人算法的性能。具体来讲，RCNN 将物体检测任务分为两个阶段。在第一个阶段，RCNN 算法使用一个传统计算机视觉算法(selective search[8]，SS)从图片中提取出潜在的物体所在的位置。在这个步骤中，SS 从图片中提取大约 2000 个候选的矩形区域。而后神经网络将这 2000 个区域依次分类，识别其中到底是否包含物体，以及如果包含物体，这个物体是什么类别，如图 8.60 所示。在分类之前，每个区域会被缩放到适合神经网络的输入的大小。在这些区域之中，有些是物体检测的正样本，但是它们的矩形框由于是 SS 算法产生的，可能并不是很准，所以这些边框的坐标最

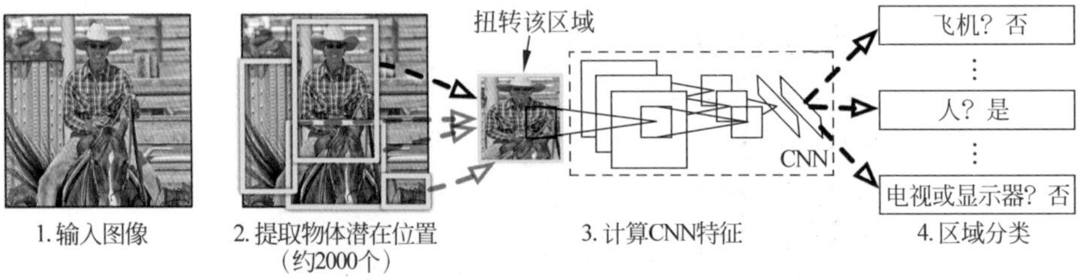

图 8.60 RCNN(Region-CNN)算法

终会被一个神经网络的输出替代。这个神经网络的输出被称为检测框的坐标回归(bounding box regression),其目的是给最终物体检测的输出提供一个更加准确的位置。

RCNN 算法是一个很直观的物体检测算法,因为它将检测的过程分为了两个阶段,即提出假设以及细化验证的过程。这个过程也是符合人类直觉的。在实际中,RCNN 算法也取得了很好的效果,其性能相对于之前的算法有很大的提升。

RCNN 算法虽然可以取得很好的效果,但是其检测速度很慢,检测一张图片大约需要 1 分钟才能完成。这其中速度的瓶颈是因为需要太多次神经网络的预测。在 RCNN 中,由于 SS 算法提出了约 2000 个图像的区域,以至于为了处理这 2000 个图像的区域需要神经网络预测 2000 张图的标签。这占据了整个物体检测过程 95%以上的时间。Fast-RCNN[9] 提出仅用一次神经网络的预测来解决这个问题。文献[9]注意到了卷积神经网络的平移不变性,提出了不在原图上裁剪图像的区域,而是在卷积神经网络中间层输出的特征上裁剪对应的区域。这样对每张图片就可以仅仅用神经网络处理一次了。这样的改变大大加快了神经网络预测的速度,fast-RCNN 处理每张图片仅需要 2s。

在 fast-RCNN 中,物体边框的产生方式仍然是根据 SS 算法,SS 算法在一张图上需要接近 2s 的运行时间,而神经网络的运行时间已经不超过 0.2s 了。SS 算法已经是 fast-RCNN 运行时间的瓶颈了。Faster-RCNN[10] 提出使用神经网络将 SS 算法替代。图 8.61 展示了 faster-RCNN 的网络结构。Faster-RCNN 提出了边框产生网络(region proposal network,RPN),用来生成潜在的物体区域的位置。RPN 可以根据神经网络的特征产生物体边框区域。RPN 的训练信号也从数据集中产生。在实验中,文献[10]发现 RPN 仅用 200 个边框区域就可以达到类似 SS 的性能。使用了 RPN 之后,物体检测需要的时间从每张图片 2s 下降到了每张图片 0.2s。

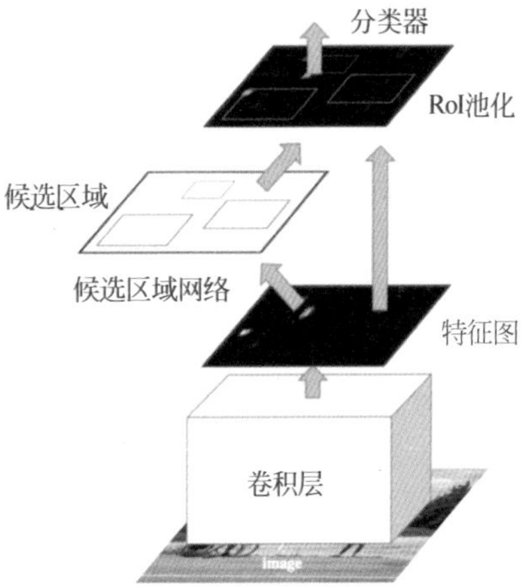

图 8.61 Faster-RCNN 网络架构

而后研究者们进一步提出了加速物体检测的方法,例如,SSD300[11] 可以在超过 faster-RCNN 性能的前提下达到 46fps 的检测速度,即每张图片约 0.02s。这些方法已经可以在包括手机等各种现实场景中应用了。

8.8 语义分割

从图像分类到物体检测,我们对于一张图像的了解越来越深入。但是现实世界中有很多实体通常不被人们认为是物体,如道路、天空、墙壁等。物体检测也经常只能检测有限类别的物体。为了更加细致地去理解世界,研究者们定义了一种新的任务,即图像的语义分割。图 8.62 展示了语义分割的含义。具体来讲,语义分割就是把图像中每个像素点的类别标记出来,如图 8.62 中包含四个类别:猫、草地、山、天空。

语义分割可以被看作一个更加细粒度的对图像的理解。图像分类仅仅理解图像中的主

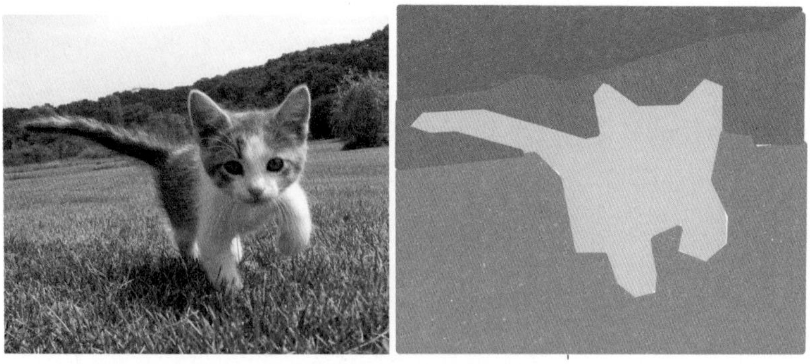

图 8.62 语义分割示例

要物体，但是语义分割将图像中每一处的语义都进行了分类。因此，语义分割可以看作图像分类的空间上的拓展。语义分割对机器人等下游任务具有重要意义：例如，机器人只有知道了物体的边缘的样子，才能准确地抓握、操控物体。

语义分割是具有独特输出结构的一项任务。物体分类任务只要输出 N 个类别中的一类，但语义分割需要对每一个像素输出它的类别。用于物体分类的卷积神经网络的分辨率随着层数加深而逐渐降低，不能满足语义分割的需要。如何设计一个神经网络使得输出分辨率足够高是一个重要的问题。简单地去掉网络中所有下采样的方式看似一个直接的解决方案，但这样的方式会导致计算量过大，不能在实际中使用。另一方面，直接去掉所有的下采样，也会导致网络输出的每一个像素的感受野(receptive field)过小，难以通过图像周围的上下文理解图像内容。

图 8.63 展示了一种可能的解决方案，即先使用物体分类网络的结构下采样，而后再设计一些网络结构来上采样，从而恢复输出分辨率。可以想象该网络的后半部分与前半部分是对称的，只不过将下采样替换为上采样。这种设计既可以避免过大的计算量，又保证了输出的感受野足够大。对于上采样神经网络层，可以使用简单的图像大小缩放函数，例如，最近邻缩放、双线性差值缩放等，也可以使用可学习的卷积转置层(convolution transpose layer)。

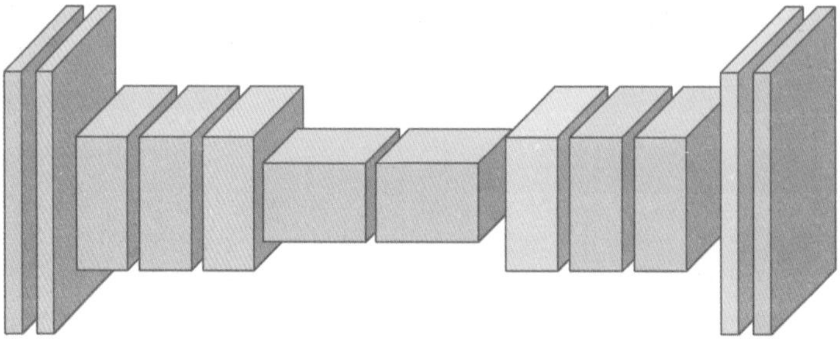

图 8.63 使用上采样来增加网络输出的分辨率

虽然图 8.63 可以解决计算量和输出分辨率的问题，但是人们发现这种网络结构的输出细节常常不够丰富。这也很好理解，因为网络的中间层的信息被下采样了，但是最后仍然要输出高分辨率的信息，这导致空间上的一些细节被丢掉。U-Net[12] 自然地解决了这个问题(见图 8.64)。U-Net 添加了一些从输入层到输出层对应分辨率的跨层次链接。这些链接可以将高分辨率细节直接从输入传递到输出，而不用经过中间的降采样再上采样的过程，这样可以让输出的细节变得更加丰富。

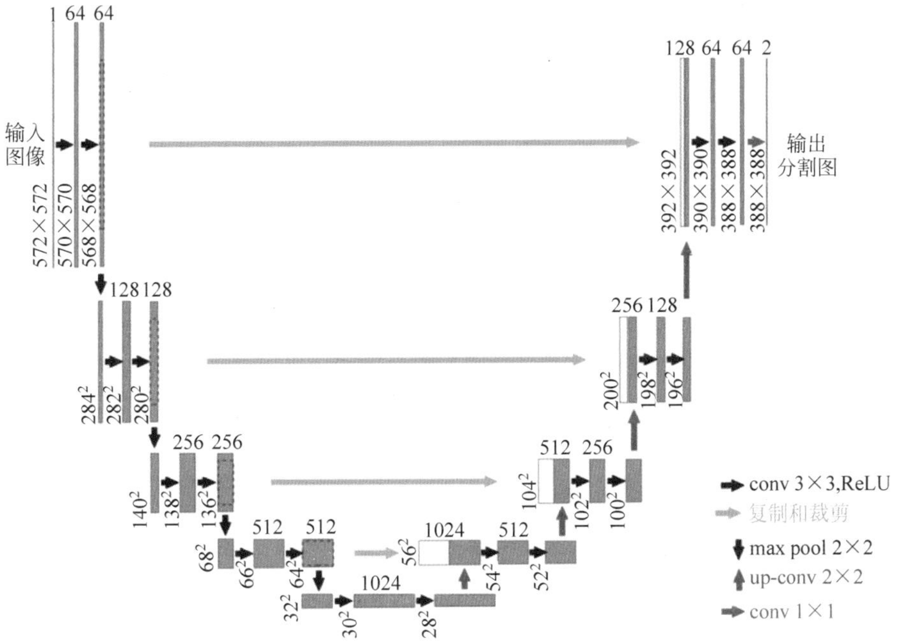

图 8.64 U-Net[12] 网络结构

由于语义分割需要输出一张图片，与之对应的网络损失函数也要相应地进行改变。语义分割网路输出一张 $M\times N$ 的图片，对应的标签也是 $M\times N$ 的标签，其中每个标签是所有语义类别中的一类。在实际中，人们通常将损失函数定义为每一个像素与标签之间的交叉熵损失函数，再对所有像素取平均。

本章总结

本章主要介绍了四个知识点。首先是图像的形成，介绍了小孔相机成像原理、数字图像原理。接下来，介绍了线性滤波器，包括它的定义、各种常见的线性滤波器及其用途。然后，学习了边缘检测，讲述了图像边缘的含义、形成原因及检测边缘的方法。最后，介绍了卷积神经网络，包括神经网络卷积层的定义以及卷积神经网络的设计。

历史回顾

计算机视觉最初起源于 1966 年 MIT 的一门暑期作业。这次暑期作业试图让学生把相机安装在计算机上，并且让计算机描述相机能看见什么[1-2]。但是显然这样简单的尝试并没有成功。在随后的几十年中，计算机视觉在基础算法如边缘检测、视觉的数学基础、相机校准、三维重建、统计机器学习的应用等方面有了长足的进步。

更多的关于图像的形成、线性滤波器、边缘检测可以参考文献[3]。卷积神经网络第一次在文献[4]中被应用于手写数字识别，在文献[5]中第一次被用于大规模图像分类问题。

习题

1. 单层卷积神经网络的计算实例。

现在有一个矩阵$\begin{pmatrix}2 & 3 & 1\\0 & 3 & 4\\1 & 2 & 3\end{pmatrix}$，卷积核为$\begin{pmatrix}1 & 1\\2 & -3\end{pmatrix}$，步长为 1，试计算该矩阵与该卷积核进行卷积操作的结果，以及该结果用 ReLU 函数（即 $\max(0,x)$）激活的结果。

参考答案：

与卷积核进行卷积后的结果：$\begin{pmatrix}-4 & -2\\-1 & 2\end{pmatrix}$

被 ReLU 激活后的结果：$\begin{pmatrix}0 & 0\\0 & 2\end{pmatrix}$

2. 请填写下列网络空白的部分。

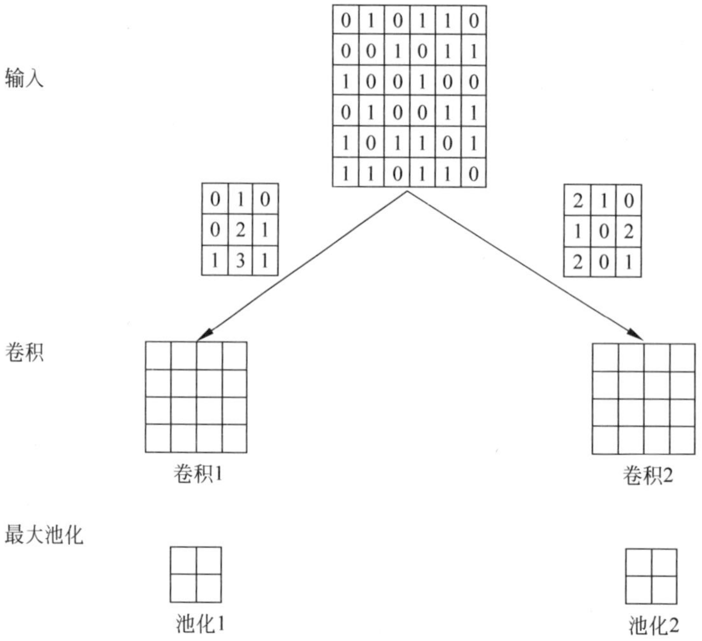

答案：

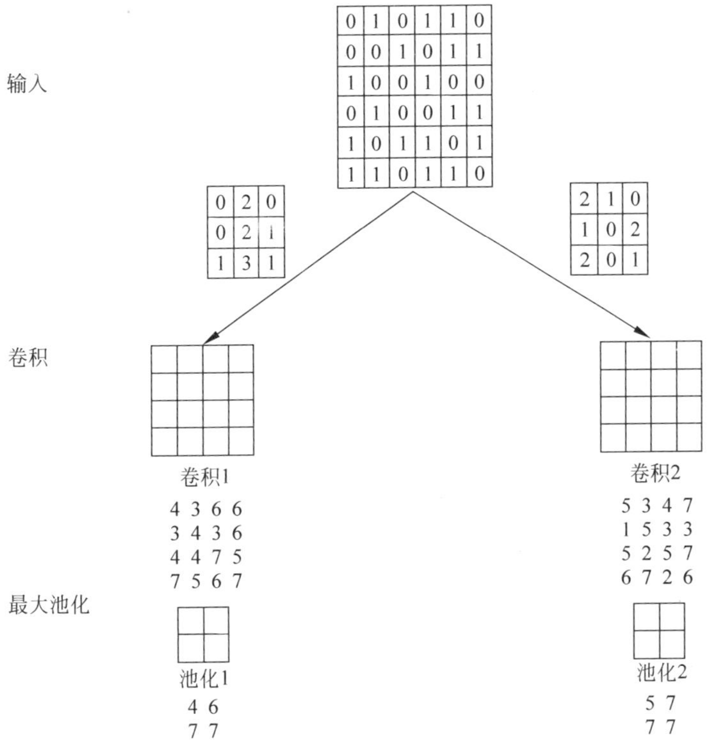

3. 请思考下面这种卷积核会关注什么样的特征。

1	0	−1
1	0	−1
1	0	−1

1	1	1
0	0	0
−1	−1	−1

参考答案：竖条纹状的特征、横条纹状的特征。

不定项选择题：

4. 在图像处理问题中，下列哪个神经网络最常用？

A. 全连接神经网络

B. 图神经网络

C. 卷积神经网络

D. 循环神经网络

参考答案：C。卷积神经网络最初就是为了图像处理而设计的，在图像处理中具有很强大的能力。

5. 下列陈述是否正确？卷积网络可以被视为全连接网络的一种特殊形式。

参考答案：对。卷积可以看作全连接网络中某些参数设置为零。

6. 对于一个输入大小是 $H_{in} \times W_{in} \times K_{in}$ 的矩阵和一个大小为 $H_f \times W_f \times K_{in} \times K_{out}$ 的滤波器，使用完整填充、保持图像大小填充、合法填充的时候，输出矩阵的大小各是多少？

参考答案：

(a) 完整填充的输出大小是$(H_{in}+H_f-1)\times(W_{in}+W_f-1)\times K_{out}$。

(b) 保持图像大小填充的输出大小是$H_{in}\times W_{in}\times K_{out}$。

(c) 合法填充的输出大小是$(H_{in}-H_f+1)\times(W_{in}-W_f+1)\times K_{out}$。

7. 设计一个卷积操作使该操作可以将一个输入的RGB图像的红色通道和蓝色通道的值对调。例如，假设输入图像中某一个输入像素的RGB值是(255,128,0)，那么其对应输出像素的值是(0,128,255)。

参考答案：

该卷积操作包含三个1×1×3线性滤波器，即总共大小为1×1×3×3。依次是[0,0,1]，[0,1,0]，[1,0,0]。

8. 假设焦距为f，写出虚拟成像的世界坐标(X,Y,Z)到成像平面坐标(x,y)的公式。

参考答案：

$$x=f\,\frac{X}{Z}$$

$$y=f\,\frac{Y}{Z}$$

9. 根据小孔相机坐标变换，证明为什么一个物体会"近大远小"。

参考答案：

根据第8题的答案，如果一个物体从相机的远处沿着z轴移动到相机的近处，那么对于相机上任何一点，其三维的坐标X和Y都没有变化，只有Z变小了。对应到图像上，也就是x和y变大了，即近大远小。

10. 请从数学上推导为什么卷积操作具有平移不变性。

参考答案：

卷积操作包含K_{out}个线性滤波操作，只要证明每一个线性滤波操作都具有平移不变性即可。所谓的平移不变性是指对于同一个图像，对输入平移，不会改变输出的值，而只会让输出也经过相同的平移。

假设I是输入图像，F是一个线性滤波器，G是对应的滤波输出，那么根据公式可知输出每一点的计算方式为

$$G(i,j)=\sum_{u=-k}^{k}\sum_{v=-k}^{k}F(u,v)\cdot I(i+u,j+v)$$

假设把I往$(\mathrm{d}u,\mathrm{d}v)$方向整体平移。观察原始输出图像的一个点$(i,j)$，对应的平移后输出坐标应为$(i+\mathrm{d}u,j+\mathrm{d}v)$。只需要证明$G(i,j)=G'(i+\mathrm{d}u,j+\mathrm{d}v)$。

那么新的图像在(i,j)点的值是$I(i-\mathrm{d}u,j-\mathrm{d}v)$，即$I'(i,j)=I(i-\mathrm{d}u,j-\mathrm{d}v)$。那么新的滤波结果是

$$\begin{aligned}G'(i+\mathrm{d}u,j+\mathrm{d}v)&=\sum_{u=-k}^{k}\sum_{v=-k}^{k}F(u,v)\cdot I'(i+\mathrm{d}u+u,j+\mathrm{d}v+v)\\&=\sum_{u=-k}^{k}\sum_{v=-k}^{k}F(u,v)\cdot I(i+\mathrm{d}u-\mathrm{d}u+u,j+\mathrm{d}v-\mathrm{d}v+v)\end{aligned}$$

$$= \sum_{u=-k}^{k} \sum_{v=-k}^{k} F(u,v) \cdot I(i+u,j+v)$$
$$= G(i,j)$$

也就是说输出图像也是经过相同平移的结果。

11. 请计算一个输入大小是 $H_{in} \times W_{in} \times K_{in}$ 的矩阵和一个大小为 $H_f \times W_f \times K_{in} \times K_{out}$ 的滤波器进行卷积需要多少乘法操作(假设保持输出大小填充)?

参考答案:

因为每一个输出通道的计算量相同,下面计算一个输出通道的计算量。

对于每一个输出的位置,需要进行大小为 $H_f \times W_f \times K_{in}$ 的向量之间的点积,也就是有 $H_f \times W_f \times K_{in}$ 个乘法操作。而一共有 $H_{in} \times W_{in}$ 个输出位置。也就是说一个输出通道需要计算 $H_f \times W_f \times K_{in} \times H_{in} \times W_{in}$ 次。

考虑到一共有 K_{out} 个输出通道,一共需要计算 $H_f \times W_f \times K_{in} \times H_{in} \times W_{in} \times K_{out}$ 次。

12. 如果习题 11 中输出和输入大小不变,但是用一个全连接网络替代卷积层,那么需要多少次乘法操作呢?全连接层和卷积层哪一个需要更多计算呢?

参考答案:

全连接层的每一个输出需要和输入同样大小的乘法操作,所以一共需要输入×输出数量的乘法操作,即 $H_{in}^2 \times W_{in}^2 \times K_{in} \times K_{out}$。

相比于卷积操作的 $H_f \times W_f \times K_{in} \times H_{in} \times W_{in} \times K_{out}$ 次,全连接操作乘法数除以卷积操作乘法数是 $\frac{H_{in} \times W_{in}}{H_f \times W_f} > 1$。也就是说全连接需要更多的乘法计算。

参考文献

[1] PAPERT S. The summer vision project[Z]. MIT AI Memos,1966-07-01. hdl: 1721. 1/6125.

[2] MARGARET A B. Mind as machine: A history of cognitive science[M]. Clarendon Press,2016.

[3] RICHARD S. Computer vision: Algorithms and applications[M]. Springer Science & Business Media,2010.

[4] LECUN Y,BOTTOU L,BENJIO Y,et al. Gradient-based learning applied to document recognition [C]//Proceedings of the IEEE. 1998: 2278-2324.

[5] KRIZHEVSKY A,SUTSKEVER I,GEOFFREY E H. Imagenet classification with deep convolutional neural networks[C]//Advances in Neural Information Processing Systems,2012.

[6] ANDREW A M. Multiple view geometry in computer vision[M]. Kybernetes,2001.

[7] GIRSHICK R, DONAHUE J, DARRELL T, et al. Rich feature hierarchies for accurate object detection and semantic segmentation[C]//Proceedings of the IEEE conference on computer vision and pattern recognition. 2014: 580-587.

[8] UIJLINGS J R,VAN DE SANDE K E,GEVERS T,et al. Selective search for object recognition[J]. International Journal of computer vision,2013,104(2): 154-171.

[9] GIRSHICK R. Fast R-CNN [C]//Proceedings of the IEEE international conference on computer vision. 2015: 1440-1448.

[10] REN S,HE,K,GIRSHICK R,et al. Faster R-CNN: Towards real-time object detection with region

proposal networks[Z/OL]. arXiv preprint arXiv：1506. 01497.

[11] LIU W, ANGUELOV D, ERHAN D, et al. Ssd：Single shot multibox detector[C]// European Conference on Computer Vision. Springer,2016.

[12] RONNEBERGER O, FISCHER P, BROX T. U-net：Convolutional networks for biomedical image segmentation[C]//International Conference on Medical Image Computing and Computer-assisted Intervention. Springer,2015.

第9章 CHAPTER 9 自然语言处理

引言

理解和使用语言的能力是人类区别于其他动物的一个重要区别，也是人类“智能”的重要特征之一。文字起源于大约7000年前，是人类知识的抽象表达和总结。尽管研究表明，其他动物如大猩猩、海豚等也能掌握约几百个符号的“语言”，但只有人类可以利用符号来表达近乎无限多的信息。1950年，当人工智能之父阿兰·图灵(Alan Turing)提出人工智能的概念以及著名的“图灵测试”(Turing test)时，测试的载体正是语言——机器智能需要通过阅读理解基于文字的问题，并对相应的问题给出正确的回答以通过测试。人类通过文字交流获取知识，表达自己的思想。而真正意义上拥有智能的人工智能体，也应当具有理解、处理自然语言文字的能力。这也是本章的主要内容。

自然语言处理领域最核心的问题是：什么样的符号序列可以称作“语言”？而回答这一核心问题的根本工具叫做语言模型(language model)。本章将围绕语言模型，利用深度学习技术，着重从计算的角度介绍现代自然语言处理领域的基本模型与算法。

9.1 语言模型

9.1.1 为什么需要语言模型？什么是语言模型？

语言是基于文字的表达。我们说的每一句话都是由文字组成的，但并不是文字的任意组合都可以称为自然语言。比如，“清华大学”这个四字短语就是一个常见的语言表达，可以认为是一句自然的话。但同样是这四个字“华学清大”看起来就不是那么自然。虽然我们也无法断定这个罕见的四字短语一定不是自然语言，比如这个短语也可能是一个公司的名字，但我们可以相对确信地说“清华大学”这个短语比“华学清大”这个短语看上去更像是一个正常的语言。对于一个完整的句子，我们也有同样的评估：“清华大学在北京”就要比“清华北京大学在”或者“北京在清华大学”看起来更像一个自然的句子。

语言模型(language model)就是用于评估一个句子或短语有多“像”是一个自然语言的工具。如果一个句子或短语更符合自然语言的表达方式，那么该句子或短语在语言模型下的打分就应该更高；反之，则应该更低。可以说，语言模型是所有自然语言处理任务的核心：有了语言模型，才能够将语言和字符的简单组合区分，才能让人工智能体进一步理解语言的含义。语言模型也可以直接应用到许多实用场景，如文本纠错（改正错别字、语法错误）、翻译、语言生成等。

具体而言，对于一个短语或者句子，可以将其抽象表示成一个由离散符号组成的序列 $c_1c_2c_3\cdots c_N$。这里 N 表示该句子或短语共有 N 个字符，其中第 i 个字符为 c_i；每一个字符 c_i 都取自一个预先定义的字典 L 中，即 $c_i \in L$，表示所有可能字符的集合。在清华大学的例子中，就有 L＝所有的汉字，$N=4$，c_1＝清，c_2＝华，c_3＝大，c_4＝学。有时也可以用 c_i 来表示一个词语，在这种情况下 L＝所有的汉语词汇，$N=2$，c_1＝清华，c_2＝大学，这时 L 也可以被称作词表。

在英文中，称 c_i 为 character（字）或者 word（词），而 L 称为 lexicon——起源于希腊语中“词汇”一词 lexikon。在本节的讨论中，我们主要基于字为基本单位，即 c_i 为单个汉字。在本节末尾将比较基于字与基于词的模型的差异。

有了字符序列 $c_1c_2\cdots c_N$，语言模型需要为该序列计算一个“是否为合理的语言”的分数。最通用的方法是采用概率模型（probability model），即计算概率 $P(c_1c_2\cdots c_N)$——如果序列更像自然语言，则概率越高，反之则越低。例如，在一个计算好的语言模型下，应该能够得到类似这样的概率：P（清华大学）＝0.1，而 P（华学清大）＝0.000 001。

9.1.2 *n*-gram 模型

在概率语言模型中，应当如何具体计算一个序列的概率呢？对于任何一个短语或者句子，人们通常在表述的时候都是从前往后顺序表达每一个字符。与此对应，语言模型最常用的计算方法就是利用如下的链式法则进行计算：

$$P(c_1c_2\cdots c_N)=P(c_1)P(c_2 \mid c_1)P(c_3 \mid c_1c_2)\cdots P(c_N \mid c_1c_2\cdots c_{N-1})$$

其中，$P(c_i|c_1c_2\cdots c_{i-1})$表示当语句的前 $i-1$ 个字符为 $c_1c_2\cdots c_{i-1}$ 时，第 i 个字符是 c_i 的概率。对于“清华大学”，可以这样计算：

$$P(\text{清华大学})=P(\text{清})P(\text{华} \mid \text{清})P(\text{大} \mid \text{清华})P(\text{学} \mid \text{清华大})$$

链式法则有两个好处：①条件独立性。把一个完整序列的概率计算归约为单个字符的条件概率的乘积，简化计算。②无后效性。每个字符对应的条件概率仅取决于其之前的字符，与后续的内容无关，方便序列按语言的表达顺序进行处理。

这里每个字各自的条件概率计算也很容易。以 P（学|清华大）为例，它等于“所有以‘清华大’开头的四字短语中，第四个字是‘学’的概率”。而一个词的概率就是在所有可能的汉语中，该词出现的频率。这个频率可以通过上网搜索足够的文章，然后统计这些文章中一个词出现的次数得到。这里，将这些文章的集合称为语料（corpus）。

不过，尽管通过将一个序列转化为一系列字符的条件概率的乘积简化了计算，但当序列很长时，在序列中位置靠后的字符的条件概率依然非常复杂。第 i 个字符的条件概率取决于长度 $i-1$ 的子序列。而长度越长的子序列，在一个文章中出现的概率也就越低，于是也需要收集更多的文本才能准确估算这个子序列的出现频率。试想一下，需要在互联网上搜索多少文章才能找到一段这样的文字：“清华大学在北京海淀区四环到五环之间”？更何况还需要统计频率！

因此，就具体计算而言，人们往往使用一些近似（approximation）。其中一个常见的方法是假设一个字符在句子中的条件概率仅取决于其前方的 $k-1$ 个字符，即

$$P(c_i \mid c_1c_2\cdots c_{i-1}) \approx P(c_i \mid c_{i-k+1}\cdots c_{i-1})$$

我们称这种 k 个字符近似的语言模型为 k-gram 模型。这里 gram 对应希腊语中"字符"的含义。一般而言,称这种将语言模型近似表达为每个字符基于其前方若干字符的条件概率乘积的方法为 n-gram 模型。注意,n-gram 是这个方法的一般称谓。在本章中我们也用 N 表达一个特定字符序列的长度,请读者不要混淆。特别地,当 $k=2$ 时,有

$$P(c_1c_2\cdots c_N) \approx P(c_1)P(c_2 \mid c_1)P(c_3 \mid c_2)\cdots P(c_N \mid c_{N-1})$$

在这种情况下,每一个字符的条件概率仅与其之前的一个字符有关。以"清华大学"为例,有如下近似计算:

$$P(\text{清华大学}) = P(\text{清})P(\text{华} \mid \text{清})P(\text{大} \mid \text{华})P(\text{学} \mid \text{大})$$

我们称这种语言模型为马尔可夫模型(Markov model)(在第 10 章中详细介绍),也叫 bigram 模型,bi 对应英文中"两个"的意思。

当 $k=1$ 时,有

$$P(c_1c_2\cdots c_N) = P(c_1)P(c_2)\cdots P(c_N)$$

即假设序列中的每个字符均互相独立。在此模型下,即使改变字符在序列中的顺序,整个序列的概率也是不变的。我们称为 unigram 模型("uni"对应英文中"一个"的意思)。对于"清华大学"这个例子来说,即

$$P(\text{清华大学}) = P(\text{清})P(\text{华})P(\text{大})P(\text{学})$$

Unigram 模型是计算最简单的语言模型,也是相对最不精确的模型。类似地,我们称 $k=3$ 的模型为 trigram 模型,$k=4$ 的模型为 4-gram,依此类推。在实际情况中一般 k 不会很大。假设我们的字典中有 1000 个字符,即 $|L|=1000$(实际上会使用的字或者词的数目远超过这个数量),那么对于特定的 k,需要计算的条件概率会有 1000^k 种不同的组合。因此,k 的取值通常不超过 4。

9.1.3 最大似然估计

为方便叙述,我们只考虑 bigram 的情况,即 $k=2$。首先介绍如何计算条件概率 $P(c_i \mid c_{i-1})$。在上文中提到,一种直观的做法是首先搜集足够的语料,然后统计在语料中特定字符组合出现的频率,即在所有长度为 2 并且以 c_{i-1} 开头的序列中,第二个字符为 c_i 的频率。用 $O(c_1c_2\cdots c_N)$①表示在搜集的所有语料中字符序列 $c_1c_2\cdots c_N$ 出现的次数,则

$$P(c_i \mid c_{i-1}) = \frac{O(c_{i-1}c_i)}{\sum_{c\in L} O(c_{i-1}c)} = \frac{O(c_{i-1}c_i)}{O(c_{i-1})}$$

在"清华大学"的例子中,假设在一段语料中,"清"这个字一共出现了 100 次,而"清华"这个词出现了 10 次。那么有

$$P(\text{华} \mid \text{清}) = \frac{O(\text{清华})}{O(\text{清})} = \frac{10}{100} = 0.1$$

这里用语料中的频率来近似概率。显然,搜集的语料越多,得到的概率就会越准确。对于这种用频率估计条件概率的方法,从统计学角度可以证明,当语料有限时,是最"精确"的概率

---

① 在本章中 $O(w)$ 特别用于表示词 w 在语料中的频次(occurrence),请勿与其他领域混淆。

估计方法。一般地，这种概率估计方法也叫最大似然估计(maximum likelihood estimate，MLE)，这是机器学习领域最常用的模型学习和求解方法，也会在本章后续介绍中多次提及。

9.1.4 困惑度

评估语言模型通常需要两个分开的语料集合：训练语料(training corpus)和测试语料(test corpus)。我们希望在训练集得到的语言模型对于测试集中的句子也能够输出尽量高的概率。此外，实践中我们还会利用额外的开发语料(development corpus/dev corpus)进行参数选择。

由于一个语言模型对于一个文字序列输出的概率往往非常小，如果直接使用概率作为评估标准在大部分场景下都非常不便。因此，在实际操作中，使用一个基于概率的简单变种作为评价标准，称为困惑度(perplexity)。对于一个测试集中的字符序列 $c_1c_2\cdots c_N$，其 perplexity 记作 $PP(c_1c_2\cdots c_N)$，具体定义如下：

$$PP(c_1c_2\cdots c_N)=P(c_1c_2\cdots c_N)^{-\frac{1}{N}}=\sqrt[N]{\frac{1}{P(c_1c_2\cdots c_N)}}$$

对于一个 bigram 语言模型来说，字符序列 $c_1c_2\cdots c_N$ 的 perplexity 可以写作

$$PP(c_1c_2\cdots c_N)=(P(c_1)P(c_2\mid c_1)\cdots P(c_N\mid c_{N-1}))^{-\frac{1}{N}}=\sqrt[N]{\frac{1}{P(c_1)\prod_{i=2}^{N}P(c_i\mid c_{i-1})}}$$

Perplexity 起源于信息论中的一个重要概念——熵(entropy)。它其实是语言模型下一个字符序列的交叉熵(cross entropy)取指数后的值。因此，在一些自然语言处理研究中，也会对 perplexity 取对数，并以对数困惑度(log perplexity)作为语言模型的评估值。

9.1.5 实用技巧

在实际训练中，有两个需要特别注意的地方。首先是未知字符(unknown character)，或叫字典外字符(out-of-vocabulary character，OOV)。由于测试语料和训练语料并不完全一致，在模型训练完毕需要应用到具体的实用场景中时，往往会遇到没有在字典 L 中出现的字符。为解决这一问题，在训练语言模型时，会引入一个特殊的“未知”字符＜unk＞表示所有非常罕见的字符。在具体操作时，可以将训练集中出现频次特别少的字符也全部替换为＜unk＞；如果在测试语料中遇到了训练中没有出现的或者出现很少的字符，也对应地替换成＜unk＞。

另一个注意点是对于序列 $c_1c_2\cdots c_N$ 中计算起始字符 c_1，由于其之前没有任何字符，使用 $P(c_1)$ 作为其条件概率。在许多应用中，如对完整的一句话进行建模时，仅使用 unigram 中的概率 $P(c_1)$ 是不准确的。实际上，往往还要求 c_1 对应的条件概率是 c_1 恰好作为一句话第一个字符出现的概率。同样，对于字符序列最后一个字符 c_N 也有类似的要求，其条件概率也应当是其作为最后一个字符对应的概率。因此，在实际对句子建模时，会增加两个特殊字符＜start＞ 和 ＜end＞，分别表示一句话的开头和结尾，并将序列 $c_1c_2\cdots c_N$ 改写为＜start＞$c_1c_2\cdots c_N$＜end＞在语言模型中进行计算。以 bigram 为例，即

$$P(<\text{start}>c_1c_2\cdots c_N<\text{end}>)=P(c_1\mid<\text{start}>)P(<\text{end}>\mid c_N)\prod_{i=2}^{N}P(c_i\mid c_{i-1})$$

9.1.6 语言模型的应用

本节介绍两个语言模型最经典也是最常见的应用——文本生成(text generation)和文本改错(text editing)。

第一个应用是文本生成(text generation)。具体来说,给定任意一个前缀,利用语言模型可以计算出下一个字符对应的概率。例如,在 bigram 中,通过学习李白的诗词,给定前缀"白",可以知道概率最高的若干个字符的概率分别为

```
"日":0.109, "云":0.075, "玉":0.057, <end>: 0.041
```

我们可以根据这个概率随机选择下一个字符,并不断循环,直到终止符<end>被选中为止。

下面看看学习李白的诗歌后,通过 unigram、bigram 和 trigram 模型分别能够写出怎么样的诗句。

(1) 不给任何前缀(即只给定<start>),三个模型表现如下。

```
unigram:
    '<start>', '轻', '谁', '沉', '<start>', '我', '夺', '网', '若', '<end>'
    '<start>','毫', '千', '物', '观', '闲', '日', '烧', '<start>', '<end>',
```

由于 unigram 模型不考虑词的相互关系,且<start>的比例较大,因此即使在句子中间也可能会出现<start>。

```
bigram:
    '<start>', '惆', '怅', '落', '飞', '而', '今', '日', '见', '<end>'
    '<start>','故', '人', '<end>'
    '<start>', '风', '任', '公', '见', '客', '<end>'
trigram:
    '<start>', '忽', '闻', '悲', '风', '四', '边', '来', '<end>'
    '<start>', '起', '立', '明', '灯', '前', '<end>'
    '<start>','故', '山', '有', '松', '月', '<end>'
    '<start>', '白', '犬', '离', '村', '吠', '<end>'
```

(2) 给定第一个字是"君",三个模型表现如下。

```
unigram:
    '<start>','君', '半' '<start>', '昔', '吹', '无', '方', '嵘', '<end>'
    '<start>','君', '极', '人', '<start>', '欲', '里', '青', '<end>'
bigram:
    '<start>', '君', '青', '条', '脱', '宝', '鞭', '从', '广', '陵', '绕', '床', '<end>'
    '<start>', '君', '留', '人', '如', '飘', '若', '末', '穷', '<end>'
    '<start>', '君', '糠', '养', '之', '可', '掇', '仙', '人', '间', '<end>'
trigram:
    '<start>', '君', '为', '进', '士', '不', '得', '意', '<end>'
    '<start>', '君', '夸', '通', '塘', '好', '<end>'
    '<start>', '君', '莫', '驯', '<end>'
    '<start>', '君', '从', '此', '谢', '情', '人', '<end>'
```

可以发现,在 k-gram 模型中,k 越大,生成的文字质量越高。一般来说,困惑度越低的

语言模型生成语言的质量也越高。当然 k 越大,所需的训练语料也就越多,也越难得到质量更高的语言模型。

我们也可以利用语言模型对句子进行改写(text editing)。对于一个语句,如果替换某一个字符可以显著降低对应句子的困惑度,那么该字符很大概率就应该被改写。比如这样一个短句,有人在输入时误将"艺术"输入成了"医术",从而产生了

"文学","是","一种","医术","形式" 的句子。

接着我们利用中文维基百科作为语料训练 n-gram 语言模型,可以计算得到这句话的 perplexity 为 1484.5。而如果修正为"文学""是""一种""艺术""形式",则 perplexity 可以降为 234.5。

9.1.7 字模型与词模型

前面我们假定语言模型中处理的字符均以字为单位,即 $L=$所有汉字。但在许多情况下,以汉字为基本单位并不是一个特别好的选择。比如下面这个句子

"深度神经网络是人工智能研究的热点"

如果以字为单位,这句话需要用比较复杂的语言模型计算才能得出对应模型下的概率。但这句话从结构上分析其实并不复杂:"深度神经网络"是一个固定搭配名词,"人工智能"也是一个固定组合。因此,这句话如果用词作为分析的基本单元,可以得到一个长度为 6 的序列

"深度神经网络""是""人工智能""研究""的""热点"

所以,以词为基本单位,需要处理的序列长度大大减小了,语言模型也能进行更准确的计算。

不过这个方法带来的问题是字典 L 的大小一下子增加了。汉语中常见汉字约有 2500 个,但常见词语可以达到万或者十万级别。因此在使用 n-gram 语言模型时,可能出现的词频为 0 的序列也会大大增加,我们也需要更大规模的语料才能更好地建模。所以,在实际应用中,应根据具体应用的需要及训练语料的大小,适时选择以词还是字为基本单位,或两者混合。对较短的语句或短语建模,可以以字为单位;对较长的语句或专业术语较多的场合,则应当考虑以词为单位。

9.1.8 中文与英文的差别

在本章中,均基于中文进行探讨和讲解。但自然语言处理技术并不局限于特定的语种,同样的算法也可应用到别的语言(虽然不同语种处理起来会有不同的特殊技巧)。这里重点讨论英语和中文处理的差别。这些讨论也同样适用于其他以字母为基本单位的语言,如德语、法语、西班牙语等。

在英语中,一个句子由 26 个字母和分隔符组成,比如"深度神经网络是人工智能研究的热点"翻译成英语为"deep neural network is a hot topic in artificial intelligence"。与汉语最显著的不同是,英语由于字符的数量非常少,使用字母作为基本处理单位会使模型变得异常复杂;而分隔符的存在,使得以词作为语言的基本单位显得非常自然。相比于汉字分词的艰难程度,英语则几乎不存在这样的问题。当然某种程度上,英文也存在与中文分词类似的任务。比如对于"artificial intelligence"来说,由于这是固定搭配,所以应当将这两个词当作一个整体来看待,而不能简单地将"artificial"看作一个形容词。总体而言,英文更需要关注的是词性的问题。我们将这个任务称为词性分割,英文称为 part-of-speech tagging,简称

POS tagging。比如“We talk about artificial intelligence”和“He gave a talk on artificial intelligence”。在这里尽管都使用了“talk”这个词，但是在前一句话中，“talk”是作为动词存在，而第二句话中“talk”是作为名词存在。再比如“United States”作为一个专属名词，我们并不能把 United 看作一个形容词，而应该把 United States 视为一个名词整体。当然中文也存在 POS tagging，不过在实际中的重要程度要小得多。

尽管没有分词的烦恼，英文和其他西方语种的语言特性也带来了很多别的困扰。这里列举一些英文与中文的主要区别：

（1）英文中有大量的特定名词。比如英文中最长的单词为“pneumonoultramicroscopicsilicovolcanoconiosis”，表示一种肺病。尽管英文中常用词汇并不多，但在许多特定领域，有大量拼写复杂的专有名词。为了对各类文本都能准确建模，往往需要建立非常庞大的词表，这对于医学、化学、生物、法律等专有名词特别多的领域尤其重要。很多情况下，如果简单粗暴地将文本中的所有专有名词都直接转换成＜unk＞来处理，容易造成比较严重的信息丢失。

（2）英语中存在缩写与连写，所以不能单纯以空格或者分割符作为划分单词的绝对依据。比如“U. S. A”，并不能因为使用了分隔符“.”就将 3 个字母看作三个不同的单词；再比如“This is a 21-year-old student”中的“21-year-old”。很显然，如果把连写和缩写的字符序列看作一个完整的词，那这个词在语料中的出现频率会非常低，概率语言模型也很难对其准确建模。因此，对于“21-year-old”，应当将其分割为“21”“year”“old”三个部分；而对于“U. S. A.”则应该视作一个整体。这个将连续的英文序列分割为词单元的过程称为词条化(tokenization)。某种程度上词条化算是英文版本的“分词”，不过它与中文的分词侧重点和目标完全不同。此外词条化对于英文自然语言处理是一个必要的关键步骤；而中文即使不进行分词，也总可以以字为单位进行建模，取得不错的效果。

（3）英语有不同的词性变化。同样的单词有单数和复数的区别，如“man”和“men”，“apple”和“apples”；有人称变化，比如“I have”和“he has”；有时态变化，如“I am happy”和“I was happy”；有词性变化，比如“I want to see you”和“I look forward to seeing you”；还有大小写变化等，不计其数。在不同语境下，同样的单词会有不同的表现形式。因此在传统英文自然语言处理中，首先需要将这些不同形式的单词变成相同形式，比如将“apples”都变成“apple”，称为词干化(stemming)。

对于其他的一些语言，如拉丁语系的西班牙语以及法语等，还有特定的处理技巧。比如，西班牙语词性还存在阴性和阳性的不同表达。与汉语比较接近的语种，如日语，也存在分词的问题。不过总体来说，在进行了这些特定的预处理之后，对语料中的文字序列进行语言模型计算的方式都是相同的。

9.2 向量语义

9.2.1 语义

前面我们学习了不同的语言模型，接下来将学习语义的分析。为方便讨论，下面我们均考虑基于词(word)建模的基本单位,即处理的语言为词序列 $w_1 w_2 \cdots w_N$,其中 w_i 取自于词表 L,而词表大小为 V。

在之前的语言模型介绍中,仅仅把自然语言中的词看作词表中的元素,并不关心词的拼写或字符组成。事实上,即使将所有的词均替换成其在词表中的编号,也不对 n-gram 语言模型造成什么影响。但是,如果将“清华大学”替换成拼音“qinghua da xue”或者转换成数字形式的标准中文电码“3237 5478 1129 1331”,这显然会对正常人的阅读产生很大的障碍,我们会感觉原本文字所包含的一些重要信息丢失了。

人在理解文本时,最重要的是理解每一个词的语义(semantic)。例如,看到“大学”我们知道“大学”和“中学”“小学”“教育”有相关的含义;看到“优秀”“好”,我们知道这是个褒义词,与“差”“坏”是相反的;“苹果”和“梨”都是水果;“猪肉”和“牛肉”都是肉类食物等。这些词背后的语义是语言的核心。那应当怎样让计算机能够处理这些背后的语义信息呢?

统计自然语言处理有一个基础性的假设,叫分布假设(distributional hypothesis)。分布假设认为,两个词的语义越相似,则它们在自然语言中出现的分布就会越接近。换言之,两个意思相近的词,所处位置的上下文(context)也应该越接近。比如“青菜”和“白菜”一般都会出现在有关吃饭、菜谱或者与蔬菜相关的句子中。假设你突然看到了一个陌生词“茼蒿”,虽然你不知道“茼蒿”的含义,但是如果你看到这样的句子:

“今天吃饭吃了茼蒿炒肉”

“餐厅里的茼蒿不是很新鲜”

“蒜蓉茼蒿非常下饭”

那你也可以大致知道“茼蒿”应该是一个和“青菜”或者“白菜”差不多的可以吃的蔬菜。

从分布假设出发,如果想表达一个词的意义,可以利用其上下文的分布作为该词的特征。

9.2.2 词向量

如何才能表达出一个词的语义信息呢?这里介绍一个在实际应用中最成功的模型——向量语义(vector semantics),即利用一个高维向量 $\boldsymbol{w}=(w_1, w_2, \cdots, w_d) \in \boldsymbol{R}^d$ 来表示一个词,其中 d 为维度。向量语义的本质是将一个抽象的词映射到 d 维空间中的一个点。每一个空间的维度对应着某个相应的含义,而该点的具体坐标表达了这个词的语义,即在各个不同维度下的意义。因此也将这个 d 维空间的向量称为词向量(word vector)。从线性代数的角度来看,词向量将一个词嵌入到了一个特定的向量空间(vector space)中,因此更多时候也称这个表示为词嵌入(word embedding)。图 9.1 展示了一些词向量在二维平面上投影的例子。

从图中可以看到,语义相近的词在词向量空间中的位置都比较靠近。我们会在下文具体定义并对相似性进行更加深入的讨论。

9.2.2.1 相似度

在词的向量表示下,我们知道如果两个词 w 和 v 词义越接近,那它们的词向量 $\boldsymbol{w}$ 与 $\boldsymbol{v}$ 就应该越像。那如何定量地表示这个相似程度呢?一个最常用的定量表示是采用两个词向量夹角 $<\boldsymbol{w}, \boldsymbol{v}>$ 的余弦值 $\cos<\boldsymbol{w}, \boldsymbol{v}>$。这个值可以通过如下方法计算:

$$\cos < \boldsymbol{w}, \boldsymbol{v} > = \frac{\boldsymbol{w} \cdot \boldsymbol{v}}{|\boldsymbol{w}| \, |\boldsymbol{v}|}$$

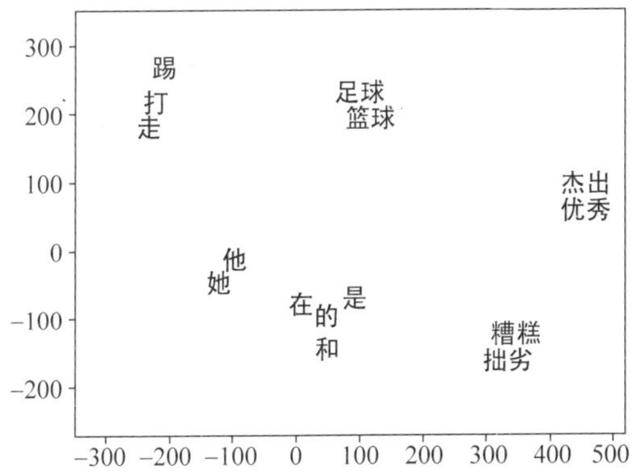

图 9.1 词向量二维平面投影的实例

这里 $\boldsymbol{w} \cdot \boldsymbol{v}$ 表示向量的内积，$|\boldsymbol{w}|$ 表示向量 $\boldsymbol{w}$ 的模长。其中内积的计算如下：

$$\boldsymbol{w} \cdot \boldsymbol{v} = \sum_{i=1}^{d} w_i v_i$$

而模长即向量长度的计算如下：

$$|\boldsymbol{w}| = \sqrt{\sum_{i=1}^{d} w_i^2}$$

这些计算是由如下关于向量内积的恒等式变换而来的：

$$\boldsymbol{w} \cdot \boldsymbol{v} = |\boldsymbol{w}| |\boldsymbol{v}| \cos < \boldsymbol{w}, \boldsymbol{v} >$$

这个恒等式也描述了向量内积的性质：当两个向量比较接近的时候(即夹角较小时)，内积的值比较大；当向量差距比较大的时候(即夹角接近 π 时)，内积的值较小；当向量垂直的时候，内积为 0。

9.2.2.2 词向量的应用

除了计算词义相似度或根据词义将词投影到平面来展示不同词的意思，词向量也是现代自然语言处理领域几乎最核心的技术。大部分现代统计机器学习和深度学习方法处理的数据都是连续数据，而自然语言需要处理离散数据。词向量则是将离散数据转化为了连续数据，即对于词 w 的 d 维词向量 $\boldsymbol{w}$，也可以认为这 d 个实数 $w_1 w_2 \cdots w_d$ 就是词 w 的 d 个特征。我们甚至可以计算句子或短文的特征：对于句子 $w_1 w_2 \cdots w_N$，最简单的特征计算方法就是取所有句子中词向量的平均值作为句子的特征，即 $\frac{1}{N}\sum_{i}^{N} \boldsymbol{w}_i$。数据和特征是机器学习的关键。因此，有了词向量之后就可以将所有机器学习的技术应用到自然语言处理领域中。

最简单的例子是文本分类(text classification)。例如，如果希望区分一个文章是关于政治的、体育的，还是娱乐的，只需要首先计算出所有词语对应的词向量；对于一个文章，再根据词袋模型对文章中所有词的词向量取平均值作为文章的特征；然后利用 SVM 或者任何一个机器学习分类算法，在训练语料上进行训练，就可以得到一个文本分类器了。

9.2.3 Word2vec

语言学家早在 20 世纪 50 年代就开始词向量相关的研究了。例如，在一个特定领域中，可以定义一些属性，然后通过对属性进行打分得到描述每个词的词向量。例如，对于水果，可以定义酸度、甜度、大小、种类等，最后得到一个水果的词性表示。但这样的手动分类方式需要大量的专业知识与人工标注，很难广泛应用到现实生活中。

这里我们介绍一个基于机器学习的方法——word2vec(word to vector)。Word2vec 算法的核心是将词向量的计算转化成机器学习的分类问题，并把每个词的词向量看作机器学习模型的参数，以及把训练语料看成训练数据；然后定义一个分类损失函数，并通过梯度下降算法进行优化；最后分类模型训练收敛后得到的参数就是最终的词向量。

9.2.3.1 连续词袋模型与跳跃模型

Word2vec 提出了两种分类问题的建模方式，即连续词袋模型(continuous bag-of-words model，CBOW)和跳跃模型(skip-gram model)。

CBOW 考虑这样一个分类问题：给定词上下文 $c_{-k}\cdots c_{-1}$？$c_1\cdots c_k$，判断一个词 w 是否应该出现在中间"?"的位置。根据分布假设，我们知道一个词的词义与上下文，即该词在句子中的前后的 $2k$ 个词语，紧密相关。对于这个分类问题，可以用机器学习的方法得到一个分类器，输出每个词 w 出现在中间位置的概率 $P(w|c_{-k}\cdots c_k)$。训练完成后，对于一个语料中原本的词 w 和一个与其不相关的词 w'，w 出现在"?"位置的概率应该比 w' 要高。举个例子，考虑"我 在 北京 上 大学"这个句子。我们希望训练一个分类器，能给出一个目标词出现在"我 在 ? 上 大学"中" ?" 位置的概率。原词"北京"在训练文本中出现过，应当概率较高；与其意义相近的词，如"上海"，填入该位置应当也比较通顺。但一个与其毫无干系的词，如"西瓜"或"跑步"，在此上下文条件下能通顺的概率应当比较小。一个好的词向量选择，应当在某种计算模型下，达到这个分类问题的优化目标。

Word2vec 进一步进行了独立性假设，即将联合分布 $P(w|c)$分解为每一个上下文词 c_i 与当前词的 w 的条件概率的乘积，即 $P(w\mid c)=\prod_{1\leqslant|i|\leqslant k}P(w\mid c_i)$，以方便计算。注意到在独立性假设下，上下文中的每一个词的先后关系并不被模型考虑。这种忽略文本中词的先后顺序关系只考虑词是否出现的建模方法，被称为词袋模型(bag-of-words model)。

与 CBOW 类似，word2vec 方法还提出了另一个条件概率建模方式——skip-gram。skip-gram 模型对于给定的中间词 w，判断上下文词 $c_{-k}\cdots c_{-1}c_1\cdots c_k$ 的出现概率，即计算 $P(c_{-k}\cdots c_k|w)$。采用独立假设进行简化计算后，两种建模方法都可以得到不错的词向量。

这里 skip-gram 的计算目标显然要比 CBOW 困难许多——CBOW 只需要预测一个中间词而 skip-gram 需要预测整个上下文，因此 skip-gram 目标也比 CBOW 在训练中更不容易出现过拟合现象。实际上，word2vec 在论文中给出的推荐也是使用 skip-gram 进行建模。这里要强调的是，word2vec 算法关注的只是最终得到的词向量，而不是分类问题最后得到的分类器的表现，这也是 word2vec 最终建议使用 skip-gram 建模方法的原因。在下面的讨论中，为了方便起见，使用 CBOW 的建模方式。

9.2.3.2 二分类问题

CBOW 考虑了一个对于整个词表的多分类问题，即给定上下文，输出对于整个词表所有词的概率分布。由于词表往往很大，这样的多分类问题给具体计算带来了很多困难。为了简化计算，在这一节中我们转而考虑一个形式上大幅简化的二分类问题：给定上下文 $c_{-k}\cdots c_{-1}$？$c_1\cdots c_k$ 和特定词 w，w 是否"合适"出现在"?"的位置？如果我们可以解决这个二分类问题，那么对于任意上下文，只需要对于词表中每一个词都计算其对应的“合适”度，并选择最合适的词作为原本跳跃模型的输出。

我们用 $P(+|w,c_i)$ 表示 word2vec 考虑的二分类问题下，词 w 和一个特定的上下文词 c_i 适合一起出现在文本中的概率，并用 $P(-|w,c_i)$ 表示词 w 和词 c_i 不适合一起出现的概率。这里 $P(+|w,c_i)+P(-|w,c_i)=1$。

那如何表示“适合同时出现”的概率呢？我们希望定义某种可通过词向量计算的实数来表示两个词的“适合度”。如果词 w 与上下文 c_i 适合度比较高，即“适合度(w,c_i)”比较大，则它们一起出现的概率也就该比较大；否则它们适合一起出现的概率应该比较小。由于我们希望该适合度可通过词向量运算得到，一个最简单的度量函数便是向量的内积。

具体来说，在 word2vec 中，对于每个词定义两个向量，一个是词本身的词向量，另一个是其作为其他词上下文时使用的上下文向量。Word2vec 定义，如果词 w 的词向量 $\boldsymbol{w}$ 与上下文词 c_i 的上下文向量 $\boldsymbol{c}_i$ 的内积比较大，则这两个词的适合度高，即

$$\text{适合度}(w,c_i) \approx \boldsymbol{w} \cdot \boldsymbol{c}_i$$

由于不同词向量的模长会有差别，理论上应该使用向量夹角的余弦作为适合度值。Word2vec 算法为了简化计算，直接采用没有归一化的内积值代替余弦值。在实际应用中，如果优化算法应用得当，最终得到的每个词向量的模长基本相差无几。

有了适合度的定义，接下来我们采用与第 3 章监督学习中所讲的 0-1 分类问题一样的方法定义概率 $P(+|w,c_i)$ 与 $P(-|w,c_i)$。具体来说，采用逻辑函数(logistic function)，即 Sigmoid 函数，将 w 和 c_i 适合一同出现的概率 $P(+|w,c_i)$ 定义如下：

$$P(+|\ w,c_i)=\frac{1}{1+\mathrm{e}^{-\boldsymbol{w}\cdot\boldsymbol{c}_i}}$$

同理，定义 w 和 c_i 不适合同时出现的概率 $P(-|w,c_i)$ 为

$$P(-|\ w,c_i)=1-P(+|\ w,c_i)=\frac{\mathrm{e}^{-\boldsymbol{w}\cdot\boldsymbol{c}_i}}{1+\mathrm{e}^{-\boldsymbol{w}\cdot\boldsymbol{c}_i}}$$

这样我们得到了词 w 和一个特定的上下文词 c_i 适合同时出现的概率表示。使用独立假设可以得到 w 与整个上下文一起出现的概率：

$$P(+|\ w,c_{-k}\cdots c_k)=\prod_{1\leqslant|i|\leqslant k}P(+|\ w,c_i)$$

以及对数概率：

$$\log P(+|\ w,c_{-k}\cdots c_k)=\sum_{1\leqslant|i|\leqslant k}\log P(+|\ w,c_i)$$

我们的训练目标即得到的词向量能够使上述概率对于“适合”一起出现的文本尽量大。那什么样的文本适合一起出现呢？我们认为训练语料中提供的每一句句子中的文字都是适合出现在一起的。然而，只有适合一起出现的文本是不够的。在训练中，由于语料中的句子仅提供了这个二分类问题的正例，而一个二分类问题不仅仅需要正例，还应当有足够的负例。例如，如果希望训练一个机器学习模型判断一张图片是不是苹果，那么只提供苹果的图片是不够的，因为一个将任意图片都判断为苹果的模型便可在训练数据上得到100%的正确率。对应到 word2vec，则只要让词向量都相同，便可最大化上述概率，即任意概率均为 1。

那如何得到负例呢？由于词表很大，适合出现在一起的词对远没有不适合出现在一起的词对多。因此，可以随机从词表中选择在当前句子中没有出现的词作为负例，并希望对于随机选择的负例 n_i，有 w 和 n_i“不适合”一同出现的概率 $P(-|w,n_i)$ 尽量大。假设一共随机选取了 m 个负例，分别为 $n_1,n_2,\cdots,n_m$。则对于训练语料中的一个句子 $c_{-k}\cdots c_{-1}wc_1\cdots c_k$，我们有 $2k$ 个正例 $(w,c_{-k})\cdots(w,c_k)$ 与 m 个负例 $(w,n_1)\cdots(w,n_m)$。此时，用 θ 表示模型的参数（即每个词的词向量及上下文向量），就可以得到关于词 w 的完整目标函数：

$$L(w,\theta)=\sum_{1\leqslant|i|\leqslant k}\log P(+|\,w,c_i)+\sum_{1\leqslant i\leqslant m}\log P(-|\,w,n_i)$$

现在将语料中全部的正例表示为 D^+，把所有随机产生的负例表示为 D^-，则 word2vec 的完整二分类目标函数为

$$L(\theta)=\sum_{(w,c_i)\in D^+}\log P(+|\,w,c_i)+\sum_{(w,n_i)\in D^-}\log P(-|\,w,n_i)$$

训练的目标是优化参数 θ 使得目标函数最大化。注意到，最后对于每个词会得到两个不同的向量，一个是本身的词向量，另一个是其作为上下文使用的上下文向量。可以直接将上下文向量丢弃只保留词向量，也可以把两个向量连接到一起，得到维度为原本维度两倍的新向量作为最终的词向量。这两个方法在实际中都很常用。最后，上下文的区间长度 k 是 word2vec 算法中相对重要的参数。k 的取值都会在开发集中进行测试，并根据语料的不同选取。通常而言 k 不会超过 10。

图 9.2 展示了 word2vec 算法的具体实现流程。

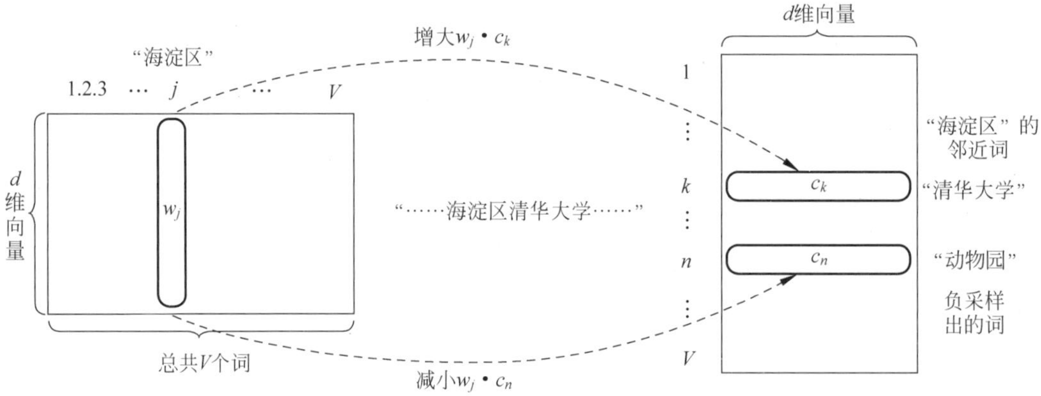

图 9.2 word2vec 算法的计算图

9.2.4 可视化示例

在本节中，展示一些具体的词向量的示例。我们使用维基百科上的中文词条作为语料训练，使用 word2vec 得到训练词向量，并从训练好的词向量中挑出一些常见的词投影到二维平面作为展示。图 9.3 展示了 7 个计算好的词向量与对应的词。

不难看到，同类型的词之间夹角较小，不同类型的词之间的夹角较大。同样地，同义词之间（例如，优秀和杰出）的夹角较小（相似度，即夹角的余弦值较高），而反义词之间（例如，“优秀”和“拙劣”）的夹角会大一些。表 9.1 展示了各个词之间的一些相似度。

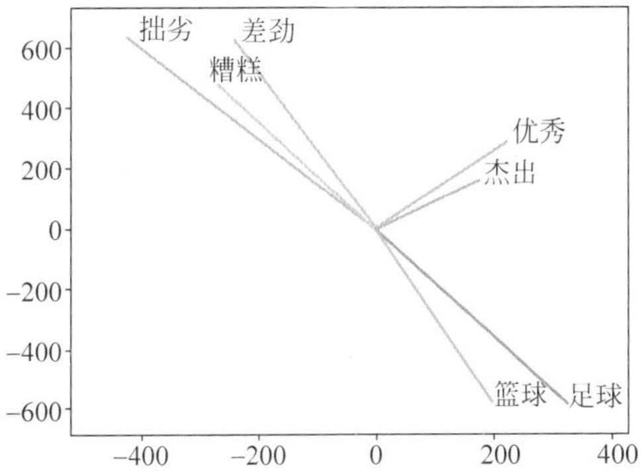

图 9.3 基于 word2vec 的词向量的二维投影

表 9.1 词汇之间的相似度

	优秀	杰出	拙劣	足球
优秀	1	0.701	0.424	0.288
杰出	0.701	1	0.381	0.270
拙劣	0.424	0.381	1	0.224
足球	0.288	0.270	0.224	1

此外，通过 word2vec 计算得到的词向量，还会有一些有趣的现象：我们会发现通过词向量的运算可以得到一些特定的近似公式。在 word2vec 最早的论文中，研究人员发现在对大量英文语料训练词向量后，词 queen（女王）和 king（国王）的词向量相减做差得到的向量，与 woman（女人）与 man（男人）做差得到的向量几乎一样（见图 9.4）。于是就得到了下述等式：

$$\text{queen} - \text{king} + \text{man} = \text{woman}$$

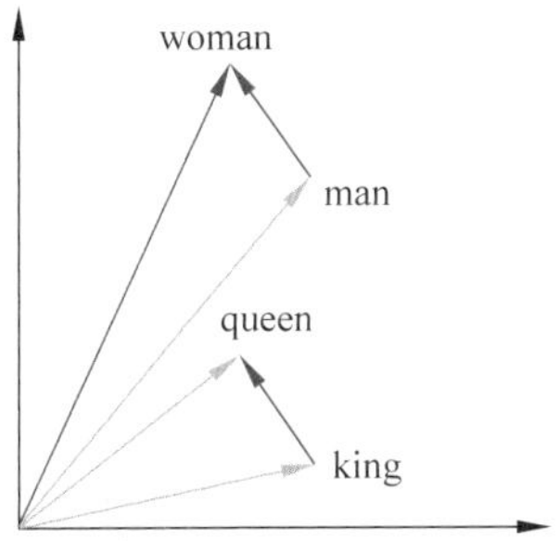

图 9.4 著名的“国王与女王”的例子

注意到 queen 是女性的国王，从某种角度上说是女人加上了国王的属性。这说明词的线性运算有时可以表现词的类比（analogy）关系。类似的例子还有 Paris − France + Italy = Rome 以及 cars − car + apple = apples 等。同样地，在中文中，通过用大量新闻语料进行训练，也可以得到类似的结果，比如（图 9.5 给出了公式的图示）

湖南 − 湖北 + 武汉 = 长沙

感兴趣的同学可以上网查找相关资料并自己动手实践相关的结果。

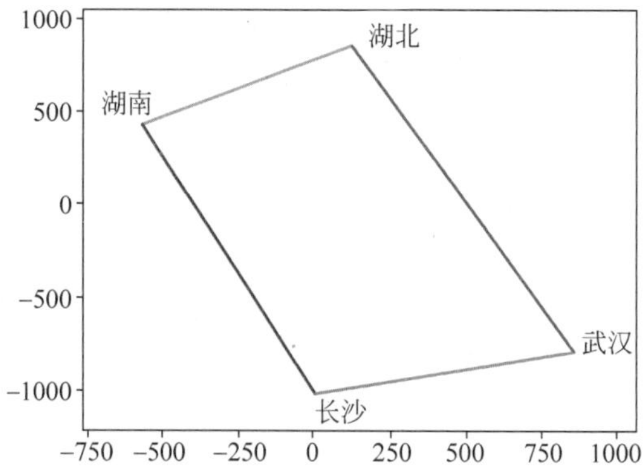

图 9.5 word2vec 在中文语料上训练后，得到的部分"省份与省会"的词向量在二维平面的投影

9.3 基于神经网络的语言模型处理

在 9.1 节的 n-gram 语言模型里，对于一个词序列 $w_1, w_2, \cdots, w_N$，模型的核心目标是对每个序列中的词 w_i 计算条件概率

$$P(w_i \mid w_{i-k+1} \cdots w_{i-1})$$

以 bigram 为例，在之前的论述中，我们通过统计训练语料的频率来计算这个条件概率，即

$$P(w_i \mid w_{i-1}) = \frac{O(w_{i-1} w_i)}{\sum\limits_{w \in L} O(w_{i-1} w)} = \frac{O(w_{i-1} w)}{O(w_{i-1})}$$

由于每个词有其背后的语义，除了词频统计，其实还可以通过词义得到许多额外的信息。如"我 住 在 [*]"这个句子。假设在语料中，"在"这个字出现了 100 次，"在北京"这个短语出现了 30 次，而"在上海"这样的搭配从来没有出现过。根据 n-gram 频率统计的方法有

$$P(\text{北京} \mid \text{在}) = \frac{P(\text{在北京})}{P(\text{在})} = \frac{30}{100} = 0.3$$

而

$$P(\text{上海} \mid \text{在}) = 0$$

但我们知道，"北京"的词义与"上海"非常相似（均为中国的城市）。即使"在上海"这个短语在语料中没有出现，基于我们对于语言的理解，"我住在上海"也应该是一个自然的表述。n-gram 模型由于在计算过程中完全没有利用语义信息，因此很容易出现这种与语言直觉不符的例子。

如何能够在计算条件概率时将每个词的语义信息考虑进去呢？从 9.2 节我们知道，词向量可以很好地表示语义信息。因此本节将介绍一个可以高效利用语义信息的模型——基于神经网络的语言模型（neural language model）。

9.3.1 基于神经网络的 bigram 模型

本节以 bigram 为例介绍基于神经网络的语言模型。假设词表 W 的大小为 V。我们希

望用神经网络表示条件概率 $P(w_i|w_{i-1})$，即当前词为 w_{i-1} 时，词表中的每个词 w 出现在 w_{i-1} 后的概率。用数学语言来描述这个问题，则是希望寻找一个函数 f，给定词表 $L=\{w^1,w^2,\cdots,w^V\}$，及当前词 w_{i-1} 作为输入，输出一个长度为 V 的向量 $\boldsymbol{o}=(o_1,o_2,\cdots,o_V)$，其中 o_i 表示词表中第 i 个词出现在 w_{i-1} 之后的概率。

下面说明如何利用神经网络表示这个函数：

首先，由于神经网络只能处理连续输入，我们需要把词表中的所有词及当前词 w_{i-1} 都转变为词向量，即 $\{\boldsymbol{w}^1,\boldsymbol{w}^2,\cdots,\boldsymbol{w}^V\}$ 以及 $\boldsymbol{w}_{i-1}$；

由于输入的是当前词 w_{i-1}，我们根据 $\boldsymbol{w}_{i-1}$ 计算隐藏层：

$$h=\sigma(W\boldsymbol{w}_{i-1}+b)$$

其中，W 和 b 为神经网络的参数，$\sigma(\cdot)$ 表示激活函数。第 7 章介绍过，常见的激活函数有 Sigmoid 函数、tanh 函数，以及 ReLU 函数。这里仅考虑一层隐藏层。在实际应用中，可以采用更多的隐藏层提高神经网络的表达能力。

有了隐藏层 h 之后，需要为每个词表中的词 w^i 计算其对应的概率。这里的计算目标与第 4 章中的分类问题类似，均是输出一个概率分布。因此，我们将当前的计算视作一个 V 类的分类问题，并采用 Softmax 函数进行最后概率值的计算。具体来说，对于词表中的词 w^i，首先根据隐藏层 h 及其词向量 $\boldsymbol{w}^i$ 计算该词对应的逻辑值 logitβ_i：

$$\beta_i=h^{\mathrm{T}}U\boldsymbol{w}^i$$

其中，U 是神经网络的参数。然后对 β_i 套用 Softmax 函数得到最后的概率 α_i，即

$$P(w^i \mid w_{i-1})=\alpha_i=\text{Softmax}(\beta_i)=\frac{\mathrm{e}^{\beta_i}}{\sum_{j=1}^{V}\mathrm{e}^{\beta_j}}$$

在计算中共引入了三个神经网络参数：W，b 和 U。这些参数需要从训练数据中学习得到。

9.3.2 训练神经网络

有了神经网络的表示，接下来定义训练数据。与 word2vec 模型一样，在 bigram 模型下，我们认为语料中所有连续出现的词序列 (w_{i-1},w_i) 都是一个分类问题的训练数据，即当神经网络的输入是 w_{i-1} 的时候，神经网络的分类输出应该是 w_i。根据多分类问题的损失函数，可以类似地定义在神经网络语言模型下数据 (w_{i-1},w_i) 的损失函数，即

$$L(w_{i-1},w_i)=-\log P(w_i \mid w_{i-1})=\log\left(\sum_{j=1}^{V}\mathrm{e}^{\beta_j}\right)-\beta_i$$

定义了损失函数之后，只需应用梯度下降算法优化神经网络的参数即可。注意到，与 word2vec 模型中的二分类问题不同，由于这里考虑多分类问题，并采用了 Softmax 函数，因此无需利用负采样生成额外的负例。

9.3.3 基于神经网络的 *n*-gram 模型

神经网络语言模型可以很容易地推广到 trigram、4-gram 或者任意 k-gram。以 trigram 模型为例。在 trigram 中，需要计算的条件概率为 $P(w_i|w_{i-2}w_{i-1})$，在对应的神经网络中

也同样需要计算一个隐藏层 $\boldsymbol{h}$。与 bigram 不同的是，此时 $\boldsymbol{h}$ 的输入有两个词向量 $\boldsymbol{w}_{i-2}$ 和 $\boldsymbol{w}_{i-1}$。只需将这两个词向量拼接在一起输入隐藏层即可。具体来说，假设 $\boldsymbol{w}_{i-2}$ 和 $\boldsymbol{w}_{i-1}$ 为两个 d 维的词向量，则我们将其拼接为长度为 $2d$ 的向量$[\boldsymbol{w}_{i-2},\boldsymbol{w}_{i-1}]$来计算 $\boldsymbol{h}$，即

$$\boldsymbol{h}=\sigma(W[\boldsymbol{w}_{i-2},\boldsymbol{w}_{i-1}]+b)$$

其余部分的计算不需要做任何改变。

类似地，对于任意 k-gram 只需将 $k-1$ 个词向量拼接之后计算隐藏层即可。k 越大，神经网络的表达能力就越强。当然，神经网络的结构也更复杂，训练需要的数据也就越多，也越困难。图 9.6 展示了神经网络语言模型的具体计算流程。

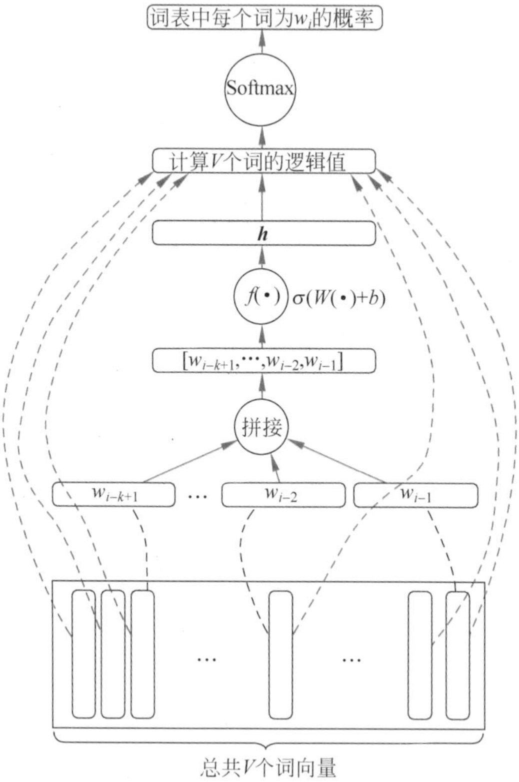

图 9.6 基于神经网络的语言模型的计算图

9.3.4 基于 LSTM 的语言模型

基于 n-gram 模型的建模中我们仅考虑长度为 k 的上下文作为真实条件概率 $P(w_i|w_1\cdots w_{i-1})$的近似。那是否可以使用神经网络直接对完整序列进行建模呢？一种可行的方式就是使用循环神经网络(recurrent neural networks)，如 LSTM 网络(long-short-term memory)。当给定上下文前缀并计算条件概率 $P(w_i|w_1\cdots w_{i-1})$时，将前缀序列 $w_1\cdots w_{i-1}$ 作为 LSTM 的输入依次输入神经网络，得到 LSTM 的输出$(c_i,h_i)=\text{LSTM}(w_1\cdots w_{i-1})$(这里 c_i 表示 LSTM cell state，h_i 表示 hidden state)，并使用 h_i 作为前缀的表示特征来计算条件概率，即 $P(w_i|h_i)$。图 9.7 展示了 LSTM 语言模型的计算流程。注意在计算第一个词的概率 $P(w_1)$时，由于没有任何上下文，在实际处理中会使用特殊字符<start>作为

LSTM 的输入。LSTM 语言模型的训练与上文所述相同,使用训练语料作为训练数据进行最大似然优化。这里使用<start>作为 LSTM 模型的第一个输入字符,也可以令 LSTM 的输入序列比输出序列在训练时错开一个位置,以正确计算条件概率 $P(w_i|w_1\cdots w_{i-1})$。最后,大家也可以使用不同的 LSTM 变种或者多层次的 LSTM 模型得到更加复杂的语言模型。

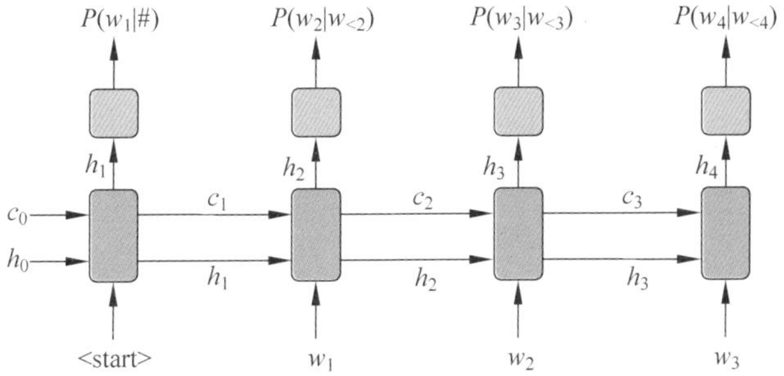

图 9.7 LSTM 语言模型的计算图例

9.4 基于神经网络的机器翻译

"l'hommeest né libre, et partout il est dans les fers."

"Man is born free, but everywhere he is in chains."

"人生而自由,却无往不在枷锁之中。"

——卢梭《社会契约论》

机器翻译(machine translation)是自然语言处理中极其重要的任务,也有着最广泛的直接应用。在 2014 年之前,机器翻译多基于语言学特征和统计学习的方法,首先进行语法句法分析,然后再对词语进行不同语言的改写并最终生成目标语言的句子。我们称这些传统方法为"统计机器翻译"(statistical machine translation)。在 2014 年,Google 的研究员首次提出了完全基于深度学习的可端到端训练的翻译模型——Seq2Seq(sequence-to-sequence),从此让机器翻译进入了深度学习时代,即基于神经网络的机器翻译(neural machine translation)。2016 年,Google 公司正式将公司的翻译产品 GoogleTranslate 从统计机器翻译切换到完全基于深度学习的机器翻译系统,这也标志着传统机器翻译方法被深度学习算法完全超越。本节将介绍机器翻译最经典的 Seq2Seq 模型,以及后续的重要算法改进。

9.4.1 Seq2Seq 模型

在机器翻译任务中,每一个训练数据为语言序列对(X,Y)。其中 $X=x_1x_2\cdots x_N$ 表示输入语言的句子(例如,法语),$Y=y_1y_2\cdots y_N$ 表示目标语言中的目标句子(例如,英语)。基于深度学习的机器翻译算法的学习目标是求解一个参数化的神经网络 $Y=f(X;\theta)$,以输入语言的句子 X 为输入,输出在目标语言下的译句 Y。这个过程可以描述为一个监督学习问题——将目标语言中的给定翻译 Y 作为模型 $f(X;\theta)$的标注,并进行监督学习优化。注意，在语言模型中，训练数据只有单一的输入句子 X；而在翻译任务中，需要将输入句子转化为另一个句子 Y。Seq2Seq 模型就是对这种输入输出均为序列结构的问题进行建模的一般方法。本节为了方便讲述，不是一般性地假设输入输出句子长度为 N，但是实际操作中，Y 和 X 有着完全不同的字典以及长度等。

具体而言，Seq2Seq 模型由编码器（encoder）f_{enc} 和解码器（decoder）f_{dec} 这两个部分组成。编码器 $f_{\text{enc}}(X;\theta)$ 将输入序列 X 编码为一个特征向量 $\boldsymbol{h}=f_{\text{enc}}(X;\theta)$，作为输入序列的编码，再通过解码器 $Y=f_{\text{dec}}(\boldsymbol{h};\theta)$ 将特征向量 $\boldsymbol{h}$ 转化为完整的目标句子 Y。编码器 f_{enc} 和 f_{dec} 都可以使用 LSTM 模型。f_{enc} 通过 LSTM 处理完输入语句 X 后可以直接采用最后一个 latent state，即 $\boldsymbol{h}_N$ 作为整个输入句子的特征向量 $\boldsymbol{h}$。对于解码器 f_{dec} 而言，则与 LSTM 语言模型几乎一致，唯一的区别是 LSTM 的初始 latent state，即 h_0，会被设置成编码器的输出，即输入句子的特征向量 $\boldsymbol{h}$，这可以使语言模型能够基于输入句子的意思来生成目标翻译。

注意，在使用 LSTM 模型时，LSTM 单元存在两个状态变量——latent state h 和 cell state c。在实际操作中，通常只选取编码器（encoder）的最终 latent state h 作为解码器 LSTM 单元的初始 latent state，而不继承 cell state c。解码器的 cell state 一般直接设置成 0。除了 LSTM 单元之外，也可以使用别的循环神经网络结构，比如 GRU（gated recurrent unit）结构。GRU 结构省略了 cell state c，仅保留 latent state h，实际操作的时候会比 LSTM 单元更简单一些，当然性能也会略有差别。图 9.8 展示了基于 LSTM 的 Seq2Seq 模型的计算示例。

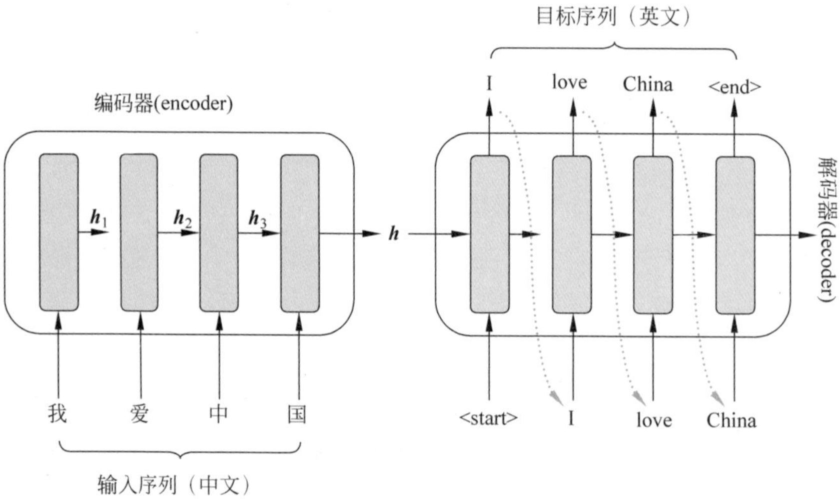

图 9.8 Seq2Seq 模型示例

Seq2Seq 模型的训练与语言模型几乎一致，即对于训练数据对 (X,Y)，以 Y 作为监督信号，以最大似然为训练目标，优化函数 $L(\theta)=\text{Loss}(Y,f_{\text{dec}}(f_{\text{enc}}(X;\theta);\theta))$。和语言模型一样，Seq2Seq 模型也可以堆叠多层 LSTM 网络实现深度更深的模型。

此外，双向编码器（bi-directional encoder）也是一个常用的技术。由于 LSTM 模型比较容易遗忘早期输入的数据，因此如果输入句子 X 比较长，那么使用单向 LSTM 网络得到的

特征向量 $\boldsymbol{h}$，往往会忽略句子的开头部分。双向编码器则是将输入句子 X 直接倒序为 X^{inv}（即从 $w_1w_2\cdots w_N$ 变为 $w_Nw_{N-1}\cdots w_1$），并使用另一个独立的编码器 $f_{\text{enc}}^{\text{inv}}(X^{\text{inv}};\theta)$ 对倒序内容进行编码得到倒序的特征向量 $\boldsymbol{h}^{\text{inv}}$。之后将正序编码和倒序编码合并，即$[\boldsymbol{h},\boldsymbol{h}^{\text{inv}}]$，作为解码器的初始状态输入。注意到，假设编码器的状态维度为 d，则合并后的状态$[\boldsymbol{h},\boldsymbol{h}^{\text{inv}}]$维度为 $2d$，若直接作为解码器的初始状态输入，那么解码器的状态维度则必须设置为 $2d$。在 d 比较大的时候，也可以直接使用线性层或者一个较小的 MLP 网络将合并状态$[\boldsymbol{h},\boldsymbol{h}^{\text{inv}}]$降维到 d 维之后再作为解码器的输入，以保持解码器和编码器的状态维度统一。

9.4.2 生成最佳的输出语句：Beam Search

Seq2Seq 模型中的解码器 $f_{\text{dec}}(h)$ 会根据编码器 $f_{\text{enc}}(X)$ 产生的特征向量 $\boldsymbol{h}$ 计算输出语句 Y 的条件概率——$P(Y|\boldsymbol{h})=\prod_i P(y_i|y_1\cdots y_{i-1},h)$。具体而言，在输出第 i 个字符 y_i 时，可以通过解码器当前的 LSTM latent state 计算 Softmax 概率分布，得到 y_i 取每一个词对应的概率。$P(Y|\boldsymbol{h})$定义了所有可能的词序列的概率分布。对于机器翻译任务而言，需要寻找最佳的翻译输出，即 $Y^*=\underset{Y}{\text{argmax}}P(Y|\boldsymbol{h})$。然而，$Y$ 可能的取值总量是关于句子长度的指数函数：若句子最大可能长度为 N，词典大小为 V，则 Y 有 V^N 种可能！枚举所有可能的 Y 来求解最佳输出是不现实的。

采样（sampling）是一种常用的生成句子的方法，即直接从 y_1 开始，根据 $P(y_i|y_1\cdots y_{i-1},\boldsymbol{h})$对 y_i 采样，逐字生成完整的句子。但是采样会导致解码器输出变化较大。对于翻译任务来说，需要找到最佳的翻译而不是多种多样的不同输出。另一个常用的方法是贪心方法，即对于 y_i，根据 $P(y_i|y_1\cdots y_{i-1},\boldsymbol{h})$选择概率最高的字作为 y_i 输出。但是贪心法并不能保证输出句子的总体概率是最高的。而且，由于前几个词对整个句子的影响重大，贪心法一旦在开头的几个词选择错误，很容易导致后面的整个句子的质量都有所下降。这里介绍一个贪心方法的改进——Beam Search，中文常译作集束搜索。Beam Search 的核心思想是永远保持 k 个概率较高的前缀（也被称作 beam，英文中一束光线的意思），这里 k 被称作 Beam Size。Beam Search 的伪代码如下。

Beam Search 伪代码

1. $\forall 1\leqslant i\leqslant k, Y_i=[\text{<start>}]$
2. for $t\leftarrow 1$ to N do
3. for $1\leqslant i\leqslant k$
4. 根据 $P(y_{t+1}|Y_i,\boldsymbol{h})$选择概率最大的 k 个词分别拼接到 Y_i 后，组成 k 个新前缀 $Y_{i,1}\cdots Y_{i,k}$
5. 根据 $P(Y|\boldsymbol{h})$，从$\{Y_{1,1},\cdots,Y_{1,k},Y_{2,1}\cdots,Y_{k,k}\}$这 k^2 个前缀中选出概率最高的 k 个，作为 Y_1 至 Y_k 进入下一轮选择
6. 从 $Y_1\cdots Y_k$ 中选择概率最高句子的输出

注意到，贪心法就是 Beam Search 在 $k=1$ 时的特例。随着 k 的增大，Beam Search 更容易找到最优输出，但是同时计算量也随之增加。实际使用中，需要根据具体运行效率要求

来选择合适的 k 作为 Beam Size。图 9.9 中展示了词表 $L=(A,B,C,D,E)$ 及 $k=2$ 时，Beam Search 算法的具体执行流程。

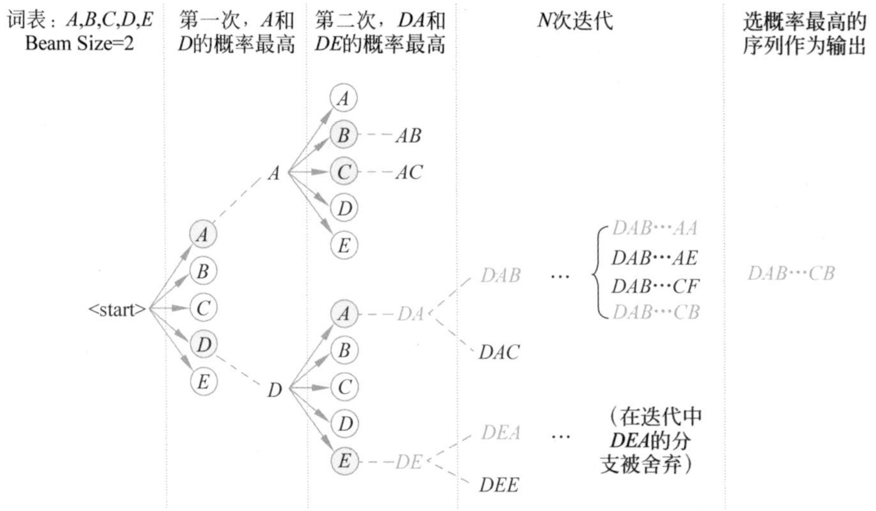

图 9.9　Beam Search 计算示例

9.4.3　基于注意力机制的 Seq2Seq 模型

在实际应用中，LSTM 语言模型可以较好地建模长度在几十到一百左右的句子，但是面对更长、更复杂的文本时，则会效果较差。这里有两个核心问题：①对于任意长度的输入语句 X，LSTM 模型都将其映射到一个固定维度的特征向量 $\boldsymbol{h}$ 作为编码，而固定的维度就成了整个模型的瓶颈，也极大地限制了模型的表达能力；②在机器翻译任务中，输出词和输入词之间往往有着强烈的对应关系。比如本章最初提到的例子，“人生而自由”与“Man is born free”这两句话中，“人”和“Man”、“生”和“born”、“自由”和“free”均为对应词的直接翻译。LSTM 并不能很好地表征这样的对应关系。

注意力机制(attention mechanism)就是解决这两个困难的重要手段。在计算输出词 y_t 时，除了 LSTM 单元产生的状态 $\boldsymbol{h}$ 外，注意力机制还额外计算一个注意力向量 $\boldsymbol{h}_{\text{att}}$，来表达词与词之间的对应关系，并使用 $\boldsymbol{h}$ 和 $\boldsymbol{h}_{\text{att}}$ 一起计算输出概率 $P(y_t|\boldsymbol{h},\boldsymbol{h}_{\text{att}})$。下面用数学语言介绍注意力机制的计算方式。

为了表述方便，假定输入输出句子 $X=x_1x_2\cdots x_N$ 和 $Y=y_1y_2\cdots y_N$ 的长度均为 N，同时 LSTM 编码器 f_{enc} 对前缀 $x_1\cdots x_i$ 编码后得到的 latent state 为 $\boldsymbol{h}_i^X$，对完整的句子 X 的编码为 $\boldsymbol{h}$；LSTM 解码器对 $\boldsymbol{h}$ 以及前缀 $y_1\cdots y_{t-1}$ 得到的 LSTM latent state 为 $\boldsymbol{h}_t^Y$。对于当前的输出词 y_t，注意力向量 $\boldsymbol{h}_{\text{att}}$ 的计算方式如下：

(1) 根据当前 latent state $\boldsymbol{h}_t^Y$，计算关于输入序列 X 的注意力分布(attention distribution)$P_{\text{att}}(x_i|\boldsymbol{h}_t^Y)=\alpha_i$，且 $\sum\limits_{i=1}^{N}\alpha_i=1$。这里 α_i 表示注意力权重(attention weight)，即模型将 α_i 比例的“注意力”放到了输入词 x_i 上。输入词 x_i 对当前词 y_t 越重要，则对应的 α_i 应当越高。

(2) 注意力权重计算方式为 $\alpha=\text{Softmax}(\boldsymbol{h}_t^{Y\text{T}}W_{\text{att}}\boldsymbol{h}_i^X)$，这里 W_{att} 为需要学习的参数(在实际操作中，也可以令 $W_{\text{att}}=I$ 以方便计算)。即，令 $\beta_i=\boldsymbol{h}_t^{Y\text{T}}W_{\text{att}}\boldsymbol{h}_i^X$，则 $\alpha_i=\dfrac{\exp(\beta_i)}{\sum_j \exp(\beta_j)}$。

(3) 注意力向量 $\boldsymbol{h}_{\text{att}}$ 为输入序列 X 关于注意力分布 P_{att} 的加权平均，即 $\boldsymbol{h}_{\text{att}}=\sum_i P(x_i \mid \boldsymbol{h}_t^Y)x_i=\sum_i \alpha_i x_i$。

图 9.10 中展示了基于注意力机制的 Seq2Seq 模型的一个中文到英文翻译的例子。图中输入序列为中文“我爱中国”，且模型正对于第二个输出词“love”进行解码。注意力机制首先计算注意力向量 $\boldsymbol{h}^{\text{att}}$，并基于注意力向量 $\boldsymbol{h}_2^{\text{att}}$ 以及 LSTM 解码器 latent state $\boldsymbol{h}_2^Y$ 计算输出词的概率分布。

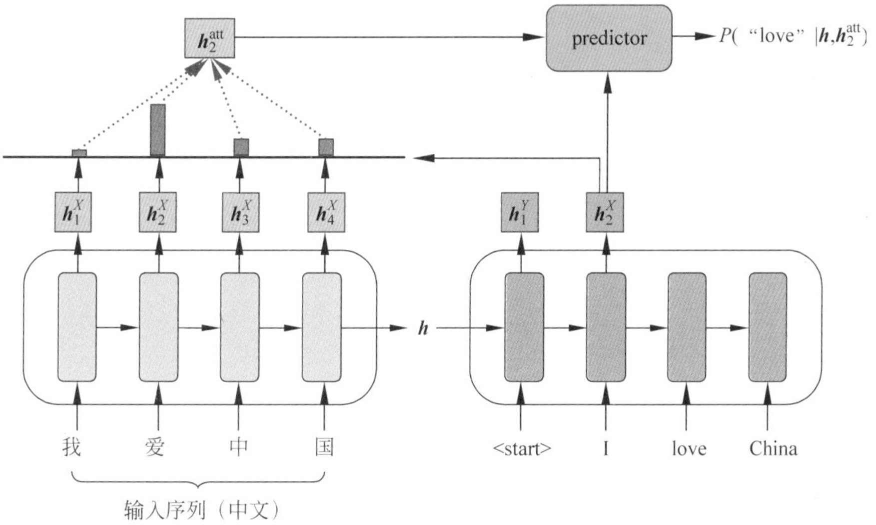

图 9.10 基于注意力机制的 Seq2Seq 模型示例

通过注意力机制计算每一个输出词 y_t 时，解码器都会通过注意力分布 P_{att} 直接依据输入序列和当前前缀的关系来调整当前词概率。因而每一个输出词都会直接依赖于所有输入词，而不再单纯使用固定维度的隐变量 $\boldsymbol{h}$ 来间接编码输入句子的全部细节。此外，由于 P_{att} 是由 Softmax 函数得到的概率分布，任意 a_i 不为 0，因此也称为 soft attention。如果强制设定有且仅有一个 $\alpha_i=1$，则这样的注意力机制称为 hard attention。Hard attention 会导致模型整体不可求导，需要使用强化学习中的策略梯度算法(policy gradient)进行梯度传导，有兴趣的读者可以自行研究。

图 9.11 中的矩阵展示了每一个输出词对于每一个输入词的注意力权重的大小。可以发现，通过端到端训练，注意力模型自主学会了词与词之间的关系。注意力机制自从 2015 年提出后，全面提升了 Seq2Seq 模型在几乎所有自然语言处理任务中的表现，并迅速成为自然语言处理建模的基础模块。

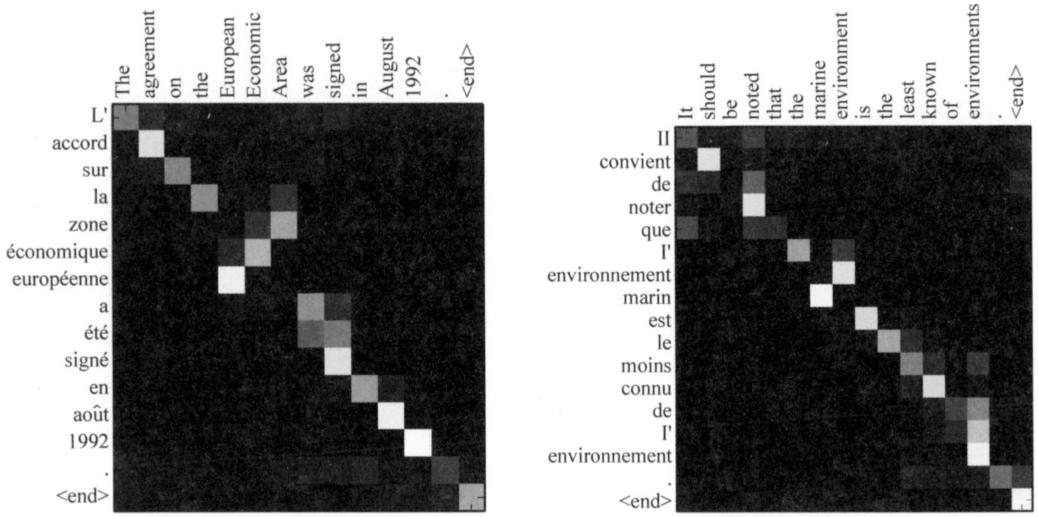

图 9.11　在注意力机制 Seq2Seq 模型原论文中，作者展示的模型学习到的注意力权重 $\boldsymbol{\alpha}_{i,j}$ 矩阵，亮度越高表示注意力权重越高

9.4.4　Transformer 模型

自 2015 年注意力机制带来重大进展之后，一个自然的想法便是：是否还需要 LSTM 模型对序列进行编码呢？2017 年的机器学习顶级会议 NIPS2017 上，Google 的研究员提出了 Transformer 模型，对于这个问题给出了明确的答案：LSTM 并不必须，有注意力机制就够了。Transformer 模型彻底摒弃了 LSTM，单纯使用注意力机制对序列进行建模，也进一步刷新了机器翻译任务的最佳表现，并随后成为几乎所有自然语言处理任务的通用模型结构。

9.4.4.1　自注意力机制

Transformer 的核心思想是采用自注意(self-attention)对序列进行建模：对于输入序列 X 中的每一个元素 x_i，都生成一个自注意力编码 $\boldsymbol{h}_i^{\mathrm{SA}}$，即 $H^{\mathrm{SA}}=f_{\mathrm{SA}}(X;\theta)$。具体计算如下：

(1) 对于每个词 x_i，通过线性变化生成 3 个向量 $\boldsymbol{k}_i, \boldsymbol{q}_i, \boldsymbol{v}_i=[W_{\mathrm{k}}\boldsymbol{x}_i, W_{\mathrm{q}}\boldsymbol{x}_i, W_{\mathrm{v}}\boldsymbol{x}_i]$，分别表示 key，query，value，其意义是关键字、询问和值。目的是希望这三个变量能够提取出输入向量 $\boldsymbol{x}_i$ 中的不同信息，帮助注意力计算。这里 $W_{\mathrm{k}}, W_{\mathrm{q}}, W_{\mathrm{v}}$ 均为可学习参数。

(2) 接着计算注意力权重 $\alpha_i=\mathrm{Softmax}(\beta_i)$，其中 $\beta_{i,j}=\boldsymbol{q}_i^{\mathrm{T}}\boldsymbol{k}_j$（当前词 x_i 的询问向量(query)与被注意词 x_j 的关键字向量(key)的内积），故 $\alpha_{i,j}=\dfrac{\exp(\boldsymbol{q}_i^{\mathrm{T}}\boldsymbol{k}_j)}{\sum_j \exp(\boldsymbol{q}_i^{\mathrm{T}}\boldsymbol{k}_j)}$，表示输入向量 $\boldsymbol{x}_i$ 对于向量 $\boldsymbol{x}_j$ 的注意力大小。

(3) 输出的注意力向量为 $\boldsymbol{h}_i^{\mathrm{SA}}=\alpha_i^{\mathrm{T}}V=\sum_j \alpha_{i,j}\boldsymbol{v}_j$，即值向量(value)的加权平均。

图 9.12 展示了 Transformer 中自注意力机制对输入序列 $x_1x_2x_3$ 进行编码计算的一个例子。

这里我们也可以堆叠多层自注意力模块，实现更好的表征计算。最后，如果希望得到整个句子的编码，可以简单对所有输出向量取平均，即 $\boldsymbol{h}^{\mathrm{SA}}=\dfrac{1}{N}\sum_i \boldsymbol{h}_i^{\mathrm{SA}}$，或者单独定义一个特

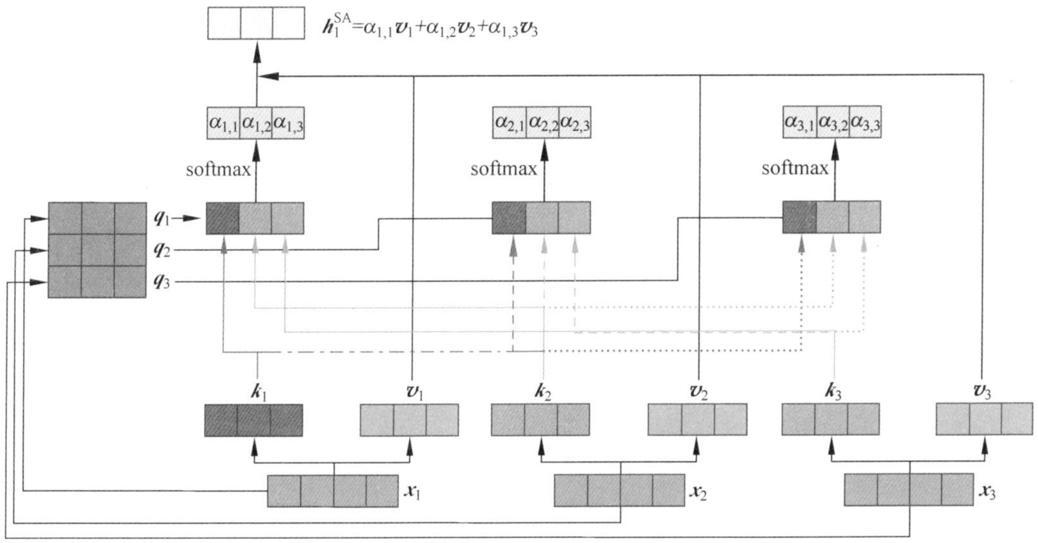

图 9.12 自注意力机制计算示例

别的可学习向量 $\boldsymbol{x}_0$ 加入到序列 X 中，然后采用 $\boldsymbol{x}_0$ 对应的自注意输出向量 $\boldsymbol{h}_0^{\mathrm{SA}}$ 作为最后的句子编码 $\boldsymbol{h}^{\mathrm{SA}}$。至此，我们介绍了自注意力机制最基本的计算形式。在后续部分我们将深入介绍 Transformer 结构中关于自注意力机制（self-attention mechanism）以及序列建模方式的若干具体改进。

9.4.4.2 多头注意力机制

经典注意力机制计算时，对于每一个输入词 x_i，只对应唯一的注意力权重 α_i。但是同一句子中，可能有多个部分需要被分别关注。因此，Transformer 引入多头注意力（multi-head attention）。即对于当前词 x_i 的 d 维度的特征向量 $\boldsymbol{k}_i,\boldsymbol{q}_i,\boldsymbol{v}_i\in\boldsymbol{R}^d$，将其切割成 m 个长度为$\dfrac{d}{m}$的子向量，并计算对应的 m 个注意力权重 $\alpha_i^1,\alpha_i^2,\cdots,\alpha_i^m$。具体而言，将 $\boldsymbol{k}_i,\boldsymbol{q}_i,\boldsymbol{v}_i$ 切割成的第 l 个子向量记作 $\boldsymbol{k}_i^l,\boldsymbol{q}_i^l,\boldsymbol{v}_i^l$，则 $\alpha_i^l=\dfrac{\exp(\boldsymbol{q}_i^{l^{\mathrm{T}}}\boldsymbol{k}_j^l)}{\sum_j\exp(\boldsymbol{q}_i^{l^{\mathrm{T}}}\boldsymbol{k}_j^l)}$。同样地，也可以得到 m 个长度较短的注意力向量 $\boldsymbol{h}_l^{\mathrm{SA}^l}=\sum_j\alpha_{i,j}^l\boldsymbol{v}_j^l$，将其拼接起来即可得到完整的注意力向量 $\boldsymbol{h}_i^{\mathrm{SA}}=\mathrm{concat}(\boldsymbol{h}_i^{\mathrm{SA}^1}\cdots\boldsymbol{h}_i^{\mathrm{SA}^m})$。多头注意力可以使不同的注意力权重 α^l 关注句子的不同部分，以进一步提高自注意力机制的表达能力。

Transformer 的作者还指出，随着向量维度 d 的增大，向量内积 $\boldsymbol{q}_i^{\mathrm{T}}\boldsymbol{k}_j$ 的大小也会随着变大，其对应的导数也会不断增大，并最终导致模型训练不稳定。因此，Transformer 模型使用维度对内积进行调整，即计算 $\alpha_i=\mathrm{Softmax}\left(\dfrac{\boldsymbol{q}_i^{\mathrm{T}}\boldsymbol{k}_j}{\sqrt{d}}\right)$来稳定模型训练。在多头注意力机制中，即 $\alpha_i^l=\mathrm{Softmax}\left(\dfrac{\boldsymbol{q}_i^{l^{\mathrm{T}}}\boldsymbol{k}_j^l}{\sqrt{d/m}}\right)$。这个技术也被称为 Scaled Dot Product。

9.4.4.3 非线性层设计

在上面的自注意力机制介绍中，除了计算 α_i 时用到了 Softmax 函数，其他所有计算都是线性的。神经网络需要非线性计算来提高表达能力，因此在通过自注意力得到每个词的表示向量 $\boldsymbol{h}_i^{\mathrm{SA}}$ 后，我们另采用一个 MLP 层对其进行非线性编码。在 Transformer 模块中，还引入了残差连接（residual connection）以及层归一化（layer normalization）来提高模型深度加深后的训练稳定性。最终，得到的关于 x_i 的编码向量 $\boldsymbol{h}_i^{\mathrm{out}}$ 计算如下：

$$\boldsymbol{h}'_i = \mathrm{LayerNorm}(\boldsymbol{h}_i^{\mathrm{SA}} + x_i)$$

$$\boldsymbol{h}_i^{\mathrm{out}} = \mathrm{LayerNorm}[W_2 \cdot \mathrm{ReLU}(W_1 \cdot \boldsymbol{h}'_i + b_1) + b_2]$$

其中，W_1, W_2, b_1, b_2 均为训练参数。

9.4.4.4 位置编码

自注意力机制的一个重要特点为输入词序列是顺序无关的（order-invariant）。根据 $\boldsymbol{h}_i^{\mathrm{SA}}$ 的计算方式，不管 $x_1, x_2, \cdots, x_N$ 按照何种顺序排列，$\boldsymbol{h}_i^{\mathrm{SA}}$ 的计算结果都是不变的。这个特点适用于很多无序应用场景，如表征元素的集合 $S=\{s_1, s_2, \cdots, s_N\}$ 时，自注意力机制就非常得当。与之对应的，若使用 LSTM 对集合建模则必须预先设置好某个顺序，按顺序处理集合内元素，并不适用。再比如，表征图结构（graph）时，对于每一个节点，都可以使用 self-attention 对其相邻节点提取特征，这种思想也和图神经网络（graph neural network）非常类似，有兴趣的同学可以深入研究。但是，对于自然语言处理任务而言，词的顺序是非常重要的——“清华大学在北京”和“北京在清华大学”这两句话的意义显然是不同的。为了能够使自注意力可以处理有序数据，需要将位置信息引入模型。

具体而言，对于处在序列中第 i 个位置的词 x_i，引入位置编码（positional encoding）p_i，表示位置下标 i 的特征，并把 $[x_i, p_i]$ 一起作为自注意力模块的输入特征。对于 p_i 的具体内容，可以选择让模型对于不同的位置 i，自动学习位置编码 p_i，即把 p_i 视作模型参数，这也被称为可学习的位置编码（learnable positional encoding）。可学习的位置编码的优点是表达能力强、编写简单、计算速度快，但是由于必须对任意的位置 i 都单独学习一个编码，因此训练时必须预先设置位置下标的最大范围 N，且在测试时也最多只能处理长度为 N 的序列，泛化能力有限。

另一种可行的方案叫相对位置编码（relative positional encoding）。该方案在计算注意力权重时引入表示相对距离的特征向量 $\boldsymbol{p}_{[i-j]}$，即

$$\alpha_i = \mathrm{Softmax}[\boldsymbol{q}_i^{\mathrm{T}}(\boldsymbol{k}_j + \boldsymbol{p}_{[i-j]})]$$

其中，$\boldsymbol{p}_{[i-j]}$ 为相对距离 $i-j$ 对应的位置编码向量（注意，这里的相对距离可正可负）。在实际应用中，一般会设置最大相对位置 $\delta_{\max}$：若 $|i-j|>\delta_{\max}$，则直接使用 $\boldsymbol{p}_{-\delta_{\max}}$ 或者 $\boldsymbol{p}_{\delta_{\max}}$ 作为相对位置编码使用。这是因为在实践中，如果词 x_j 在句子中距离当前词 x_i 特别远，则其与 x_i 的顺序依赖往往非常弱，因此这两个词之间的相对位置信息也不需要很精确，也普遍不重要。相对位置编码着重关注与词 x_i 距离较近的相邻词，因此泛化性能非常好，实际效果也普遍最好。当然，相对位置编码需要对于任意 i, j 计算不同的相对位置特征向量，因此在实际计算的时候，计算速度会比绝对位置编码慢不少。当然也有很多研究使用各种近似计算加速相对位置编码，有兴趣的读者可以自行探究。

最后介绍一下 Transformer 论文中介绍的另一种方法——基于三角函数的绝对位置编

码方法。这里用 d 来表示位置编码 p_i 的维度，则计算如下：

$$p_i=\begin{cases}\sin(i/10\,000^{2\times 1/d})\\ \cos(i/10\,000^{2\times 1/d})\\ \vdots\\ \sin(i/10\,000^{2\times \frac{d}{2}/d})\\ \cos(i/10\,000^{2\times \frac{d}{2}/d})\end{cases}$$

该位置编码方式的优点如下。首先由于三角函数是周期变化的，理论上泛化性得到了保证，即对于任意 i，都可以直接计算出 i 的位置编码（当然如果序列较长，则需要较高的编码维度 d 来保证编码的唯一性），同时通过内积图示（见图 9.13）可见，通过三角函数编码，相对距离较近的位置编码内积较大，这也从某种程度上间接表达出了相对位置关系。当然，三角函数编码虽然简洁，但是由于其完全不包含任何可学习参数，实际使用中效果会比可学习的位置编码方法要差。同时如果在测试时遇到比训练数据长很多的序列，其实际的泛化表现会远差于相对位置编码方法。

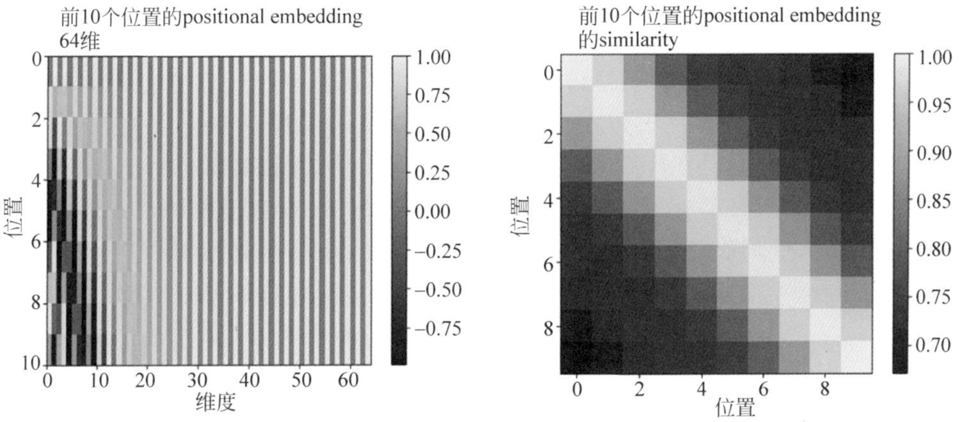

图 9.13 基于三角函数的位置编码热力图展示以及内积图示

综上所述，三种位置编码方法各有优缺点，因此在实际使用中可以根据问题的困难程度以及训练和测试的时间效率要求选择合适的方法。

9.4.4.5 掩码注意力机制

通过位置编码和自注意力，可以将输入序列 X 进行编码。但是如何解码呢？即，给定特征向量 $\boldsymbol{h}$ 和已生成前缀 $y_1y_2\cdots y_{t-1}$，如何使用自注意力机制生成 y_t 呢？在经典的自注意力机制中，每个词 y_i 都会与任意其他词 y_j 两两计算内积以得到注意力向量。然而在语言模型生成时，由于 $y_1,y_2,\cdots,y_t$ 是依次顺序生成的，因此词 y_i 只能对位置更前的词 $y_{j<i}$ 计算注意力权重，即对于任意 $j>i$，都有 $\alpha_{i,j}=0$。实际操作中，Transformer 在计算注意力权重时引入了 $N\times N$ 的 0/1 掩码（mask）矩阵 $\boldsymbol{M}$，表示位置 i 是否需要对未知 j 进行注意力计算，即

$$\alpha_i=\text{Softmax}[\boldsymbol{q}_i^{\mathrm{T}}\boldsymbol{k}_j\cdot\boldsymbol{M}-\infty\cdot(1-\boldsymbol{M})]$$

这里把 $M_{i,j}$ 为 0 的 i,j 对应的注意力权重 $a_{i,j}$ 自动设置为 0。在编码时，把 $\boldsymbol{M}$ 设置为全 1

矩阵；在解码时，把 $i<j$ 的位置设置为 $M_{i,j}=0$ 即可。这种采用掩码的自注意力计算方式称为掩码注意力(masked attention)机制。掩码矩阵的存在可以使得在训练过程中保持自注意力计算高度并行的前提下(所有计算均为矩阵运算可以使用 GPU 加速)，满足序列生成的计算依赖。

9.4.4.6 基于 Transformer 的 Seq2Seq 模型

对于输入序列 $X=x_1x_2\cdots x_N$，在输出当前词 y_t 的概率分布时，除了要利用掩码注意力(masked attention)对前缀 $y_1y_2\cdots y_{t-1}$ 计算注意力特征向量以外，还要对输入序列 X 对应的编码向量序列进行注意力计算。假设对于前缀 $y_1y_2\cdots y_{t-1}$，通过掩码自注意力机制得到的编码为 $\boldsymbol{h}_1^Y,\boldsymbol{h}_2^Y,\cdots,\boldsymbol{h}_{t-1}^Y$，对于输入序列，通过自注意力得到编码序列为 $\boldsymbol{h}_1^X,\boldsymbol{h}_2^X,\cdots,\boldsymbol{h}_N^X$，则

$$\boldsymbol{k}_i=W_k\boldsymbol{h}_i^X,v_i=W_v\boldsymbol{h}_i^X,q_{t-1}=W_q\boldsymbol{h}_{t-1}^Y$$

$$\alpha_{t-1}^X=\mathrm{Softmax}(\boldsymbol{q}_{t-1}^{\mathrm{T}}\boldsymbol{k}_i)$$

$$\boldsymbol{h}_{t-1}^{\mathrm{CA}}=\sum_i\alpha_{t-1,i}^X\boldsymbol{v}_i$$

其中，$\boldsymbol{h}_{t-1}^{\mathrm{CA}}$ 为最终得到的关于输入序列 X 的注意力特征向量。由于这里的注意力计算是从 Y 到 X 跨越了两个序列，为了与自注意力(self-attention)区分，称为交叉注意力(cross attention)。注意这里为了简化公式，方便起见并没有具体写明多头注意力(multi-head attention)以及维度归一化的内积计算(scaled dot product)，请读者自行补全。

于是，我们可以以堆叠多层自注意力模块对输入序列 X 和输出的前缀序列 $y_1y_2\cdots y_{t-1}$ 进行编码，并整合多头注意力、归一化的内积计算以及位置编码，最后使用交叉注意力机制进行融合，就可以得到当前词 y_t 的概率分布并进行训练或者翻译(测试时执行模型也被称作推理(inference))。这也就构成了完整的基于 Transformer 的 Seq2Seq 模型，如图 9.14 所示。

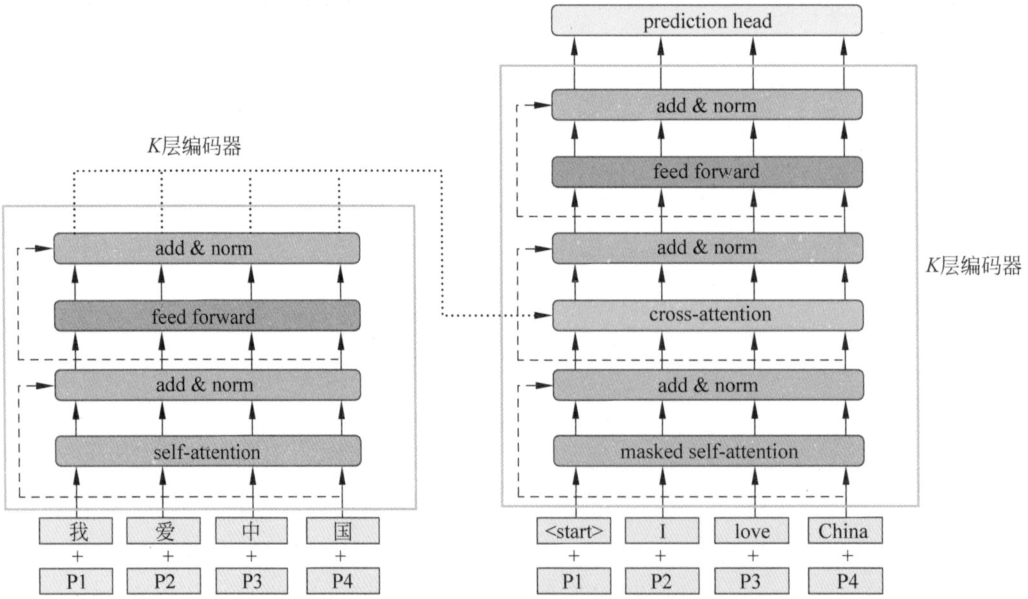

图 9.14 完整的基于 Transformer 的 Seq2Seq 模型图示

Transformer 模型也有很多后续改进，例如，针对长文本大规模训练的改进模型 XLNet；可以加快 self-attention 计算的 Performer 和 Linear-Transformer；适用于多模态计算的 Perceiver，以及针对视觉问题的变种 Visual-Transformer（ViT）等。有兴趣的读者可以自行研究。

9.5 语言模型预训练

上文介绍的 Seq2Seq 模型属于监督学习范畴，即需要训练数据中包含标注好的输入句子 X 和输出句子 Y 的组合，才能够进行训练。虽然 Transformer 在机器翻译等领域取得了重大的进展，但是相比于存在的大量无标注自然语言语料，有着准确标注的翻译语句对是很少量的。那能否使用 Transformer 模型直接对无标注的自然语言语料进行建模？答案是肯定的。这一技术也被称为预训练（pretraining），得到的模型称为预训练模型（pretrained model）或基础模型（foundation model），是前沿自然语言处理最重要的技术。预训练首先使用 Transformer 结构的神经网络对海量无标注自然语言数据进行无监督训练，然后对于具体下游任务，再利用监督数据对预训练模型进行适当微调，便可以极大地提升具体任务的最终表现。这里介绍两种最经典的使用 Transformer 模型进行预训练的范式：生成式（generative）建模和判别式（discriminative）建模。

9.5.1 GPT：generative pretrained Transformer

GPT 全称为生成式预训练 Transformer（generative pretrained Transformer），其核心思想为使用大量自然语言语料训练基于 Transformer 的语言模型（language model），即收集大量语料并对每一个句子 X 建模 $P(x_i|x_1\cdots x_{i-1})$。这里由于是语言模型训练，不需要 Seq2Seq 模型中的编码器，也无需交叉注意力层（cross attention layer），仅需要解码部分，即使用下三角矩阵为掩码的掩码自注意力（masked self-attention）作为计算核心即可。GPT 相较于 Seq2Seq 模型有了大幅的简化。由于是语言模型，可以采用之前介绍的语言模型的最大似然损失函数进行训练。由于建模后可以通过概率分布 $P(X)$ 采样来产生各种各样的句子，故称为生成式预训练模型。生成式预训练模型在训练完成后，对于需要生成句子输出的下游任务具有很大的帮助。比如，对话系统或者文本摘要就普遍使用生成式预训练模型并进行监督学习微调，来达到最好的语言生成效果。

GPT 最早由 OpenAI 公司开发，到 2020 年发布 GPT-3 时，模型总参数量已经达到了 170B（1.7×10^{11}），也引领了大规模自然语言预训练模型的潮流。GPT-3 论文也获得了机器学习顶级会议 NIPS2020 的最佳论文奖。OpenAI 通过 GPT-3 发现，当语言模型的参数量和训练数据量都足够大时，语言模型甚至可以和人一样进行高效率的推理。例如图 9.15 和图 9.16 所示的例子，我们可以直接把一个任意的问题作为 GPT-3 的输入前缀，并要求 GPT-3 根据给定前缀补全句子。GPT-3 很多时候可以直接给出复杂问题的答案，甚至也可以把很少量的数据直接作为句子的前缀输入给 GPT-3 模型，GPT-3 就可以根据输入的几个例子，直接补全出正确的输出，OpenAI 在论文中称这种现象为语言模型的快速学习能力（也称为小样本学习，few-shot learning）。

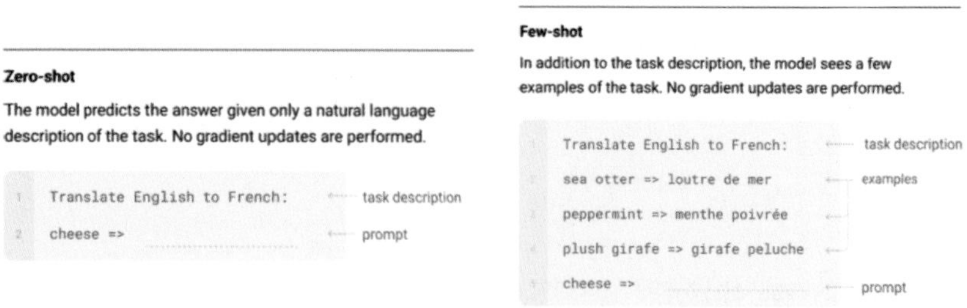

图 9.15　GPT-3 论文中对于 Zero-shot 和 Few-shot 学习以及提示符(prompt)的定义

注意，即使在 few-shot 设定下，训练数据也是通过句子前缀作为模型输入，模型参数并不发生变化

```
A "whatpu" is a small, furry animal native to Tanzania.  An example of a sentence that uses
the word whatpu is:
We were traveling in Africa and we saw these very cute whatpus.
-------------------------------------------------------------------------------------------
To do a "farduddle" means to jump up and down really fast.  An example of a sentence that uses
the word farduddle is:
One day when I was playing tag with my little sister, she got really excited and she
started doing these crazy farduddles.
A "yalubalu" is a type of vegetable that looks like a big pumpkin.  An example of a sentence
that uses the word yalubalu is:
I was on a trip to Africa and I tried this yalubalu vegetable that was grown in a garden
there.  It was delicious.
-------------------------------------------------------------------------------------------
A "Burringo" is a car with very fast acceleration.  An example of a sentence that uses the
word Burringo is:
In our garage we have a Burringo that my father drives to work every day.
```

图 9.16　GPT-3 论文中给出的 Few-Shot 学习的例子

模型根据前缀给出的示例，学会对新词造句

大规模预训练模型可以通过很少的前缀词产生高质量的目标输出，从而产生了一个全新的领域——提示符学习(prompt learning)。该领域研究的问题是应当给预训练模型输入怎样的前缀，才能产生最高质量的目标答案？这也是 2021 年以来自然语言处理领域的全新热点。感兴趣的读者可以自行研究。

9.5.2　BERT：bidirectional encoder representations from Transformers

BERT 全称为双向 Transformer 编码器表示(bidirectional encoder representations from Transformers)，主要为了自然语言处理中大量的非生成式任务设计。在前面的介绍中，GPT 建模简单，训练方式直接，但是有一个主要的缺点：由于语言模型建模目标为 $P(x_i|x_1\cdots x_{i-1})$，故词 x_i 仅能依赖其前缀词的信息。虽然这样保证了语言的顺序生成，但是对于很多判别式任务，如文本分类、关系提取、情感分析等，文本的全局信息是非常重要的。若仅仅使用语言模型的单向顺序建模方式，会使模型的表达和特征提取能力大为受限。因而，对于不需要生成自然语言的判别式任务，我们希望建立预训练模型使词 x_i 对其前后文信息都能够很好地表征。

一个最直接的想法自然是采用 word2vec 的思路，建模 $P(x_i|x_1\cdots x_{i-1},x_{i+1}\cdots x_N)$，即给定除 x_i 以外的上下文，要求模型预测 x_i。注意这里和 word2vec 的 CBOW 模型是有所不同的。CBOW 模型只关注词向量的表征质量而不关心最后的预测结果，因此 CBOW 模型采用较短的上下文窗口并且完全不考虑上下文词的顺序。在这里，我们希望对复杂文本进行预训练，词的顺序是关键的，并且建模的对象是整个句子而不是一个小的窗口。

在上面的分析中，我们知道对于词 x_i，可以通过上下文预测 x_i 的方式进行判别式预训练。但是一个句子里面有很多词，那应该选择哪些词作为预测目标呢？我们希望有足够简单且能够大规模并行计算的训练方式来进行有效的预训练。BERT 就提出了一种称为掩码自然语言模型(masked language model，MLM)的训练范式。给定句子 X，MLM 随机把 X 中的一些词替换成随机词或者特殊符号 $\langle M \rangle$ 以得到替换后的句子 $\tilde{X}$，然后再使用 Transformer 模型(因为是双向建模，直接使用自注意力即可，无需设置掩码)通过 $\tilde{X}$ 预测 X 中那些被替换掉的词。在 BERT 的论文中，具体训练细节如下：

(1) 对于句子 X，首先随机选择 80%的位置将句子中的词换成 $\langle M \rangle$；

(2) 在剩下的 20%的词中，随机选择一半(整个句子的 10%的词)，将其替换成词表中随机选择的词；

(3) 用 $\tilde{X}$ 表示替换后的句子，注意相比于 X、$\tilde{X}$ 中仅有 10%的词未发生改变；

(4) 在句子 X 中随机选择 15%的位置进行预测。若用 $\mathcal{I}$ 表示这 15%的随机位置的下标集合，则训练目标为最大化 $P(X_{\mathcal{I}} | \tilde{X})$。

注意，最后的预测位置集合 I 可以包含任何位置，可以是未替换词，可以是特殊词 $\langle M \rangle$，也可以是随机词。这种训练模式也就要求模型本身能够充分地理解前后文语义来作出正确判断。而除了大量特殊词 $\langle M \rangle$，BERT 中随机词和不变词的存在也进一步提高了模型的稳健性。图 9.17 展示了 masked language model 的训练例子。

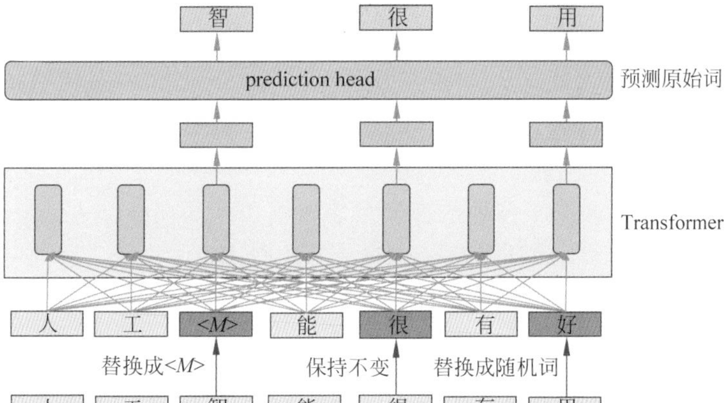

图 9.17 BERT 的训练图示

最后，MLM 预训练完成后，对于任意测试句子 $X = x_1 x_2 \cdots x_N$，BERT 会生成 N 个位置对应的特征向量编码 $\boldsymbol{h}_1 \boldsymbol{h}_2 \cdots \boldsymbol{h}_N$。如果下游任务需要特定词的特征(例如，关系识别任务、事件抽取等)，那么就可以直接选用所需要位置的特征向量作为下游任务的输入。如果下游任务需要完整句子的特征编码(例如，句子分类、情感分析等)，则一般会引入一个特殊的可学习向量 $\boldsymbol{x}_{\text{cls}}$ 作为句子的开头部分，并对 $\boldsymbol{x}_{\text{cls}} x_1 x_2 \cdots x_N$ 整体建模，最后使用 $\boldsymbol{x}_{\text{cls}}$ 对应的特征作为句子的特征。BERT 于 2018 年由 Google 的研究员发表，并一举刷新了当时几乎所有自然语言处理任务的最佳成绩，震撼了整个领域。之后也有很多基于 BERT 的改进，比如在 BERT 发布后不久，Facebook 也发布了自己的判别式预训练模型 RoBERTa。有兴趣的同学可以自行下载这些开源预训练模型并完成各种不同的下游任务。

9.5.3 判别式与生成式建模方式的讨论

最后做一些简单的总结。从 Seq2Seq 模型的角度而言，生成式预训练模型是采用无监督语料预训练了生成器，而判别式预训练模型则可以认为是采用无监督方法预训练了编码器。在基于 Transformer 的 Seq2Seq 模型中，编码器中自注意力模块的掩码是全 1 的，即可以对整个上下文建模，而解码器由于需要顺序生成句子，因此使用了下三角矩阵作为自注意力机制的掩码。总体而言，生成式预训练模型更简单，还能进行句子生成，也引出了全新的小样本学习和脚本学习的研究领域，但是也正是为了照顾到生成语句的需要，在特定判别式非生成任务上表现会弱一些。而判别式预训练模型训练相对复杂，并且按照 masked language model 的训练方式生成句子并不算方便，但是表征能力更强。因此在实际应用中这两种预训练方式也需要有所取舍。

当然，能不能使用类似 BERT 的建模方式，采用 Transformer 直接并行地生成整个句子，而不需要像传统语言模型那样一个字一个字地按顺序生成一个句子？以机器翻译为例，能不能直接采用单个 Transformer，即对于输入 X，直接生成 Y，而不需要编码器、解码器以及交叉注意力模块？事实上，这种生成方式在自然语言处理领域被称为非自回归文本生成(non-autoregressive text generation)或非自回归机器翻译(non-autoregressive machine translation)。非自回归方法由于可以一下子并行生成很长的句子，在测试阶段计算效率会比传统逐字解码的方式极大提高，因此在工业应用中有很大的前景。该方向也在近年来取得了不少进展，有兴趣的读者可以自行进一步研究。

本章总结

本章围绕语言模型，介绍了多种语言模型的建模和计算方法。从最基础的 n-gram 开始，介绍了语义计算以及基于循环神经网络的语言模型。接着围绕 Seq2Seq 模型引入了注意力机制，并进一步介绍了前沿自然语言处理的基本模型 Transformer。最后，简单阐述了基于 Transformer 的预训练方法。

Transformer 和预训练模型是前沿自然语言处理领域的核心模块，利用这两个基本技术可以解决大量的自然语言处理问题。希望读者通过学习本章可以了解自然语言处理的基本原理，并对复杂语言处理问题产生探究热情，在未来真正解决实际中的自然语言处理难题。

历史回顾

n-gram 模型最早的雏形由俄国数学家安德雷·马尔可夫(Andrey Markov，俄文 АндрéйMáрков)在 1913 年首次提出。马尔可夫在其论文中第一次使用了 bigram 和 trigram 对普希金的小说《叶甫盖尼·奥涅金》进行建模。这些模型现在也被称为马尔可夫链(Markov chain)。1948 年，信息论之父——美国数学家克劳德·香农(Claude Shannon)

在其论文中第一次使用 n-gram 模型对英文文本进行近似计算，从此 n-gram 模型等马尔可夫模型开始被各个领域广泛应用于对词序列的建模。

向量语义，即一个词的词义可以用高维空间中的一个坐标来表示，1957 年，由 Osgood C. E.，Suci G. J. 和 Tannenbaum P. H. 在其心理学著作《The Measurement of Meaning》中首次提出。基于神经网络的语言模型(neural language model)是深度学习时代下自然语言处理的最基本工具。最早的神经网络语言模型由 Yoshua Bengio 在 2003 年，在其第一作者的经典论文 *A neural probabilistic language model* 中首次提出。2018 年，Yoshua Bengio 因为在深度学习领域的诸多奠基性工作，与 Geoffrey Hinton(深度学习概念提出者，深度学习之父)和 Yann LeCun(卷积神经网络之父)一同荣获计算机科学领域最高荣誉——图灵奖(Turing Award)。

Word2Vec 在 2013 年由来自谷歌(Google)的研究员们提出。算法发表的同时谷歌也在网上发布了 word2vec 的工具包。Word2vec 由于其简单高效的计算成为现在使用最广泛的词向量计算工具。

Seq2Seq 模型最早于 2014 年由来自 Google 的研究员 Ilya Sutskever，Oriol Vinyals，Quoc V. Le 提出，其论文 *Sequence to Sequence Learning with Neural Networks* 发表于机器学习顶级会议 NIPS2014。同年，注意力机制由 Dzmitry Bahdanau，Kyunghyun Cho，Yoshua Bengio 引入自然语言翻译任务，其论文 *Neural Machine Translation by Jointly Learning to Align and Translate* 最终发表于深度学习顶级会议 ICLR2016，也是领域奠基性文章之一。2016 年 Google 发表论文 *Google's Neural Machine Translation System: Bridging the Gap between Human and Machine Translation*，正式宣布 Google 的商业机器翻译产品进入深度学习时代。2017 年，Google 与机器学习顶级会议 NIPS2017 发表论文 *Attention is All You Need*，正式提出了 Transformer 结构。2018 年下半年，GoogleAI 的研究员发布论文 *BERT: Pre-training of Deep Bidirectional Transformers for Language Understanding*，大幅度刷新了几乎全部的自然语言处理任务的最佳表现。2020 年，OpenAI 公布了拥有 170B 参数量的超大规模自然语言模型 GPT-3，首次提出了 few-shot learning 和 prompt 的概念，正式标志前沿自然语言处理研究进入大模型时代，其论文 *Language Models are Few-Shot Learners* 发表于 NeurIPS2020 并获得最佳论文奖。

习题

1. 用 A，B，C，D 来表示 4 个不同的中文词，假设经过 word2vec 计算后得到如下的词向量：

$$\boldsymbol{A}=[-1,0.5,0.75]$$
$$\boldsymbol{B}=[1,-0.5,-0.75]$$
$$\boldsymbol{C}=[-0.25,-2,1]$$
$$\boldsymbol{D}=[-0.24,-2.1,0.99]$$

如果 A 代表词“优异”，C 表示“庆祝”。那么 B 和 D 可能分别代表什么词？为什么？

答案：比较容易的是 D，D 和 C 的词性很可能非常相似，所以推测 D 可能是一种比较正面的动词，比如祝贺等。但是一定要注意的是，这里大家的第一反应是 B 很有可能是一个贬义词，比如“坏”“低劣”等。但是这个推论是错误的。好和坏虽然是反义词，距离应该比较大，但是不应该距离这么大——注意 A 和 B 的夹角已经是最大可能了。好和坏都是形容词，起码词性一样。考虑到 C 和 A 词性不同、夹角已经 90 度了，说明 A 和 B 的词义应该有着巨大的不同。因此随便猜一个名词都是合理的，比如你可以猜北京、清华、皇家马德里、旧金山，都没问题。具体实例可以参见图 9.4。

2. 利用实验教材中的相关代码，动手实践 word2vec，你还能找到别的类似“湖北-湖南+长沙=武汉”的例子吗？

3. 编程题，国际信息学奥林匹克竞赛 IOI2010 Day1 Task 4，Language。https://ioi2010.org/Tasks/Day1/Language.shtml.

4. 利用教材中的建模方式，使用唐诗宋词为训练数据，训练写诗 AI，你写出的诗怎么样呢？如果使用中文预训练模型作为基础，并使用唐诗宋词数据进一步训练模型，你的写诗 AI 效果相比不使用预训练模型的方法有提升吗？

5.【海华编程挑战赛 2021】你能设计一个高效率的 AI 系统来完成高中语文阅读理解题吗？来试一试吧。https://www.biendata.xyz/competition/haihua_2021/，更多学术介绍也可以参见数据集及论文主页 https://sites.google.com/view/native-chinese-reader/home。

第10章 CHAPTER 10 马尔可夫决策过程与强化学习

引言

2017 年,谷歌推出了基于强化学习的 AlphaGo Zero,其在与 AlphaGo 的博弈中取得了 100∶0 的战绩。2018 年,谷歌进一步推出了基于强化学习的 AlphaZero 并将其应用至国际象棋、日本将棋与围棋比赛,分别击败了各自领域当时最强的程序(见图 10.1)。这向人们展示了强化学习的巨大潜力。在这之后,强化学习在越来越多的领域得到了广泛的关注与应用,特别是在复杂系统的控制与优化,包括机器人、自动驾驶汽车、计算机游戏、推荐系统、金融科技、计算与通信系统优化以及交通调度等。因此,它也被视为人工智能领域重要的技术与科研领域之一。

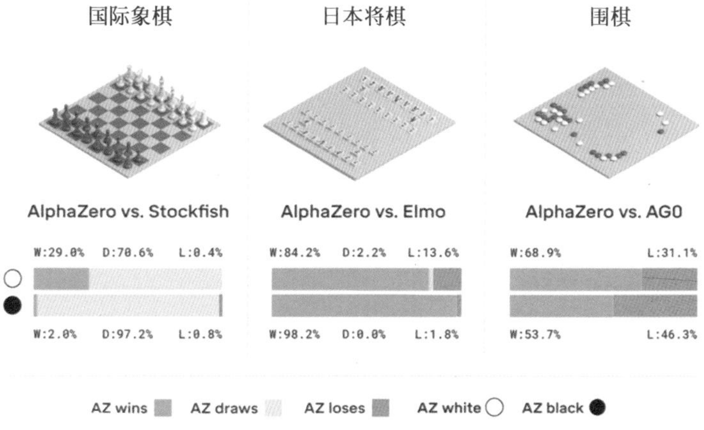

图 10.1 2018 年 AlphaZero 在国际象棋、将棋与围棋中分别击败当时最强的程序

马尔可夫决策过程作为强化学习的理论框架基础,与强化学习一同为 AlphaZero 提供了系统的学习范式,使其能根据过往的对弈信息对棋局进行学习,根据棋面预判局面的走势,并计算最佳的落子位置。那么,马尔可夫决策过程与强化学习如何将纷繁复杂的棋局信息转换成落子的决策?或者更普遍地,它们如何高效地为复杂系统的不同状态计算最优的控制策略?完整地回答这个问题需要对马尔可夫决策过程及具体的应用场景有深入的了解。

在本章中,将介绍马尔可夫决策过程与强化学习的基本原理。首先介绍马尔可夫链,包括它的定义及重要的数学性质，这是学习马尔可夫决策过程与强化学习的基础；接下来，将学习马尔可夫决策过程及其求解算法；最后，介绍强化学习算法以及深度强化学习。本章将基于简单的例子进行介绍，并讲述核心原理，然后给出严格的数学定义以及普遍适用的理论。我们希望读者们通过本章的学习能够了解马尔可夫决策过程与强化学习的核心基础、原理及核心的算法。注意到，实际中的强化学习与深度强化学习系统尽管均基于同样的基础理论，但它们的算法与具体实现还需要大量工程上的优化与经验(如 AlphaZero 等)。本书对此不作进一步的介绍，感兴趣的读者可以参考本章的参考文献进行学习。

10.1 马尔可夫链

马尔可夫链(Markov chain)是一个应用广泛的数学模型，它被广泛应用于多个领域，包括统计、机器学习、网络科学、信号处理等。马尔可夫链的一个最大的特征是马尔可夫性质，即给定当前的状态，未来的状态与过去的状态无关。下面，来看一个简单的例子。

10.1.1 例子

假设你希望对所在城市的下雨频率做一个统计，于是采用了图 10.2 中的简单模型来描述天气的变化。在这个模型中，每天的天气有两种可能，“下雨”或者“不下雨”，左边的状态表示“下雨”，右边的状态表示“不下雨”。每一个箭头表示从一个状态转换到另一个状态，相应的数字表示该转换发生的概率。

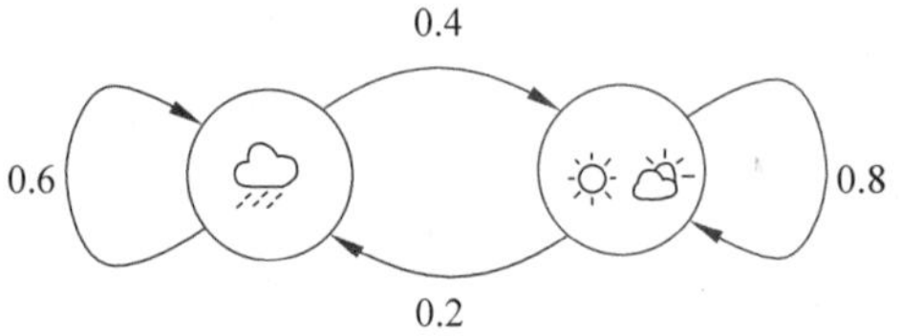

图 10.2 用以表示天气状态变化的两状态马尔可夫链

通过一段时间的仔细观察，你发现如果某一天下雨，那么第二天下雨的可能性是 60%，不下雨的可能性是 40%；而如果某一天不下雨，那第二天不下雨的可能性是 80%，下雨的可能性是 20%。用概率的语言描述，有

$$P(\text{明天下雨} \mid \text{今天下雨}) = 0.6$$

$$P(\text{明天不下雨} \mid \text{今天下雨}) = 0.4$$

这里，符号“A|B”表示“{给定事件 B，事件 A 发生}”。因此“P(明天下雨|今天下雨)”表示给定今天下雨，明天也下雨的概率。同理，给定今天不下雨，有

$$P(\text{明天下雨} \mid \text{今天不下雨}) = 0.2$$

$$P(\text{明天不下雨} \mid \text{今天不下雨}) = 0.8$$

不仅如此，你还观察到第二天是否下雨只与今天的天气有关，即

$$\begin{aligned} &P(\text{明天下雨} \mid \text{今天下雨、昨天不下雨、前天下雨}, \cdots) \\ &= P(\text{明天下雨} \mid \text{今天下雨}) \\ &= 0.6 \end{aligned}$$

这个性质即马尔可夫性质，它在数学上非常便利，但同时也不失一般性①。

在这个例子里，所有可能状态的集合、状态间的转移概率及马尔可夫性质构成了图 10.2 中马尔可夫链的全部描述。

10.1.2 马尔可夫链定义

下面，给出马尔可夫链的严格定义②。

定义[马尔可夫链]：考虑离散的时间序列 $t=0,1,2,\cdots$。一个离散时间马尔可夫链由以下两个部分组成：

- 系统状态：$\mathcal{S}=\{1,2,\cdots,N\}$表示整个状态空间，即所有可能状态的合集，其中 N 为状态个数；$s(t)\in\mathcal{S}$表示在 t 时刻系统所处的状态。
- 转移概率：P_{ij} 表示从状态 i 跳转到状态 j 的概率，即 $P_{ij}=\Pr\{s(t+1)=j\mid s(t)=i,s(t-1)=k,\cdots\}=\Pr\{s(t+1)=j\mid s(t)=i\}$。通过矩阵形式，整体的转移概率可以方便地记为 $\boldsymbol{P}=\begin{bmatrix}P_{11} & \cdots & P_{1N}\\ P_{21} & \vdots & \vdots\\ \cdots & \cdots & P_{NN}\end{bmatrix}$。

回到天气的例子，我们可以得到$\mathcal{S}=\{$下雨，不下雨$\}$。通过采用状态"1"表示"下雨"，状态"2"表示"不下雨"，图 10.2 中的马尔可夫链的转移概率矩阵可以记为

$$\boldsymbol{P}=\begin{bmatrix}P_{11} & P_{12}\\ P_{21} & P_{22}\end{bmatrix}=\begin{bmatrix}0.6 & 0.4\\ 0.2 & 0.8\end{bmatrix}$$

马尔可夫链中状态的定义非常重要。总的来说，系统状态需要能够包含所有用以准确刻画后续演化的系统信息。举个例子，如果要描述一个小球的飞行轨迹，需要其在任何一个时刻所处的位置、速度与加速度等信息。缺少其中任何一样，都无法完整地描述其后续的轨迹。

另一方面，马尔可夫性质是马尔可夫链最重要的性质。它意味着系统在跳转到一个新的状态之后"重启"了。因此，每次马尔可夫链进入到同一个状态，都可以认为系统后续的演化遵循同样的规律(分布)(见图 10.3)。在天气的例子里，这意味着从每一个下雨天开始，后续的天气演化过程从统计上来说是一样的。

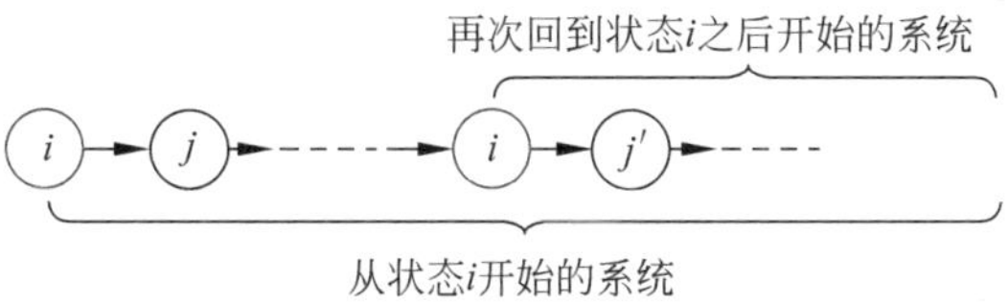

图 10.3 马尔可夫性质的表示

① 如果每天的天气变化与前几天的天气状态相关，可以定义一个"组合状态"，然后按照上述方式对马尔可夫链进行描述。

② 严格来说，这是离散时间马尔可夫链的定义。马尔可夫链也可以定义在连续时间上，称为连续时间马尔可夫链。感兴趣的读者可以阅读文献[1]，本书中不做介绍。

马尔可夫性质非常有用，它允许人们对马尔可夫链的许多有趣指标进行分析（见习题），它也是马尔可夫决策过程的重要基础。

10.1.3 马尔可夫链稳态分布

下面学习马尔可夫链的一个重要的度量-稳态分布。大概来说，稳态指的是当系统运行了很久之后，它会进入到一个统计性质不再发生变化的情况；稳态分布则是描述稳态时系统处于不同状态的概率，同时，它也等同于系统在每一个状态上停留的时间比例。下面仍然用天气的例子来解释稳态分布，然后再给出它的严格定义。

在天气的例子中，目标是统计所在城市下雨的频率。这个频率可以通过计算图 10.2 中马尔可夫链的稳态分布得到（图中状态 1 为下雨，状态 2 为不下雨）。首先，假设在第 $t=0$ 时刻，$s(0)=1$，并用 $\pi_1(0)$ 和 $\pi_2(0)$ 表示在第 0 时刻，$s(0)$ 分别处在状态 1 和状态 2 的概率。由于 $s(0)=1$，可以简单地得到 $\pi_1(0)=1$ 和 $\pi_2(0)=0$。

接下来，计算在第 $t=1$ 时刻 $s(1)$ 处于状态 1 和状态 2 的分布，即 $\pi_1(1)$ 和 $\pi_2(1)$。计算的方法很简单。其核心在于观察到 $s(1)=1$ 的概率可以分解为系统状态从 $s(0)=1$ 跳到 $s(1)=1$ 的概率加上系统状态从 $s(0)=2$ 跳到 $s(1)=1$ 的概率，即

$$\begin{aligned}\Pr\{s(1)=1\} &= \Pr\{s(0)=1\}\times P_{11} + \Pr\{s(0)=2\}\times P_{21} \\ &= 1\times 0.6 + 0\times 0.2 = 0.6\end{aligned}$$

于是得到 $\pi_1(1)=0.6$。同理，

$$\begin{aligned}\Pr\{s(1)=2\} &= \Pr\{s(0)=1\}\times P_{12} + \Pr\{s(0)=2\}\times P_{22} \\ &= 1\times 0.4 + 0\times 0.8 = 0.4\end{aligned}$$

即 $\pi_2(1)=0.4$。通过矩阵的形式，这两个公式也可以简洁地记为

$$[\pi_1(1),\pi_2(1)] = [\pi_1(0),\pi_2(0)]\begin{bmatrix}0.6 & 0.4\\ 0.2 & 0.8\end{bmatrix} = [0.6,0.4]$$

再往前推进一个时刻，可以得到在 $t=2$ 时刻，

$$[\pi_1(2),\pi_2(2)] = [\pi_1(1),\pi_2(1)]\begin{bmatrix}0.6 & 0.4\\ 0.2 & 0.8\end{bmatrix} = [0.44,0.56]$$

依此类推，可以得到下面的递推公式：

$$\begin{aligned}[\pi_1(t),\pi_2(t)] &= [\pi_1(t-1),\pi_2(t-1)]\begin{bmatrix}P_{11} & P_{12}\\ P_{21} & P_{22}\end{bmatrix} \\ &= [\pi_1(0),\pi_2(0)]\begin{bmatrix}P_{11} & P_{12}\\ P_{21} & P_{22}\end{bmatrix}\cdots\begin{bmatrix}P_{11} & P_{12}\\ P_{21} & P_{22}\end{bmatrix} \\ &= [\pi_1(0),\pi_2(0)]\begin{bmatrix}P_{11} & P_{12}\\ P_{21} & P_{22}\end{bmatrix}^t\end{aligned}$$

如果让时间趋向无穷大，即 $t\to\infty$，可以得到：

$$\lim_{t\to\infty}[\pi_1(t),\pi_2(t)] = \left[\frac{1}{3},\frac{2}{3}\right]$$

这个结果说明长远来说，系统处于状态 1（即下雨）的比例为 $\frac{1}{3}$，不下雨的比例为 $\frac{2}{3}$。

有趣的是，也可以通过下面的推导准确地计算 $\lim_{t\to\infty}[\pi_1(t),\pi_2(t)]$：当系统进入稳态的时候，每一步的跳转概率矩阵仍然是 $\boldsymbol{P}$。但根据稳态的定义，系统的统计性质此时保持不变。如果记系统的稳态分布为 π_1,π_2，这意味着

$$[\pi_1,\pi_2]=[\pi_1,\pi_2]\begin{bmatrix}P_{11} & P_{12}\\ P_{21} & P_{22}\end{bmatrix}=[\pi_1,\pi_2]\begin{bmatrix}0.6 & 0.4\\ 0.2 & 0.8\end{bmatrix}$$

再加上 $\pi_1+\pi_2=1$ 这一条件，可以解出 $[\pi_1,\pi_2]=\left[\frac{1}{3},\frac{2}{3}\right]$。这与上面通过矩阵计算得到的结果是一致的。

上述的结论对于普适的马尔可夫链也成立：如果定义 $\pi\triangleq\lim_{t\to\infty}[\pi_1(t),\pi_2(t),\cdots,\pi_N(t)]$，则

$$\boldsymbol{\pi}=\boldsymbol{\pi P}$$

可以证明，每个马尔可夫链的稳态分布均由上述公式唯一确定①。

通过上面的描述，可以给出下面的稳态分布的严格定义。

定义[稳态分布]：给定一个状态空间为 $\mathcal{S}=\{1,2,\cdots,N\}$、转移概率矩阵为 $\boldsymbol{P}$ 的马尔可夫链，假定稳态分布 $\boldsymbol{\pi}\triangleq\lim_{t\to\infty}[\pi_1(t),\pi_2(t),\cdots,\pi_N(t)]$ 存在。则

$$\boldsymbol{\pi}=\boldsymbol{\pi P} \tag{10.1}$$

另一方面，如果 $\boldsymbol{\pi}$ 满足式(10.1)，且 $\sum_i \pi_i=1$，则 $\boldsymbol{\pi}$ 为马尔可夫链的稳态分布。同时，定义 $I\{s(t)=i\}$ 为马尔可夫链在 t 时刻处于状态 i 的指示函数(当指示函数中的事件成立时，其值为 1，否则为 0)，则

$$\pi_i=\lim_{T\to\infty}\frac{1}{T}\sum_{t=0}^{T-1}I\{s(t)=i\},\quad \forall i$$

即稳态分布 π_i 等于马尔可夫链处于状态 i 的时间比例。

10.2 马尔可夫决策过程

在学习了马尔可夫链的定义之后，在本节中将学习马尔可夫决策过程及其求解方法。为了便于介绍，下面通过一个简单的路线规划例子说明马尔可夫决策过程的定义及其策略优化。

10.2.1 路线规划

考虑图 10.4(a)所示的一个路线规划的例子。在这个例子中，有一个 6 节点的图。当在任何一个节点的时候，都可以选择移动到相邻的节点(双向箭头表示两个方向均可移动)。

---

① 严格来说，一个有限状态马尔可夫链的稳态分布存在需要满足非周期性与不可约性。对此感兴趣的读者可以阅读文献[1]的第 9 章详细了解。当然，如果 $\boldsymbol{\pi}$ 是上述公式的一个解，对于任何常数 a，$a\boldsymbol{\pi}$ 也是上述公式的解。因此，稳态分布是其中满足 $\sum_i \pi_i=1$ 的解。

除节点 1 和节点 2，从所有节点移动均能直接到达相应节点。而从节点 1 和节点 2 向右移动时，成功概率为 $0<p<1$，即每次向右移动均只以 p 的概率成功。如果移动不成功，则仍停留在原来节点。目标是找到一个移动的策略，从左下角的起点——节点 1（蓝色）出发，尽快走到终点——节点 5（红色）。

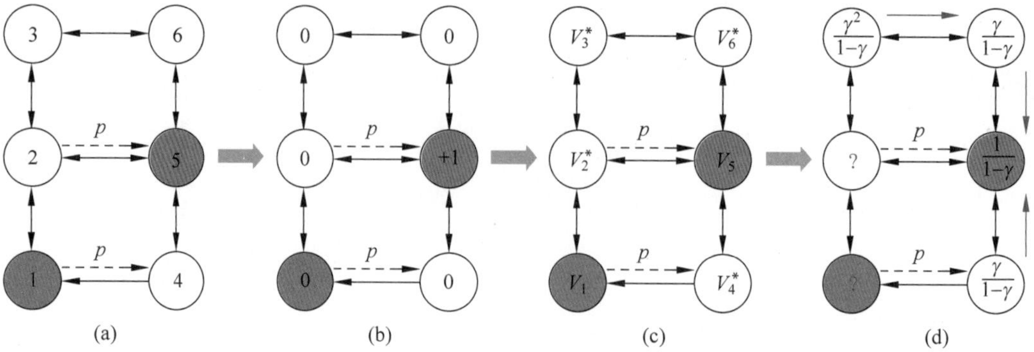

图 10.4 路线规划

(a) 起点和终点示意图；(b) 节点的奖励值；(c) 节点的奖励值；(d) 终点与相邻节点的总奖励值及动作

这个任务对我们来说非常容易。但对机器与算法而言，它们得到的输入仅仅是事先规范好的数据而不是对图的理解。因此，如果希望它们和我们一样高效准确地得到最佳方案，则需要事先制定好规则，使算法能自行将最优移动路线学习出来。

为了完成这一目标，下面用马尔可夫决策过程的数学范式来对问题进行描述并完成推导。对于这个简单的例子，大家或许会觉得我们的描述稍显复杂。不过后面大家会看到，这个范式具有很强的普适性，应用非常的广泛。

首先，假设时间 $t=0,1,2,\cdots$，且 $t=0$ 时我们在节点 1。然后，假定走到节点 5 之后，后续的每一步都是回到节点 5，即一直停留在终点。

接下来，为每个节点赋予一个奖励（reward），表示从该节点出发将会得到的嘉奖。规定从节点 5 出发得到奖励“+1”，而从任何其他节点出发的奖励均为“0”。用 r_i 表示格子 i 的奖励。同时，规定每过一步，后续的奖励值会以系数 $0<\gamma<1$ 衰减，即在 t 时刻得到的奖励为 $\gamma^t r(t)$。这里 $r(t)=r_i$，其中 i 为 t 时刻所在的节点，γ 称为折扣系数（discount factor）。引入折扣系数有两个主要的原因：第一，折扣系数在许多领域被广泛用以刻画用户对未来收益延迟性的期望，γ 的大小反映了用户在短期收益与长期回报间的取舍（γ 越小说明用户越注重短期回报，而 γ 越接近 1 说明用户越注重长期回报）；第二，引入 γ 使马尔可夫决策过程的数学推导与分析在不失一般性的情况下更为便利①。

现在，我们来看看可行的移动策略 π。具体来说，这个例子中的策略均可表示为一系列走过的节点的序列。比如一个策略是先移动到节点 4，然后移动到节点 5，那么它对应的节点序列为{1,4,5,5,5,…}；又比如另一个策略是一直向上，然后再一直向下，那么它对应的节点序列为{1,2,3,2,1,2,3,…}。当然，策略也可以是随机的，比如每一步均移动到随机选择的一个邻居节点。这时，由于随机性的存在，这个策略包含许多可能节点的序列，比如{{1,2,3,6,3,…},{1,4,1,2,5,5,5,…},…}等。

① 科学家们对不带折扣系数的马尔可夫决策过程也有广泛的研究。感兴趣的读者可以阅读文献[3]。

定义 V_i^π 为从节点 i 出发，按照一个给定策略 π 移动所能得到的总奖励的期望，即

$$V_i^\pi = \mathbb{E}\left\{\sum_{t=0}^{\infty}\gamma^t r^\pi(t) \mid s(0)=i,\pi\right\}$$

其中，$\mathbb{E}\{Z\}$表示变量 Z 的期望；$r^\pi(t)$表示在策略 π 下，在 t 时刻得到的收益(在这个例子中，即第 t 时刻所在的节点的奖励)。这里采用期望是考虑到策略可能是随机的。

现在，定义 $V_i^* = \max\limits_\pi V_i^\pi$，表示从节点 i 出发能得到的最大奖励值的期望。最后，将目标设置为最大化 $V_1^* = \max\limits_\pi V_1^\pi$。可以看到，最大化 V_1^* 等同于寻找最快走到终点的移动策略。

这个例子的一个重要的性质是当移动到一个节点之后，后续的移动动作与之前访问过的节点之间是相互独立的，即它满足 10.1 节中介绍的马尔可夫性质。

至此，我们完成了用马尔可夫决策过程的范式对路线规划问题的描述。如前所述，对于这个简单例子而言，这个描述稍显累赘。但在这个简单的问题上说明这个普适的范式，有利于后面大家更好地理解马尔可夫决策过程的理论框架。最后，注意到，在给定了控制策略之后，系统的演变遵循一个由状态空间和策略决定的马尔可夫过程。

下面，我们对上述问题进行求解。总的来说，求解马尔可夫决策过程的核心思想为贝尔曼(Bellman)方程，即

最优的总奖励＝最优的{当前奖励＋最优后续总奖励}

用数学语言描述，即对所有状态 i，有

$$V_i^* = \max_a\left\{r(i,a) + \gamma\sum_j P_{ij}(a)V_j^*\right\}$$

贝尔曼方程非常直观。它告诉我们如果希望优化总奖励，需要同时考虑当前动作的奖励 $r(i, a)$(代表短期奖励)，以及在该动作影响下后续可能获得的总奖励 $\gamma\sum\limits_j P_{ij}(a)V_j^*$(代表长期奖励)。马尔可夫性质告诉我们，从任何一个状态 i 出发的“最优后续总奖励”与直接从该状态出发的“最优总奖励”是一样的。这是因为再次到达状态 i 之后，如果希望获得最优的后续总奖励，那么系统应该按照从状态 i 出发获得最优总奖励的策略进行移动。这一点非常重要，它允许我们采用递归的方法对问题进行分析与求解。这也是为什么在第二项中，后续的总奖励为 $\gamma\sum\limits_j P_{ij}(a)V_j^*$。

下面首先从终点节点 5 开始进行推导。很显然，有 $V_5^* = \dfrac{1}{1-\gamma}$。这是因为从终点节点 5 出发，我们将一直停留在终点，且相应的总奖励值为

$$V_5^* = 1+\gamma+\gamma^2+\gamma^3+\cdots = \sum_{t=0}^{\infty}\gamma^t = \frac{1}{1-\gamma}$$

我们也容易根据定义观察到，对所有的其他节点 $i\neq 5$，有 $V_5^* \geqslant V_i^*$。

接下来，计算终点附近节点的 V_i^* 值。例如对节点 6，可行的移动动作有两个，一个是移动到节点 5，另一个是到节点 3。通过贝尔曼方程，有

$$V_6^* = r_6 + \max\{\gamma V_5^*, \gamma V_3^*\} = \gamma V_5^*$$

其中，第一项 r_6 是当前移动动作的奖励，第二项 $\max\{\gamma V_5^*, \gamma V_3^*\}$是移动到邻居节点 5 或

者节点 3 之后能获得的总奖励值(折扣值),其中 $\max\{x,y\}$ 表示在 x,y 中取最大的值。第二个等式成立是因为根据定义有 $r_6=0$,以及 $V_5^*\geqslant V_3^*$。由此,得到 $V_6^*=\dfrac{\gamma}{1-\gamma}$,且从节点 6 出发,最优的走法是直接移动到节点 5。

对节点 4,有

$$V_4^*=r_4+\max\{\gamma V_5^*,\gamma V_1^*\}=\gamma V_5^*$$

这里 V_4^* 公式中 max 运算符里的两项分别对应移动到节点 5 (γV_5^* 项)与移动到节点 1 (γV_1^* 项)。由此得到 $V_4^*=\dfrac{\gamma}{1-\gamma}$,及相应的最优走法为直接移动到节点 5。

同理,可以得到:

$$V_3^*=r_3+\max\{\gamma V_6^*,\gamma V_2^*\}=\gamma V_6^*=\gamma V_2^*$$

并推出 $V_3^*=\dfrac{\gamma^2}{1-\gamma}$。这里第二个等式是因为从节点 3 出发至少需要 2 步才能走到终点,而所有 2 步到达策略的最大奖励为 $\dfrac{\gamma^2}{1-\gamma}$(经由 3→6→5 仅需 2 步)。

如此一来,我们仅需求解剩下的 V_1^* 与 V_2^* 两项。根据贝尔曼方程,有

$$V_2^*=r_2+\max\{p\gamma V_5^*+(1-p)\gamma V_2^*,\gamma V_3^*,\gamma V_1^*\}\tag{10.2}$$

$$V_1^*=r_1+\max\{\gamma V_2^*,p\gamma V_4^*+(1-p)\gamma V_1^*\}\tag{10.3}$$

这时,注意到 V_2^* 和 V_1^* 中向右移动的选项变得较为复杂。具体来说,在节点 2 时如果选择向右移动,会出现两种可能的结果:①以 p 的概率该动作成功,则后续的最大奖励值为 γV_5^*;②以 $1-p$ 的概率该移动不成功,则仍停留在节点 2,且后续的最大奖励值为 γV_2^*(由马尔可夫性质决定)。这两种可能性构成了式(10.2)中 max 算子里的第一项。后面两项 γV_1^* 和 γV_3^* 分别对应向上移动与向下移动。同理可得到 V_1^* 的式(10.3)。这使 V_1^* 和 V_2^* 的计算不像其他的值这么直观。这其实并不意外,因为哪一个移动动作更好取决于右转的成功概率。

此时,无法直接推导出 V_2^* 和 V_1^* 的理论表达式。这种情况在马尔可夫决策过程与强化学习中很常见。此时,可以采用数值求解的方法,即通过特定的算法对值函数的数值进行计算。同时,由于值函数的计算问题往往非常复杂,绝大部分已有的算法都需要进行迭代,即通过重复计算步骤对目标变量进行反复更新,直至它们的值收敛。

对上面的具体例子,可通过以下的迭代算法进行求解:

算法 19:迭代算法

1. 设 $t=0,1,2,\cdots$;
2. 从任意的 $V_2^{(0)}$ 和 $V_1^{(0)}$ 初始值开始;
3. 给定 $V_2^{(t-1)}$ 和 $V_1^{(t-1)}$,通过式(10.2)和式(10.3)对 $V_2^{(t)}$ 和 $V_1^{(t)}$ 的值进行迭代直到收敛。

上述算法非常简单和直观,而且十分有效(在课后习题中会要求对其进行 Python 实现)。图 10.5 给出了算法迭代过程中的 $V_2^{(t)}$ 和 $V_1^{(t)}$ 的值。它们很快便收敛到了准确的值。与第一个例子相同,此时 V_i^* 的值同时决定了从节点 i 出发的最大奖励以及最优动作。

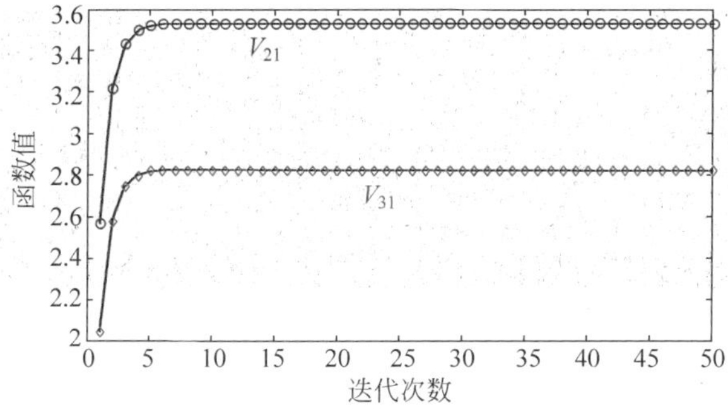

图 10.5 $V_2^{(t)}$ 和 $V_1^{(t)}$ 的收敛($\gamma=0.8, p=0.6$)

通过这个例子,我们希望让大家对马尔可夫决策过程的定义与求解有具体的认识,并看到如何通过贝尔曼方程求解 V_i^*。更重要的是注意到 V_i^* 扮演了至关重要的角色:它不仅刻画了从不同节点出发所能得到的最大总奖励值(与最小需要步数),同时还决定了在不同节点下的最优移动策略,即取得最大化奖励的动作。因此,学到所有的 V_i^* 值,也就学到了系统的最优控制策略,即在贝尔曼方程中取得 V_i^* 最大值的控制动作。在马尔可夫决策过程中,V_i^* 被称为值函数(value function),它是求解马尔可夫决策过程的关键。事实上,在 AlphaGo 系统中值函数便被用于刻画不同棋盘局面的形势,并用于计算落子策略,如图 10.6 所示。

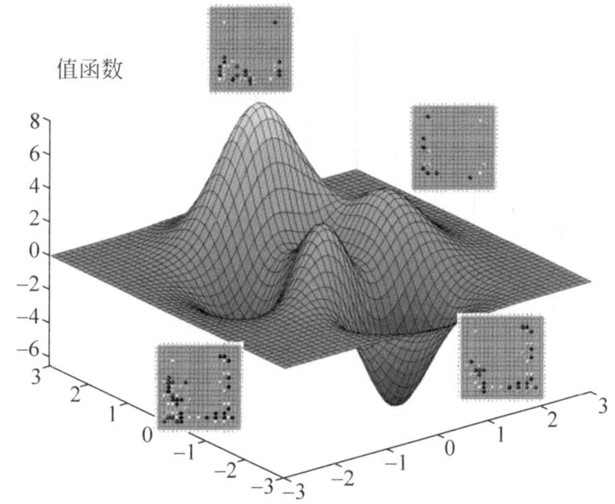

图 10.6 围棋中的值函数可刻画不同棋盘局面的形势

在路线规划的例子中,系统的状态自然地等同于所处的节点位置。但实际上,只要一个系统满足马尔可夫性质,即当前系统状态足以完全决定未来的系统演化,均可以用马尔可夫决策过程对系统进行建模(从理论上来说,所有的马尔可夫系统均能用马尔可夫决策过程进行优化)。以图 10.7 中的吃豆人(Pac-man)游戏为例,如果希望用马尔可夫决策过程来描述吃豆人游戏,可将状态定义为地图的格局、当前精灵和鬼魂的位置,鬼魂移动的方向以及豆子的分布。当然,由于这些变量的可能取值非常多,系统的状态空间会特别庞大。如此一来,求解相应的马尔可夫决策过程具有很高的计算复杂度。

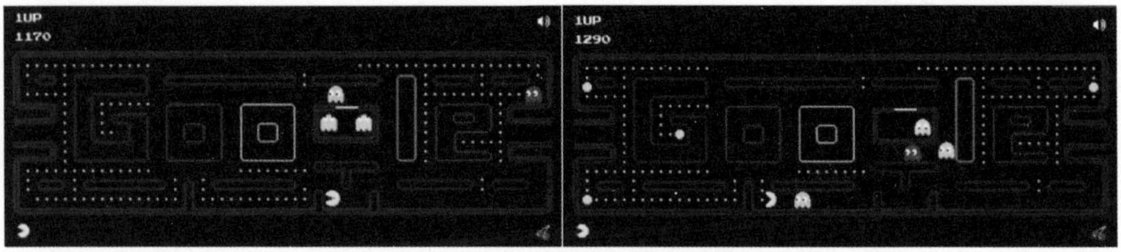

图 10.7 吃豆人(Pac-man)游戏

在这个游戏下每一时刻中的不同场景即为不同的状态,因此系统的状态空间非常庞大

10.2.2 马尔可夫决策过程的定义

在介绍完具体例子之后,现在给出普适的马尔可夫决策过程的严格定义。

定义[马尔可夫决策过程]: 考虑离散的时间序列,$t=0,1,2,\cdots$。一个离散时间马尔可夫决策过程由以下部分组成:

- 系统状态: $\mathcal{S}=\{1,2,\cdots,N\}$表示整个系统的状态空间,即所有可能状态的合集; $s(t)\in\mathcal{S}$表示在 t 时刻系统所处状态。
- 控制动作: 在状态 $s(t)=i,i\in\mathcal{S}$下,系统的动作集合用$\mathcal{A}(i)$表示; 每个时刻 t,系统会从中选择一个动作 $a(t)=a,a\in\mathcal{A}(i)$。
- 转移概率: 在状态 i 和动作 a 下,系统以概率 $P_{ij}(a)$从状态 i 跳转到状态 j,即 $P_{ij}(a)=\Pr\{s(t+1)=j\mid s(t)=i,a(t)=a\}$。通过用策略 π 来表示系统的控制选择策略,即以 $\pi(i,a)=\Pr\{a(t)=a\mid s(t)=i\}$表示在状态 i 下选择控制动作 a 的概率,可以便利地将整体的转移概率记为 $\boldsymbol{P}(\pi)=\begin{bmatrix}P_{11}(\pi) & \cdots & P_{1N}(\pi)\\ \vdots & \vdots & \vdots\\ \cdots & \cdots & P_{NN}(\pi)\end{bmatrix}$,这里 $P_{ij}(\pi)=\sum_a \pi(i,a)P_{ij}(a)$。
- 奖励函数: 在状态 $s(t)$与动作 $a(t)$下,系统获得一个奖励 $r(s(t),a(t))$。
- 折扣系数: $0<\gamma<1$ 表示系统对下一时刻奖励延迟性的期望值。

在马尔可夫决策过程中,系统的目标是选择一个控制策略 π^*,最大化下述折扣奖励:

$$J^*=\max_{\pi}\ \mathbb{E}\left\{\sum_{t=0}^{\infty}\gamma^t r(s(t),a(t))\mid s(0),\pi\right\}$$

回顾前面介绍的带不确定性的路线规划例子,有

- 系统状态$\mathcal{S}$: 所有节点的集合$\{1,2,3,4,5,6\}$。
- 控制动作: 在每个节点允许的移动方向。
- 转移概率: 节点 1 和节点 2 执行向右移动的动作时,转移到节点 4 和节点 5 的概率为 p,留在当前节点的概率为 $1-p$; 其他节点动作的成功率均为 1。
- 奖励函数: 节点动作带来的奖励,节点 5 的动作为+1,其他节点的动作奖励均为 0。
- 折扣系数为 γ。

10.3 马尔可夫决策过程的求解算法及分析

下面介绍三个重要的求解马尔可夫决策过程的方法：值迭代(value iteration)、策略迭代(policy iteration)与线性规划(linear programming)。

10.3.1 马尔可夫决策过程算法

首先介绍值迭代(value iteration)算法。它的核心想法是通过贝尔曼方程迭代计算值函数。

算法[值迭代]：系统首先初始化所有状态下的值函数 $V_i^{(0)}$。然后，通过贝尔曼方程进行迭代直到所有的值函数收敛，即

$$V_i^{(k+1)} = \max_a \left\{ r(i,a) + \gamma \sum_j P_{ij}(a) V_j^{(k)} \right\}$$

公式中 $r(i,a)$ 为状态 i 下采用动作 a 的奖励值，$P_{ij}(a)$ 为跳转至状态 j 的概率。

细心的读者会注意到 10.2 节的例子中提出的算法其实就是值迭代算法。值迭代的关注点为值函数。通过计算出值函数，便能相应得到不同状态下的最优控制动作：在状态 s 下，最优的动作为 $a \in \arg\max_a \left\{ r(s,a) + \gamma \sum_j P_{ij}(a) V_j^{(k)} \right\}$，这里 argmax 算子表示取得最大值的 a 的集合。

策略迭代与值迭代不同，它直接对控制策略进行优化。算法的具体步骤如下。

算法[策略迭代]：

(1) 初始化控制策略 $\pi^{(0)}$。然后，进行如下迭代直到收敛：

(2) 在第 k 次迭代中，首先通过计算或仿真得到策略 $\pi^{(k)}$ 下的值函数 $V_i^{(k)}$，$i=1,2,\cdots,S$。然后，通过以下迭代得到新策略 $\pi^{(k+1)}$：在每个状态 i 下，选择

$$a \in \arg\max_a \left\{ r(s,a) + \gamma \sum_j P_{ij}(a) V_j^{(k)} \right\}$$

(3) 重复第 2 步直到策略 $\pi^{(k)}$ 收敛。

由于两个方法都需要转移概率矩阵 $\boldsymbol{P}(\pi)$ 的信息(体现在贝尔曼方程中的 $\sum_j P_{ij}(a) V_j^{(k)}$ 项)，因此它们也被称为基于模型(model-based)的方法。

第三个常用的求解马尔可夫决策过程的方法是线性规划。它的想法是直接利用贝尔曼方程的线性形式进行求解。

算法[线性规划]：求解以下的线性规划问题来计算值函数 V_j：

$$\min \sum_i V_i$$

$$\text{s.t. } V_i \geqslant r(i,a) + \gamma \sum_i \sum_a \pi(i,a) P_{ij}(a) V_j \quad \forall s,a$$

在 10.3 节中会严格证明，值迭代算法与策略迭代算法都能最终收敛到最优的值函数与策略，并且每次迭代之后，值函数都距离最优点更近；线性规划算法能保证得到的最优解便是最优的值函数。

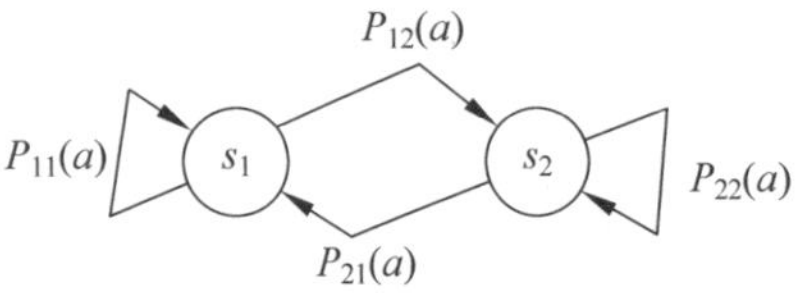

图 10.8 一个无限时间马尔可夫决策过程

虽然在前面介绍中采用了有限时间的路线规划例子，但通过值函数的定义以及两个算法的描述，可以看到马尔可夫决策过程的范式及算法可以应用到无限时间的马尔可夫系统(见习题)。下面是一个简单的无限时间的马尔可夫决策过程，如图 10.8 所示。

在这个例子里，有两个状态 s_1 与 s_2。在每个状态下有两个动作 a_1 与 a_2，其对应的奖励分别为

$$r(s_1,a_1)=1,\quad r(s_1,a_2)=1.1$$

$$r(s_2,a_1)=0.1,\quad r(s_2,a_2)=0.11$$

在两个动作下的转移概率为

$$P_{11}(a_1)=0.9,\quad P_{12}(a_1)=0.1,\quad P_{11}(a_2)=0.1,\quad P_{12}(a_2)=0.9$$

$$P_{21}(a_1)=0.9,\quad P_{22}(a_1)=0.1,\quad P_{21}(a_2)=0.1,\quad P_{22}(a_2)=0.9$$

同时，假设 $\gamma=0.9$。注意到，在两个状态中，动作 a_1 的奖励值均没有 a_2 高，但是均使系统以更高的概率回到状态 s_1。直觉告诉我们，在两个状态下应该都选取动作 a_1。尽管这样做短期的奖励稍低，但是系统会更常处在状态 s_1，因而保持一个较高的长期奖励制。

下面通过具体列出贝尔曼方程进行求解。首先对状态 s_1 有

$$V_1^*=\max\{1+\gamma(0.9V_1^*+0.1V_2^*),1.1+\gamma(0.1V_1^*+0.9V_2^*)\}$$

其中第一项对应动作 a_1，第二项对应动作 a_2。同理对状态 s_2 有

$$V_2^*=\max\{0.1+\gamma(0.9V_1^*+0.1V_2^*),0.11+\gamma(0.1V_1^*+0.9V_2^*)\}$$

我们可以采用值迭代的方法求解上面的方程。不过，在这个例子中，可以根据上面的直观理解，直接进行求解。具体来说，不妨假设

$$V_1^*=1+\gamma(0.9V_1^*+0.1V_2^*)=1+0.81V_1^*+0.09V_2^*$$

$$V_2^*=0.1+\gamma(0.9V_1^*+0.1V_2^*)=0.1+0.81V_1^*+0.09V_2^*$$

即在两个状态下我们都认为最优的动作为 a_1。于是，可以计算出 $V_1^*=9.19$，$V_2^*=8.29$。此时，可以验证，贝尔曼方程中选择动作 a_2 对应的值为

$$1.1+\gamma(0.1V_1^*+0.9V_2^*)=8.642<1+\gamma(0.9V_1^*+0.1V_2^*)=9.19$$

$$0.11+\gamma(0.1V_1^*+0.9V_2^*)=7.652<0.1+\gamma(0.9V_1^*+0.1V_2^*)=8.29$$

这说明我们的假设成立。读者们可以通过 Python 编程验证上述的结果。

在这个例子中，注意到在给定了最优策略的情况下，系统的演化是一个马尔可夫过程。因此也可以以 10.1.3 节中的方法刻画其稳态分布。具体而言，记 $\pi(s)$ 为最优策略下系统在稳态时处在状态 s 的概率。在这个例子中，转移矩阵为

$$\boldsymbol{P}=\begin{bmatrix}0.9 & 0.1\\0.1 & 0.9\end{bmatrix}$$

由于转移矩阵的特殊性，不难看到 $[\pi_{s1}(t),\pi_{s2}(t)]=[0.9,0.1]$，即系统状态的演化服从独立同分布的性质。由此也可以看到系统大部分时间处于状态 s_1，这与上面的直觉相符。

于是可以直接计算 V_1^* 与 V_2^*：

$$V_1^* = 1 + \sum_{t=1}^{\infty}\gamma^t[\pi_{s_1}(t)\times 1 + \pi_{s_2}(t)\times 0.1] = 1 + 0.91\sum_{t=1}^{\infty}0.9^t = 9.19$$

$$V_2^* = 0.1 + \sum_{t=1}^{\infty}\gamma^t[\pi_{s_1}(t)\times 1 + \pi_{s_2}(t)\times 0.1] = 0.1 + 0.91\sum_{t=1}^{\infty}0.9^t = 8.29$$

与上述用值迭代方法得到的结果一致。这里第一个等式成立是根据系统的目标 J^* 的定义而来：奖励值的和的期望等于奖励值的期望的和。因此可将所有 t 时刻的奖励值进行相加。

尽管马尔可夫决策过程可用于描述非常复杂的环境，但在计算最优的控制策略时，仍需为所有可能的状态计算相应的值函数。对于状态空间很大的复杂系统(如围棋和星际争霸等)而言，这意味着巨大的计算负担。这被称为"维度灾难"(curse of dimensionality)，是马尔可夫决策过程在应用中经常遇到的困难。如何解决这个问题一直以来都是马尔可夫决策过程研究中的一个热点，科学家们也提出了许多不同的解决方案。在 10.4 节中，将会介绍其中一种有效的解决方法——通过结合神经网络解决维度灾难。

10.3.2 算法收敛性分析

本节给出算法收敛性的主要证明步骤。出于叙述上的便利，证明会主要关注无限时长的马尔可夫决策过程。同时，假设对所有的状态 i 与 a，有 $|r(i,a)|\leqslant M$。这个条件在绝大多数实际系统中都能得到满足。

10.3.2.1 值迭代

首先证明值迭代算法的收敛性。回顾一下值迭代算法的方程式。

$$V_i^{(k+1)} = \max_a\left\{r(i,a) + \gamma\sum_j P_{ij}(a)V_j^{(k)}\right\}$$

为便于叙述，对一个向量 $\mathbf{V}=(V_1,V_2,\cdots,V_S)$，记 $T(V_i)=\max_a\{r(i,a)+\gamma\sum_j P_{ij}(a)V_j\}$ 为贝尔曼算子。同时，记

$$T(V) = \begin{pmatrix} T(V_1) \\ \vdots \\ T(V_S) \end{pmatrix}$$

于是值迭代可便捷地记作

$$V^{(k+1)} = T(V^{(k)})$$

注意到最优值函数 V^* 满足 $T(V^*)=V^*$。

下面证明贝尔曼算子是一个收缩(contraction)算子，即对任意两个有限的向量 $\mathbf{V}$ 和 $\hat{\mathbf{V}}$，有

$$\max_i |T(V_i) - T(\hat{V}_i)| \leqslant \gamma\max_i |V_i - \hat{V}_i| \tag{10.4}$$

即每次采用贝尔曼算子迭代之后，两个向量的每一维之间的距离都缩小为原来的 $1/\gamma$。根据定义，有

$$|T(V_i) - T(\hat{V}_i)| = \left|\max_a\left\{r(i,a) + \gamma\sum_j P_{ij}(a)V_j\right\} - \max_a\left\{r(i,a) + \gamma\sum_j P_{ij}(a)\hat{V}_j\right\}\right|$$

$$\leqslant \max_a \gamma \left| \sum_j P_{ij}(a)(V_j - \hat{V}_j) \right|$$

$$\leqslant \gamma \max_j |V_j - \hat{V}_j|$$

这里第一个等式是根据 $T(V_i)$ 的定义，第一个不等式成立是因为对于给定函数 $f(a)$ 和 $g(a)$，有 $|\max_a f(a) - \max_a g(a)| \leqslant \max_a |f(a) - g(a)|$。第二个不等式则是考虑到所有的概率 $P_{ij}(a)$ 均为非负且和为 1。至此我们证明了式(10.4)。注意到，式(10.4)同时表明 V^* 存在且唯一。

最后，由于最优值函数 V^* 满足 $T(V^*) = V^*$，从式(10.4)可以直接推导出

$$\max_i |T(V_i) - T(V_i^*)| = \max_i |T(V_i) - V_i^*| \leqslant \gamma \max_i |V_i - V_i^*|$$

因此，$\lim_{k \to \infty} V^{(k)} = V^*$。

10.3.2.2 策略迭代

接下来，考虑策略迭代。首先回顾策略迭代的更新公式：在每个状态 i 下，选择

$$a \in \operatorname*{argmax}_a \left\{ r(s,a) + \gamma \sum_j P_{ij}(a) V_j^{(k)} \right\}$$

将第 k 次迭代后得到的新策略记为 $\mu(k+1)$。根据定义，有

$$V_j^k \leqslant \max_a \left\{ r(s,a) + \gamma \sum_j P_{ij}(a) V_j^{(k)} \right\}$$

$$= r(s, \mu(k+1)) + \gamma \sum_j P_{ij}(\mu(k+1)) V_j^{(k)}$$

$$\triangleq T_{\mu(k+1)}(V^{(k)})(j)$$

这里 $T_{\mu(k)}(V^{(k)})$ 可视为控制动作集合仅包含 $\mu(k)$ 时的贝尔曼算子。重复上式的操作，可以得到：

$$V_j^k \leqslant T_{\mu(k+1)}(V^{(k)}) \leqslant \cdots \leqslant T_{\mu(k+1)}^m (V^{(k)}) \xrightarrow{m \to \infty} V_{\mu(k+1)}^* \tag{10.5}$$

这里 $T_{\mu(k)}^m$ 表示使用 $T_{\mu(k)}$ m 次。最后的 $V_{\mu(k+1)}^*$ 表示一直不停重复 $T_{\mu(k+1)}(V)$ 操作得到的值函数，等于策略 $\mu(k+1)$ 下的值函数(由 10.3.2.1 节可得到)。这一不等式表示，在策略迭代之后，值函数会得到提升。因此，随着迭代的不断进行，算法得到的策略会逐渐收敛到最佳策略。

10.3.2.3 线性规划

首先，注意到最优值函数 V^* 是线性规划问题的一个可行解，因为其满足约束条件

$$V_i^* \geqslant r(i,a) + \gamma \sum_i \sum_a \pi(i,a) P_{ij}(a) V_j^* \quad \forall s, a$$

接下来，记 V 为线性规划问题的最优解。根据定义，对所有 s 与 a，有

$$V_i \geqslant r(i,a) + \gamma \sum_i \sum_a \pi(i,a) P_{ij}(a) V_j$$

即 $V_i \geqslant T(V_i)$。根据贝尔曼算子的单调性，即如果 $V_1 \geqslant V_2$，则 $T(V_1) \geqslant T(V_2)$，可以由上述不等式得到：

$$V \geqslant T(V) \geqslant \cdots \geqslant T^m(V) \xrightarrow{m \to \infty} V^*$$

因此，由线性规划的目标函数可知必然有 $V = V^*$，否则 V^* 将会是一个比目标函数更低的解，这与 V 的最优性相矛盾。

10.4 强化学习

在 10.2 节中介绍了马尔可夫决策过程和值函数，以及值迭代、策略迭代与线性规划三个算法。这让我们对于马尔可夫决策过程的定义与求解有了更好的理解。不过，10.3 节的模型与算法均默认在不同控制策略下的系统转移概率（所有的 $P_{ij}(a)$ 值）已知。这一假设为算法设计与分析提供了重要的数学基础与便利。然而，现实中往往面临未知的场景，因此转移概率通常难以提前获得。

本节将针对系统环境（转移概率）未知的场景，介绍马尔可夫决策过程的一个重要的求解方法——强化学习（reinforcement learning）。总的来说，强化学习关注的是一个智能体如何在未知环境下，通过不断地与环境进行交互，学习不同动作对系统状态的影响及相应的奖励值，最终学到最佳的系统控制策略（见图 10.9）。

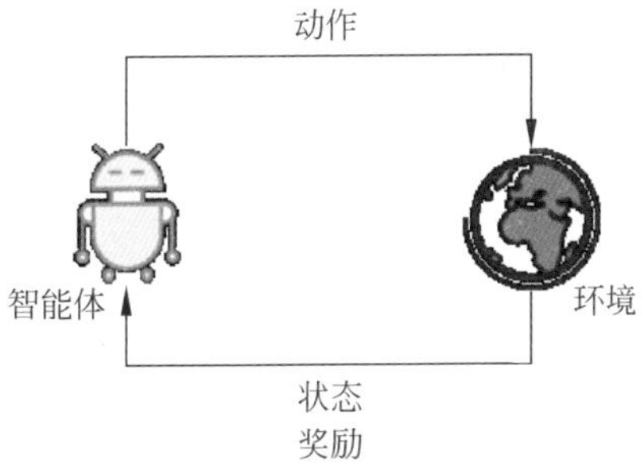

图 10.9 强化学习：智能体通过不断地与环境进行交互学习最优控制策略

10.4.1 Q-Learning

具体来说，考虑 10.2 节定义的马尔可夫决策过程，并假设其中状态 $s(t)$、动作 $a(t)$，以及实时的奖励 $r(s(t),a(t))$ 均可观察，但转移概率矩阵 $\boldsymbol{P}(\pi)$ 未知；并且需要通过在每个时刻选择一个动作与系统互动，来学习系统的状态跳转与奖励值（见图 10.9）。这一场景比 10.2 节考虑的情况要更为普遍，但也更具挑战性。幸运的是，科学家们对这一问题进行了深入的研究，并提出了许多有效的解决方案。下面介绍一个应用广泛的强化学习算法 Q-learning。

在介绍 Q-Learning 的具体算法之前，先了解一下它的原理。首先，回顾一下值函数需要满足的贝尔曼方程：

$$V_i^* = \max_a \left\{ r(i,a) + \gamma \sum_j P_{ij}(a) V_j^* \right\} \tag{10.6}$$

其中，V_i^* 为状态 i 的值函数。此时，引入一个中间变量 $Q(i,a)$，其具体定义如下：

$$Q(i,a) \triangleq r(i,a) + \gamma \sum_j P_{ij}(a) V_j^* \tag{10.7}$$

将 $Q(i,a)$ 称为 Q 值，它表示在状态 i 下采用控制动作 a，后续能获得的期望总奖励的最大值。注意到 $Q(i,a)$ 与值函数 V_i^* 的区别在于它指定了选用的动作 a。

通过结合贝尔曼方程式(10.6)和 Q 值的定义式(10.7)，得到：

$$V_i^* = \max_a \{Q(i,a)\} = \max_a \left\{ r(i,a) + \gamma \sum_j P_{ij}(a) V_j^* \right\} \tag{10.8}$$

以及

$$Q(i,a) \triangleq r(i,a) + \gamma \sum_j P_{ij}(a) \max_{a'} \{Q(j,a')\} \tag{10.9}$$

从上面式子可知，值函数与 Q 值的作用是一样的：只要得到所有的 $Q(i,a)$，就能相应地确

定所有值函数 V_i^*。

这里可以简单回顾图 10.8 中的例子。根据前面的计算,在该例子中,有

$$Q(s_1,a_1)=9.19,\quad Q(s_1,a_2)=8.642,\quad Q(s_2,a_1)=8.29,\quad Q(s_2,a_2)=7.652$$

不难看到,Q 值与值函数发挥着同样的作用。

这里大家可能会问,既然它们的作用相同,为什么还要引入 Q 值这个概念呢?主要的原因是通过 V_i^* 寻找最优策略的做法需要转移概率矩阵 $\boldsymbol{P}(\pi)$ 的信息(贝尔曼方程中的 $\sum_j P_{ij}(a)V_j^*$ 项);而通过计算 Q 值,可以直接获得每个状态下的最优动作(取得 $Q(i,a)$ 最大值的动作)!因此也称 Q 值为状态-动作值函数。

下面介绍 Q-Learning 的具体算法。

算法[Q-Learning]:

(1) 初始化:随机初始化不同的 Q 值 $Q(i,a)$ 与算法的学习率 $\eta(t)$,以及初始状态 $s(0)$。

(2) 进行如下迭代直到收敛:

在时刻 t,随机选择动作 $a(t)$,获得奖励 $r(s(t),a(t))$,并跳转至 $s(t+1)$;更新

$$Q(s(t),a(t)) \leftarrow Q(s(t),a(t)) + \eta(t)\{r(t)+\gamma\max_a Q(s(t+1),a) - Q(s(t),a(t))\}$$

在迭代中,学习率 $\eta(t)$ 决定了在学习 Q 值时赋予当前的 $Q(s(t),a(t))$ 值多少权重,在计算中它的值通常比较小;$r(t)=r(s(t),a(t))$。相比值迭代与策略迭代,Q-Learning 的一个优势在于它完全不需要转移概率矩阵 $\boldsymbol{P}(\pi)$ 的信息。这一点在复杂环境中非常有用。

Q 值的更新公式其实很直观。事实上,通过在式(10.9)中将 $r(i,a)$ 也写到求和里,可以得到:

$$\begin{aligned} Q(i,a) &= r(i,a)+\gamma\sum_j P_{ij}(a)\max_{a'}\{Q(j,a')\} \\ &= \sum_j P_{ij}(a)\{r(i,a)+\gamma\max_{a'}\{Q(j,a')\}\} \end{aligned}$$

这里利用了 $\sum_j P_{ij}(a)=1$ 且 $r(i,a)$ 与 j 无关两个性质。如此一来,Q-Learning 更新公式中的 $r(t)+\gamma\max_a Q(s(t+1),a)$ 这一项可以视为对 Q 值的随机采样(因为 $s(t+1)$ 是依据转移概率跳转到的下一个状态)。同时,注意到更新公式也可以表示为

$$Q(s(t),a(t)) \leftarrow (1-\eta(t))Q(s(t),a(t)) + \eta(t)\{r(t)+\gamma\max_a Q(s(t+1),a)\}$$

因此,可以直观地将 Q-Learning 理解为对当前估计值 $Q(s(t),a(t))$ 与随机采样值 $r(t)+\gamma\max_a Q(s(t+1),a)$ 做一个加权平均。由于在学习中并不依赖 $\boldsymbol{P}(\pi)$ 的信息,Q-Learning 也被称为无模型化(model-free)的方法。

可以严格证明,在学习率 $\eta(t)$ 的取值合适的情况下,Q-Learning 下的 Q 值能收敛到最优的 Q 值。事实上,Q-Learning 属于形如

$$x_i \triangleq x_i + \alpha(F_i(x) - x_i + w_i)$$

的随机近似算法(stochastic approximation)(这里 α 为 0 到 1 之间的数,w_i 为均值为零的随机变量)。具体来说,x_i 对应 $Q(s(t),a(t))$,$F_i(x)$ 为 $r(t+1)+\gamma\max_a Q(s(t+1),a)$ 的

期望值，w_i 则为 $F_i(x)$ 与 $r(t)+\gamma \max\limits_a Q(s(t+1),a)$ 之间的差。能严格证明随机近似算法在一些常见的条件下，x_i 会收敛至方程的不动点。这为 Q-Learning 的性能提供了严格的数学保障。由于具体的证明较为复杂，本书中不作赘述。感兴趣的读者请阅读文献[2]中的完整证明。

Q-Learning 的迭代中的 $r(t)+\gamma \max\limits_a Q(s(t+1),a)$ 也可以替换成其他的值，如 $r(t)+\gamma Q(s(t+1),a(t+1))$，其中 $a(t+1)$ 为根据 $Q(s(t+1),a)$ 选出的动作。在满足一定策略选取的条件下（如 SARSA 算法[3]），也可以证明算法能够收敛。最后，注意到 Q-Learning 的迭代形式其实也可以直接应用于值函数，即采用类似

$$V(s) \leftarrow (1-\eta(t))V(s)+\eta(t)\{r(t)+\gamma V(s')\}$$

的迭代算法，可以直接进行对值函数的学习。这一做法也称为时间差分学习（temporal-difference learning）[3]。

尽管 Q-Learning 是非模型化的算法，当系统规模很大的时候，它与值迭代和策略迭代一样面临着维度灾难的问题。在 10.4.2 节，我们会介绍一种在实际中用于近似值函数和 Q 值的方法——采用深度神经网络进行近似。

10.4.2 深度强化学习

尽管值迭代、策略迭代与 Q-learning 都能最终解出最优的值函数与 Q 值，并得到最佳的控制策略，但由于实际应用中的问题通常状态-动作空间都非常巨大，直接采用上述算法仍然会面临计算量过大的问题，导致效果往往不尽如人意。因此，近年来人们开始探索深度强化学习的方法：将深度神经网络（见第 7 章）引入强化学习，以学习或近似值函数与 Q 值。

深度强化学习有效地避免了需要对所有可能的状态-动作对进行学习所导致的复杂度，为复杂系统的强化学习提供了一个高效的解决方案，因此在实际中有着重要的实用价值。事实上 AlphaGo Zero 与 AlphaZero 系统便采用了深度强化学习。

深度强化学习的核心思想是通过深度神经网络将值函数或 Q 值的学习转化为对神经网络参数的计算，并利用神经网络的表达能力与泛化能力提取系统状态的隐藏特征，完成对所有状态控制策略的学习（见图 10.10）。大概来说，深度强化学习首先引入参数化神经网络，记参数为 θ。然后，通过选择合适的损失函数 $L(\theta)$（loss function），可以得到关于参数的梯度 $\partial L(\theta)/\partial\theta$，并采用优化算法对参数进行优化。下面，简单介绍几个应用广泛的深度强化学习算法，它们均基于这一原则设计，算法的主要区别在于损失函数的选取、策略梯度的估计及神经网络参数的更新方式等。

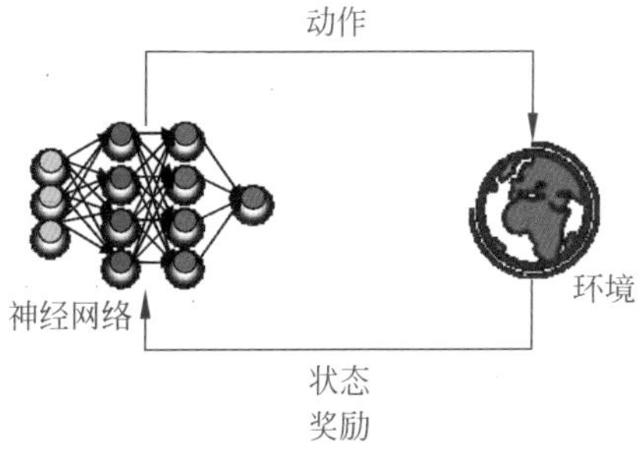

图 10.10 深度强化学习通过深度神经网络近似系统的值函数或 Q 值以降低计算复杂度

10.4.2.1 深度 Q 网络（Deep Q-network，DQN）[4]

DQN 通过将 Q-learning 与深度神经网络进行结合，对值函数进行近似来解决在实际问题中遇到的维度灾难问题。DQN 将状态作为神经网络的输入，并通过神经网络进行函数近

似得到所有动作的 Q 值。不过，结合了深度神经网络作为 Q 函数近似后，由于状态、动作之间的相关性，深度强化学习的训练过程通常非常不稳定。随机梯度下降优化的其中一个重要的要求是训练数据需要是独立同分布的。但在智能体与环境交互的过程中，经验数据可能是高度相关的。所以对 Q 函数的微小更新也可能显著影响策略。此外，通常需要大量的数据才能完成神经网络的学习。为了解决这两个问题，DQN 引入了经验重放（experience replay）和目标网络（target network）两个关键的技巧。DQN 训练的损失函数为最小化均方贝尔曼误差，即形如 $E\{(E\{r+\gamma \max_{a} Q(s',a';\theta^{-})\}-Q(s,a;\theta))^{2}\}$，这里 $E\{\}$表示期望，θ^{-} 与 θ 则分别表示和目标网络（target network）与 Q 值网络的参数。DQN 基于随机梯度下降进行优化。

10.4.2.2 Rainbow[5]

虽然 DQN 引入了经验重放和目标网络两个关键技巧以使学习更加稳定，但其仍然存在其他缺陷，如过估计问题与过低探索等。为了解决这些不足，Rainbow 集成了值函数估计的关键技巧，极大地提升了 DQN 的学习效果。第一个关键技巧是双值函数估计，通过引入两个 Q 值函数来降低值函数的过估计问题。第二个关键技巧是优先级经验重放，改进了 DQN 算法中简单的经验重放的方式，采用先进先出的队列结构、基于均匀分布的随机采样。由于在学习的过程中，有一些好的样本能够帮助 DQN 算法更好地学习（这些是更为重要的样本），但也存在一些不太重要的样本。因此，样本的采集对学习也造成很大的影响。基于优先级的经验重放给样本设置了优先级，并基于优先级进行采样。第三个关键技巧是 Dueling 网络，对其网络结构进行了进一步的升级，维护了值函数和优势函数，让 Q 值函数的学习更稳健。第四个关键技巧是多步学习，通过结合多步的奖励信号，进一步减小偏差。第五个关键技巧是分布强化学习，从分布的视角而非期望的视角进行建模，从而减小波动。最后一个关键技巧是噪声网络，对原始的 epsilon-greedy 策略进行改进以增加智能体的探索能力。

10.4.2.3 深度确定性策略梯度[6]

深度确定性策略梯度（deep deterministic policy gradient，DDPG）是一种无模型化的 off-policy actor-critic 算法，同时学习 Q 函数和一个确定性策略。与一般的 DQN 算法相比，DDPG 算法适用于具有连续动作空间的环境。由于 DQN 需要对整个动作空间的 Q 值采取 max 算子，这在连续控制的情况下通常是不可行的。因此，DDPG 引入了一个 actor 网络，以近似 max 算子，其目标为最大化给定状态的 Q 值。然而，DDPG 可能带来过估计问题，对性能造成影响。

10.4.2.4 A3C[7]

Asynchronous advantage actor-critic（A3C）是一种经典的策略梯度的算法，并引入了并行训练的机制。与其他算法仅采用一个 actor 不同，A3C 同时并行训练多个 actor，并间歇性地将其参数与全局参数进行同步。除了能够更高效进行训练之外，多个 actor 各自与环境进行交互的方式也能打破经验之间的耦合性，起到类似 DQN 中经验重放的效果。因此，A3C 算法通常并不需要依赖于经验重放，也进一步避免了内存开销大的问题。除此之外，由于每个 actor 都能与环境进行交互，也进一步提升了探索效率。其更新过程采用异步更新的方式。

最后，如同引言中提到的，尽管从原理上说，深度强化学习基于马尔可夫决策过程的框架，但其性能在很大程度上也取决于神经网络的架构更新算法及具体系统实现。因此，在不同问题上，我们会看到深度强化学习的解决方案往往千差万别。一个好的深度强化学习算法需要对场景有深入的理解与把握，有完备的数据、高效算法及系统实现，缺一不可。

本章总结

本章介绍了马尔可夫决策过程与强化学习。首先介绍了马尔可夫链的定义，理解它的关键在于掌握马尔可夫性质。接下来，学习了马尔可夫决策过程及三个重要算法——值迭代、策略迭代与线性规划，掌握它们的关键在于理解贝尔曼方程。最后，介绍了强化学习算法 Q-learning，并简单介绍了深度强化学习的原理，学习它们的关键在于理解 Q 值与值函数之间的关联、迭代的含义，以及深度神经网络的表达和泛化能力。

历史回顾

马尔可夫链有非常悠久的历史，它因俄国数学家安德烈·马尔可夫(1856—1922)得名。它在信息科学的各个领域，如计算、网络和通信等，都被广泛用于系统建模与性能分析。关于马尔可夫链的详细学习可以参考文献[1]与文献[8]，它们给出了马尔可夫链的详细定义与数学推导和应用。

马尔可夫决策过程是一个非常普适的数学范式，对其严格定义与普适理论感兴趣的读者可以阅读文献[9]。最早的工作可以追溯到 20 世纪 50 年代，Bellman 在 1957 年提出了马尔可夫决策过程[10]，Howard 在 1960 年提出了策略迭代算法[11]。这些结果后来成为了强化学习的核心基础。但早期的马尔可夫决策过程工作的主要目标是随机最优控制，更多关注动态规划的范式，而智能体与环境互动与学习的部分并没有得到特别的关注。可以说，直到 1989 年 Watkins 在马尔可夫决策过程框架上考虑强化学习[12]之后，人们才开始广泛关注最优控制与在线环境学习的结合。此后，许多科学家也在此方向上做了大量努力。

强化学习不仅在系统控制与优化的范畴得到了持续的关注，由于其与环境的交互和选择与人类行为的相似性，在人工智能领域也得到了大量的关注。Sutton 与 Barto 在文献[3]中给出了一个详细的历史回顾，并提供了对近年来强化学习发展的详尽总结，及关于心理学、脑科学的延伸讨论，非常值得一读。不过深度强化学习的兴起可以说是基于近年来神经网络的巨大发展。其中广为人知的深度强化学习系统包括 AlphaGo Zero 与 AlphaZero，它们让大家意识到了强化学习与神经网络这一组合的强大威力。

参考文献

[1] ROSS S M. Introduction to probability models[M]. 12th ed. Elsevier，2019.
[2] TSITSIKLIS J N. Asynchronous stochastic approximation and Q-learning. Machine Learning，1994，

16：185-202.

[3] SUTTON R S，BARTO A G. Reinforcement learning：An introduction[M]. Cambridge，MA：MIT Press，2018.

[4] MNIH V，KAVUKCUOGLU K，SILVER D，et al. Human-level control through deep reinforcement learning[J]. Nature，2015，518(7540)：529-533.

[5] HESSEL M，MODAYIL J，VAN HASSELT H，et al. Rainbow：Combining improvements in deep reinforcement learning[C]//Thirty-second AAAI conference on artificial intelligence. 2018.

[6] LILLICRAP T P，HUNT J J，PRITZEL A，et al. Continuous control with deep reinforcement learning[J]. arXiv preprint arXiv：1509. 02971，2015.

[7] MNIH V，BADIA A P，MIRZA M，et al. Asynchronous methods for deep reinforcement learning [C]//International conference on machine learning. PMLR，2016：1928-1937.

[8] DURET R. Probability：Theory and examples[M]. 4th ed. Cambridge University Press，2010.

[9] BERTSEKAS D P. Dynamic programming and optimal control[M]. Athena Scientific，2012.

[10] BELMAN R. A Markov decision process [J]. Journal of Mathematical Mechanics，1957，6：679-684.

[11] HOWARD R. Dynamic Programming and Markov proceses[M]. Cambridge，MA：MIT Press，1960.

[12] WATKINS C. Learning from delayed rewards[D]. University of Cambridge，1989.

习题

1. 假设投掷一个公平的骰子，即{1，2，3，4，5，6}以同等概率出现。假设每次出现的数字均为独立。请判断下面的过程是否为马尔可夫过程。如果是，请说明具体状态及转移概率。

(1) 每次出现的数字组成的序列；

(2) 两次投出数字 3 之间的投掷次数；

(3) 两次投出 1，2，3 这个序列之间的投掷次数。

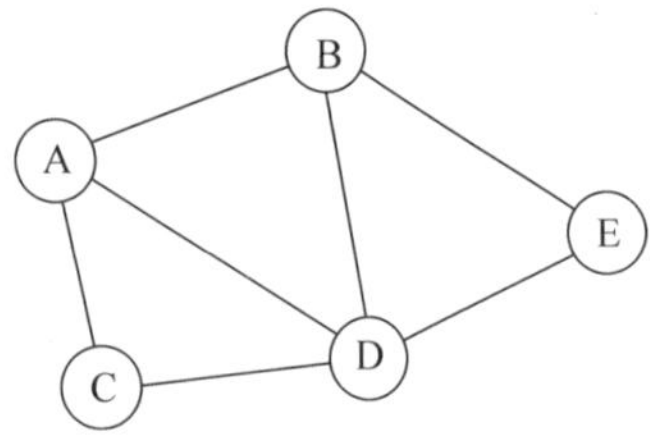

2. 马尔可夫性质允许我们计算许多关于马尔可夫链的有趣指标。考虑左图所示的马尔可夫链。假设从每一个状态出发，都是以均等的概率往外跳转。比如在 A 状态的时候，以 1/3，1/3，1/3 的概率走到 B，C 或者 D；而在状态 D 时，则以 1/4 的概率分别走到 A，B，C 和 E。

(1) 计算从 A 状态开始，首次跳到状态 E 所需跳数的期望值(提示：定义 T_i 为从状态 i 出发首次跳到 E 的期望次数。由马尔可夫性质，我们知道如果系统从 i 跳到了 j，则之后需要的时间的期望值为 T_j。根据这一性质列出相应的方程)。

(2) 现在，写一段 Python 代码仿真该马尔可夫链的跳转，并绘出马尔可夫链在 A 状态上停留的时间比例如何随时间增大而变化。

3. 假设抛掷一枚出现正反面概率相等的硬币。假设每次抛掷的结果都相互独立。计算：①从开始抛掷到第一次连续出现两次正面的期望时间；②从开始抛掷到第一次连续出现三次正面的期望时间(提示：定义一个马尔可夫链，其状态为连续两次或三次抛掷的结果)。

4. 考虑下图所示的蛇梯棋。假设每次的步数均通过投掷一枚公平的骰子决定。描述如何计算平均需要走多少次才能从起点 1 走到终点 25。

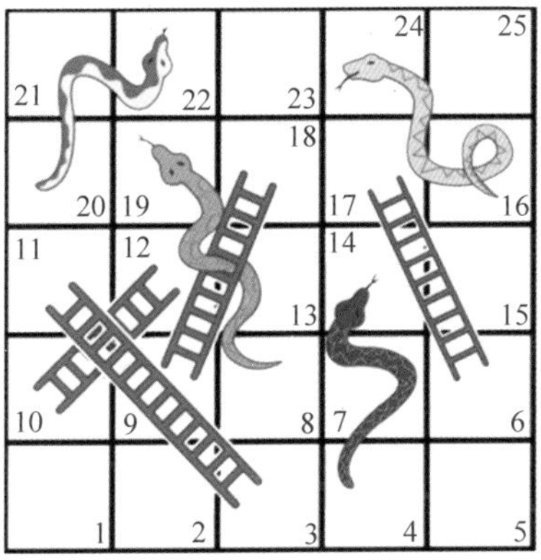

5. 考虑下图中的两状态马尔可夫链:

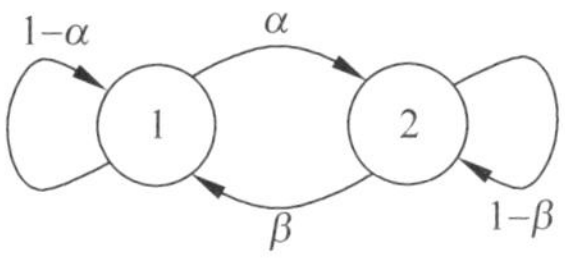

假设初始分布为 $\pi_1(0)$ 和 $\pi_2(0)$。用归纳法证明

$$P(s(t)=1)=\frac{\beta}{\alpha+\beta}+(1-\alpha-\beta)^t\left[\pi_1(0)-\frac{\beta}{\alpha+\beta}\right]$$

6. 考虑图 10.8 中展示的例子。假设将状态 s_2 下的转移概率改为

$$P_{21}(a_1)=0.8,\quad P_{22}(a_1)=0.2,\quad P_{21}(a_2)=0.2,\quad P_{22}(a_2)=0.8$$

采用稳态分布计算的方法计算 V_1^* 与 V_2^*。

7. 简述值迭代算法与策略迭代算法的区别。

8. 考虑下面一个猜牌游戏。首先将 52 张扑克牌均匀洗好。然后,每次翻开一张牌之前,你可以选择喊停。如果你喊停且打开这张牌为 A,那么你得到 1 块钱;如果你喊停但是打开的牌不是 A,则你输掉 1 块钱。请用马尔可夫决策过程描述该问题并用贝尔曼方程进行求解。你是否能算出最优的喊停策略?

9. 在 10.2.1 节中的例子里,选取 $\gamma=0.9$,分别用值迭代与策略迭代计算值函数。

10. 考虑右图所示的马尔可夫决策过程:智能体所在的初始状态为 s_0;可行的动作有 a_0 和 a_1;采取不同动作的状态转移及奖励为 p/r,其中 p 表示状态转移概率,r 表示即时奖励;状态 s_1 为终止状态。

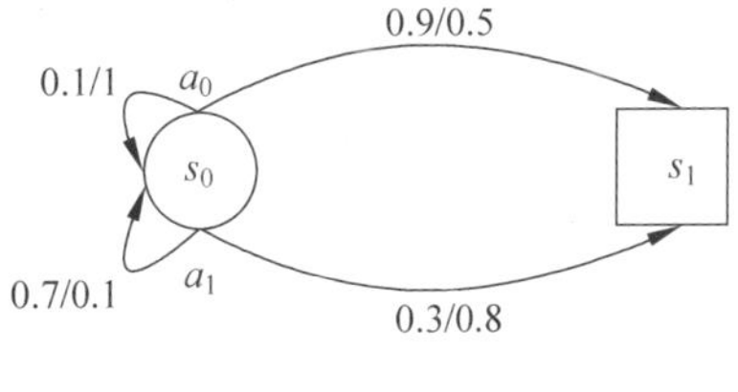

(1) 用值迭代算法求解值函数及最优策略。

(2) 用 Q-learning 算法求解最优策略。

附录A APPENDIX A 数学基础

A.1 导数

常见函数的导数

$C'=0$（C 为常数）；

$(x^\mu)'=\mu x^{\mu-1}$；

$(a^x)'=a^x\ln a$；

$(e^x)'=e^x$；

$(\log_a x)'=\dfrac{1}{x\ln a}$；

$(\ln x)'=\dfrac{1}{x}$；

$(\sin x)'=\cos x$；

$(\cos x)'=-\sin x$。

离散导数与差分

本书第 1 章中讨论的函数 $y=f(x)$ 均默认为连续函数，但实际数据处理经常遇到离散变量。例如，我们希望知道一杯水的散热情况，但无法连续地测量它的温度变化，而只能在不同的时间点对其进行采样测温。在这种情况下，由于不知道函数的形式，我们无法对函数进行直接求导，只能用数值的方法对其间接求导。这里简单介绍一种重要的数值微分方法——有限差分法。

回顾 1.1.2 节中的泰勒展开：

$$f(x_0+\Delta x)=f(x_0)+f'(x_0)\Delta x+\frac{f''(x_0)}{2}\Delta x^2+\frac{f'''(x_0)}{6}\Delta x^3+\cdots$$

此时可以得到 $f(x)$ 在 x_0 处的（一阶）近似导数为

$$f'(x_0)\approx\frac{f(x_0+\Delta x)-f(x_0)}{\Delta x}$$

该数值微分的误差为 $\mathcal{O}(\Delta x^2)$。若希望得到更高的精度，则可以引入

$$f(x_0-\Delta x)=f(x_0)-f'(x_0)\Delta x+\frac{f''(x_0)}{2}\Delta x^2-\frac{f'''(x_0)}{6}\Delta x^3+\cdots$$

将 $f(x_0+\Delta x)$ 与 $f(x_0-\Delta x)$ 两式相减，可以得到：

$$f'(x_0) \approx \frac{f(x_0+\Delta x)-f(x_0-\Delta x)}{2\Delta x}$$

可以看到，用有限差分法得到的(二阶)近似导数 $f'(x_0)$误差为$\mathcal{O}(\Delta x^3)$。

A.2 概率

连续型随机变量

连续型随机变量的分布函数的严格定义依赖于函数可积性与极限语言。粗略地讲，如果分布函数 $F_X(x)$是绝对连续的，并且非负可积，那么 X 为连续的随机变量。此时概率分布可以写成上限为变元的积分：

$$P(X \leqslant x)=P(-\infty < X \leqslant x)=F_X(x)=\int_{-\infty}^{x} f(y)\mathrm{d}y$$

其中 $f(y)$称为随机变量的概率密度函数，也记为 $f_X(y)$。分布函数和概率密度函数均为非负，并且概率密度函数仍然满足归一化的性质。我们可以自然地将连续型随机变量和分布函数的概念拓展到高维情形，即随机向量 $\boldsymbol{X}:=(X_1,X_2,\cdots,X_n)$和相应的联合分布函数 $F_X(x_1,x_2,\cdots,x_n)$与联合概率密度函数 $f_X(x_1,x_2,\cdots,x_n)$。

连续随机变量的数学期望定义为

$$E(X)=\int_{-\infty}^{+\infty} x f_X(x)\mathrm{d}x=\int_{-\infty}^{+\infty} x\,\mathrm{d}F_X(x)$$

方差定义为

$$D(X)=\mathrm{Var}(X)=E(X-E(X))^2=\int_{-\infty}^{+\infty}(x-E(X))^2\mathrm{d}F_X(x)$$

边缘概率

给定一组变量的联合概率分布，若我们只关心其中一个子集中的概率分布，可以定义在该子集上的边缘概率分布。具体来说，假设有离散型随机变量 X 和 Y，且已知 $P(X,Y)$，则可以根据如下求和法则来计算 $P(X)$：对于 $\forall x \in X$，有

$$P(x)=\sum_{y\in Y} P(x,y)$$

同样地，对于连续性的随机变量 x,y 与给定的联合分布函数 $F_{X,Y}(x,y)$，对其中的某一个或多个变量取正极限值，可以得到相应的边缘分布函数，即

$$F_{X,Y}(x,\infty):=P(X \leqslant x, Y < \infty)=\lim_{y\to\infty} P(X \leqslant x, Y < y)$$

重要分布律

下面给出一些常见的随机变量分布。对于离散型随机变量，常见分布有二项分布、几何分布和泊松分布。对于连续型随机变量，常见分布有指数分布、均匀分布和正态分布。

二项分布 $X\sim B(n,p)$是 n 个独立的是/非实验中成功的次数的离散概率分布，其中每次实验的成功概率为 p。这样的单次成功/失败实验又称为伯努利实验。n 次实验中正好得到k 次成功的概率为

$$p_k := P(X=k) = C_n^k p^k (1-p)^{n-k}$$

几何分布 $X \sim Ge(p)$ 描述实现一次成功实验需要的次数的分布。

$$p_k := P(X=k) = (1-p)^{k-1} p$$

基于一个平稳过程(Poisson 流),在过程之中“质点”独立均匀地被观测到,我们可以得到以下的分布类型:泊松分布 $X \sim P(\lambda)$ 描述在一个任意的时间间隔内,到达的质点数构成的分布。生活中常见的泊松分布情况有:商场等候排队的人数分布、潜在乘坐公交车人数总数等。

$$p_k := P(X=k) = \frac{\lambda^k}{k!} \mathrm{e}^{-\lambda}$$

指数分布 $X \sim Ex(\lambda)$ 描述在给定时间点以后,第一个质点到达的时刻。生活中常用指数分布来描述“无记忆”情况下仪器失效的时间分布。指数分布的概率密度函数如下:

$$f_X(x) = \begin{cases} \lambda \mathrm{e}^{-\lambda t}, & x \geqslant 0 \\ 0, & x < 0 \end{cases}$$

基于实验中的误差估计,可以得到以下的分布类型:均匀分布 $X \sim U[a,b]$ 描述一些在给定区间内误差等概率情况的分布。其概率密度函数为

$$f_X(x) = \begin{cases} \dfrac{1}{b-a}, & x \in [a,n] \\ 0, & \text{其他} \end{cases}$$

正态分布 $X \sim N(\mu, \sigma^2)$ 描述在大量随机因素作用下非均匀的误差分布。生活中常见的正态分布有男女身高、寿命、血压等。其分布函数为

$$f_X(x) = \frac{1}{\sqrt{2\pi}\sigma} \mathrm{e}^{-\frac{(x-\mu)^2}{2\sigma^2}}$$

A.3 矩阵

矩阵的数学特征

在很多问题中,我们往往只关心矩阵的一些数学特征,而非矩阵本身。本节将介绍矩阵对应的行列式,以及特征值的概念。

首先给出数组置换 (permutation) 的概念。对于元素取值为 1 到 n 且两两不等的一个数组 $(a_1, a_2, \cdots, a_n)$,我们希望通过一定的操作将其变成 $(1,2,\cdots,n)$,所允许进行的操作为邻换,即可以将数组中相邻的两个元素调换位置。一般地,有许多方法可以将原数组变成 $(1,2,\cdots,n)$,但对于一个数组 $(a_1, a_2, \cdots, a_n)$ 而言,可以证明,完成上述目标所需的邻换个数的奇偶性是确定的。需要奇数个邻换的数组称为奇置换 (odd permutation),而需要偶数个邻换的数组称为偶置换(even permutation)。

更一般地,可以对由自然数作为元素的数组定义置换的符号。对于数组 $\sigma = (\sigma_1, \sigma_2, \cdots, \sigma_n)$,如果其中存在相同的元素,其符号为 $\operatorname{sgn}(\sigma) = 0$。对于元素两两不等的数组,考虑将其变为由其元素构成的标准排列

$$\mu=(\mu_1,\mu_2,\cdots,\mu_n),\mu_1<\mu_2<\cdots<\mu_n$$

所需的邻换个数的奇偶性。如果需要奇数个邻换，则 $\mathrm{sgn}(\sigma)=-1$，如果需要偶数个邻换，则 $\mathrm{sgn}(\sigma)=1$。

例 A.1 考虑由数字 1,2,3 组成的数组(2,3,1),(2,1,3),对于第一个数组,可以通过邻换 3↔1,1↔2,或者 2↔3,2↔1 将其置换为数组(1,2,3),但两种置换所需邻换数均为 2,因此数组符号为 1,或者称为偶置换。类似地,可以由多种置换将第二个数组置换为(1,2,3),但所需置换数均为奇数,因此数组符号为−1。

对于方阵,可以定义其对应的行列式(determinant)。对于一个 n 维方阵 $\boldsymbol{A}$,其行列式为下面的算式:

$$\det(\boldsymbol{A})=\begin{vmatrix} a_{11} & a_{12} & \cdots & a_{1n} \\ a_{21} & a_{22} & \cdots & a_{2n} \\ \vdots & \vdots & \ddots & \vdots \\ a_{n1} & a_{n2} & \cdots & a_{nn} \end{vmatrix}=\sum_{\sigma\in S_n}\left(\mathrm{sgn}(\sigma)\prod_{i=1}^{n}a_{i,\sigma_i}\right)$$

其中,S_n 为由$\{1,2,\cdots,n\}$构成的所有置换的集合①。即行列式是由所有不同行、不同列的元素乘积线性组合而成,对于每一项乘积,当将构成其的元素按行标由小到大排列时,按照其列标构成的数组的置换符号确定该项的系数。

对于方阵是否存在逆矩阵,我们不加证明地给出下述充要条件:方阵 $\boldsymbol{A}$ 存在逆矩阵的条件是 $\det(\boldsymbol{A})\neq 0$。

对于二阶、三阶行列式,可以将其对应到平行四边形和平行六面体。对于如图 A.1 所示的平行四边形,其四个顶点的坐标由 a,b,c,d 给出。容易求出,其面积为二阶行列式

$$\begin{vmatrix} a & b \\ c & d \end{vmatrix}=ad-bc$$

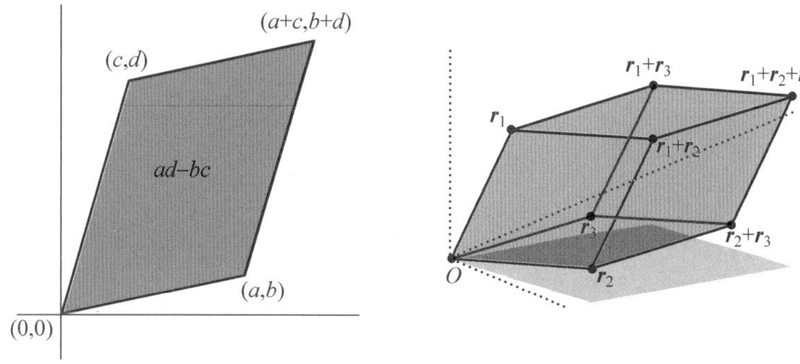

图 A.1

对于图 A.1 的平行六面体,其八个顶点由三维向量 $\boldsymbol{r}_1,\boldsymbol{r}_2,\boldsymbol{r}_3$ 确定。容易求出,平行六面体的体积为三阶行列式

① 这里使用了置换群(permutation group)中的记号。

$$\begin{vmatrix} \boldsymbol{r}_1 \\ \boldsymbol{r}_2 \\ \boldsymbol{r}_3 \end{vmatrix} = \begin{vmatrix} r_{11} & r_{12} & r_{13} \\ r_{21} & r_{22} & r_{23} \\ r_{31} & r_{32} & r_{33} \end{vmatrix}$$

如果将行列式的一行/一列乘以一个常数 λ,行列式的值将变为原来的 λ 倍。利用二阶行列式的几何含义可以很容易地看出这一点,例如,若向量(a,b)扩大为原来的两倍变为$(2a,2b)$,则平行四边形的面积变为原来的两倍。对应于行列式中则为

$$\begin{vmatrix} a & b \\ c & d \end{vmatrix} \rightarrow \begin{vmatrix} 2a & 2b \\ c & d \end{vmatrix} = 2\begin{vmatrix} a & b \\ c & d \end{vmatrix}$$

对于三阶行列式倍数的几何含义解释,留给读者完成。